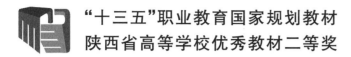

"十三五"职业教育国家规划教材

陕西省高等学校优秀教材二等奖

航空工程材料

（第 2 版）

主　编　陈海英

副主编　张玉萍　段小雪

主　审　王周让

U0231674

北京航空航天大学出版社

内 容 简 介

本书分为两篇,第一篇是工程材料基础知识,共 3 章,包括工程材料的主要性能、金属材料的基础知识、钢的热处理;第二篇是常用工程材料及选材,共 6 章,包括铁合金与高温合金、有色金属及其合金、高分子材料、复合材料、其他航空材料和零件的失效与材料的选择。每章后面都附有小结、习题,便于学生复习和巩固所学知识。

本书是高职高专院校航空制造类、航空机电类、航空材料类专业用教材,也可作为航空工程技术人员、飞行器维修人员和地勤人员的参考用书。

图书在版编目(CIP)数据

航空工程材料 / 陈海英主编. -- 2 版. -- 北京 ：
北京航空航天大学出版社,2018.8
ISBN 978 - 7 - 5124 - 2715 - 0

Ⅰ. ①航… Ⅱ. ①陈… Ⅲ. ①航空材料 Ⅳ. ①V25

中国版本图书馆 CIP 数据核字(2018)第 103383 号

航空工程材料(第 2 版)

主　　编　陈海英
副主编　张玉萍　段小雪
主　　审　王周让
责任编辑　宋淑娟　潘晓丽
＊
北京航空航天大学出版社出版发行

北京市海淀区学院路 37 号(邮编 100191)　http://www.buaapress.com.cn
发行部电话:(010)82317024　传真:(010)82328026
读者信箱:goodtextbook@126.com　邮购电话:(010)82316936
北京时代华都印刷有限公司印装　各地书店经销
＊
开本:787×1 092　1/16　印张:15.25　字数:390 千字
2018 年 8 月第 2 版　2021 年 1 月第 6 次印刷　印数:10 001～14 000 册
ISBN 978 - 7 - 5124 - 2715 - 0　定价:38.00 元

第2版前言

本书是按照教育部《关于深化职业教育教学改革全面提高人才培养质量的若干意见》(教职成[2015]6号)、《关于全面提高高等教育质量的若干意见》(教高[2012]4号)等文件精神,结合航空类高职专业对航空工程材料的要求,在第1版的基础上修订而成的。

书稿的修订致力于实用、好用,力求体现以下特色:

① 内容新,所有标准均采用最新国家标准;

② 内容起点低,表述清楚、扼要,兼顾知识的系统性与实用性;

③ 以必要与够用为度,构建内容体系;

④ 丰富的练习题与思考题,便于学生复习和巩固所学知识,培养分析和解决问题的能力。

全书内容分为两篇。第一篇是工程材料基础知识,共3章,包括工程材料的主要性能、金属材料的基础知识、钢的热处理;第二篇是常用工程材料及选材,共6章,包括铁合金与高温合金、有色金属及其合金、高分子材料、复合材料、其他航空材料和零件的失效与材料的选择。

参加本次修订的人员有陕西航空职业技术学院张玉萍、赵华、陈元龙、陈海英,四川航天职业技术学院段小雪,西安职业技术学院王晓辉。分工如下:绪论、第1、9章由张玉萍编写,第2章由赵华编写,第3章由陈元龙编写,第4章由段小雪编写,第5、6、7章由陈海英编写,第5章习题、第8章由王晓辉编写。本教材由陈海英任主编,张玉萍、段小雪任副主编,全书由陈海英统稿,陕西航空职业技术学院王周让主审。

本书在编写过程中参考了相关教材、文献及网上资料等,在此表示感谢!

由于编者水平有限,书中难免有疏漏和不妥之处,恳请同行、读者指正。

编　者

2018年4月

第 1 版前言

　　本书是根据"十一五"国防特色规划职业教材编写要求,结合航空类高职专业对航空工程材料的要求编写的。内容侧重于应用理论、应用技术和材料的选用,强调对学生的实践训练,贯彻以应用为目的,以掌握概念、强化应用为教学重点,以必需、够用为度的原则;重点突出、深入浅出、通俗易懂,使教材清晰、形象,易于自学;思考题可供课堂讨论和布置课后作业选用,以帮助学生思考、复习和巩固所学知识,培养分析和解决问题的能力。

　　为了突出课程的模块化和实用性,我们以航空工程材料的应用为目标,将内容分为五大模块,包括航空工程材料的结构与性能、航空工程材料的基本理论、热处理、常用航空工程材料(常用航空用钢、有色金属及其合金、高分子材料、陶瓷材料、复合材料)以及航空工程零件材料的选择。

　　第 1 章介绍了航空工程材料的结构与性能;第 2 章介绍了航空工程材料的基本理论;第 3 章介绍了钢的热处理;第 4~8 章介绍了常用航空工程材料的牌号、成分、组织、性能及应用;第 9 章介绍了航空工程零件材料的选择方法。本书各章对学习内容及学习方法均作了总结,并附有一定量的习题与思考题,便于巩固所学内容。

　　参加教材编写的有陕西航空职业技术学院王周让、王晓辉、陈海英、赵华,以及陕西秦峰液压机械责任有限公司石峰。第 3 章由王周让编写,绪论、第 1 章、第 5 章和第 6 章由王晓辉编写,第 2 章和第 4 章由赵华编写,第 7 章和第 8 章由陈海英编写,第 9 章由石峰编写。本教材由王周让任主编,王晓辉任副主编,全书由王周让统稿。

　　本书由何西华主审。他在百忙之中对书稿进行了认真的审阅,并提出了非常宝贵的建议,对书稿的完善起到了十分重要的作用,在此表示衷心的感谢。

　　尽管我们在教材编写过程中,力求在行业特色、技术实用和能力培养方面有创新,但是由于编者的水平和视角有限,因此对于教材中的不足和疏漏之处,恳请广大师生和读者批评指正。

编　者

2009 年 6 月

目　　录

第一篇　工程材料基础知识

第二篇 常用工程材料及选材

绪　　论

0.1　工程材料的发展及其在航空领域的应用

0.1.1　工程材料的发展概况

材料是人类用来制造各种产品的物质。人类的生活与生产都离不开材料,其品种、数量和质量是衡量一个国家现代化程度的重要标志。如今,材料、能源、信息已成为现代化发展中社会生产的三大支柱,而材料又是能源与信息技术发展的物质基础。

材料发展的历史从生产力的侧面反映了人类社会发展的文明史,因此历史学家往往根据当时有代表性的材料将人类社会划分为石器时代、青铜器时代和铁器时代等。旧石器时代可追溯到公元前 10 万年左右。原始人采用天然的石、木、竹、骨等材料作为狩猎工具,但是生产效率非常低。公元前 6000 年,人类发现了火,掌握了钻木取火的技术。有了火,不仅可以熟食、取暖、照明和驱兽,还可以烧制陶器。陶瓷材料的发明和应用,创造了新石器时代的仰韶文化,后来在制陶技术的基础上又发明了瓷器。这是陶瓷材料发展的一次飞跃,瓷器(英译名为China)的出现已成为中华民族文化的象征之一,对世界文化产生了深远的影响。

人们在大量烧制陶瓷的实践中,熟练掌握了高温加工技术,利用这种技术来烧炼矿石,逐渐冶炼出铜及其合金——青铜。可以说这是人类社会最早出现的金属材料,它使人类社会从新石器时代转入青铜器时代。我国出土的大量古代青铜器表明,中国历史上曾有过灿烂的青铜文化,仅由 1965 年在湖北望山一号楚墓中出土的 2500 年前越王勾践的宝剑和青铜编钟来看,当时青铜器生产工艺已达到了很高的水平。

炼铜发展为炼铁应是顺理成章的事。用铁作为材料来制造农具,使农业生产力得到空前的提高,并促使奴隶社会解体和封建社会兴起。铁在农业中的广泛应用,推动了以农业为中心的科学技术日益进步。我国从公元前 3 世纪,即秦汉时代起就进入了农业经济发达的社会;到了唐宋时代,经济繁荣,科学文化发达,社会安定,国泰民安,处于盛世,达到了我国封建社会的科学文化高峰。正如英国李约瑟博士所说的:"在 3～13 世纪,中国保持了一个让西方人望尘莫及的科学知识水平。"

18 世纪发明了蒸汽机,爆发了产业革命,小作坊式的手工操作被工厂的机械操作所代替。工业迅猛发展、生产力空前提高,迫切要求发展铁路、航运,使生产出来的产品远销他国,占据国际市场。社会经济的发展推动和促进了以钢铁为中心的金属材料大规模发展,有力摧毁了封建社会的生产方式,促使资本主义社会萌芽的出现。

第二次世界大战后,各国致力于恢复经济、发展工农业生产,对材料提出了质量轻、强度高、价格低等一系列新的要求;具有优异性能的工程塑料部分地代替了金属材料,合成纤维、合成橡胶、涂料和胶粘剂等都得到相应的发展和应用;合成高分子材料的问世是材料发展中的重大突破。从此,以金属材料、陶瓷材料和合成高分子材料为主体,建立了完整的材料体系,形成了材料科学。

进入 20 世纪 80 年代以来,在世界范围内,高新技术迅猛发展,在国际上展开了激烈的竞争,各国都想在生物技术、信息技术、空间技术、能源技术、海洋技术等领域占有一席之地。发展高新技术的关键往往与材料有关,因此新型材料的开发本身就成为了一种高新技术,可称为新材料技术,其标志技术是材料设计或分子设计,即根据需要来设计具有特定功能的新材料。材料的重要性已被人们充分地认识,能源、信息和材料已被公认为当今社会发展的三大支柱。

科学技术的发展对材料不断提出新的要求。以计算机技术为例,1946 年问世的世界上第一台电子数字计算机 ENIAC 是用 18 000 只电子管组装而成的,计算机总质量达 30 多吨,占地 150 m^2,耗电几百千瓦,但它所完成计算的速度还不如今天的一台微型计算器。因为那时用的是电子管,后来发展了半导体材料,并制成了晶体管。用半导体晶体管代替电子管,使得计算机技术前进了一大步。为了使计算机体积小、质量轻,人们把许多晶体管和连线集成在硅基片上,出现了所谓集成电路。集成电路不仅是计算机技术的基础,也是现代社会中通信、电视、遥控等微电子技术的基础。

集成电路技术发展很快,标志着集成电路水平的指标之一是集成度,它表明在硅基片(也称芯片)上容纳的晶体管的数目。现在最大规模的集成电路,每个芯片上的晶体管数目已达到 550 万个(Pentium PRO 1995),因而对单晶硅材料的纯度要求日益提高。集成电路的集成度规模直接影响计算机的运算速度和内存容量,例如计算机内存容量为 64 KB,则要求集成电路在 7 mm^2 大小的芯片上连接 10 万个晶体管,晶体管之间用线宽为 3 μm 的布线互相连接起来。在制作这么微小的电路时,即使有一粒尘埃落到芯片上,也可能引起断路,因此要求用于集成电路的硅芯片材料应是超高纯的,这就促使人们去研制超高纯的半导体材料。没有超高纯的半导体材料,大规模集成电路及相应的计算机技术就难以实现。

目前人们正在探索实现三维集成电路的可能性,设想将硅芯片上的二维集成电路向空间发展,成为三维立体结构,期望集成度可能有新的突破,但这一设想对半导体材料的要求也就越来越苛刻。

化学是材料发展的源泉。化学是在原子、分子水平上研究物质的组成、结构、性能、变化及应用的学科。经过数百年的努力,化学家开发出许多已存在于自然界中的人工天然化合物并合成了大量自然界中不存在的合成化合物,两者的总和已超过 1 000 万种,1991 年已达到 1 200 万种,而且还在以平均每天增加 7 000 多种的速度递增着。这 1 000 多万种天然和合成化合物构成了当今五彩缤纷世界的物质基础。人类的衣、食、住、行以及工业、农业、医药、卫生、环境等各行各业都需要化学物质的支持,因此人们称化学是一门中心科学,它与社会各方面的物质需要密切相关。

目前传统材料有几十万种,而新合成的材料每年大约以 5% 的速度在增加。因此可以毫不夸张地说,化学是材料发展的源泉,也可以说,材料科学的发展为化学研究开辟了一个新的领域。高分子化学与高分子材料的发展是最明显不过的例子。第二次世界大战后,高分子化学的蓬勃发展为高分子材料的发展打下了基础,相继合成出各种工程塑料、合成纤维、合成橡胶、涂料和胶粘剂等。为了适应社会经济和高技术发展的需要,对具有特殊性能的功能高分子材料的研制甚为迫切,这对高分子化学提出了新的要求,促进了高分子化学的发展。化学与材料科学保持着相互依存、相互促进的关系。

人类最先利用的材料是自然材料,如石头、木头、泥土、兽皮;发明火以后,可以使用陶器和瓷器;青铜是最早使用的金属材料。19世纪50年代以来炼铁和炼钢丰富和发展了机械工程材料,钢铁成为机械工程的主要材料。到20世纪30年代,铝(见铝合金)、镁(见镁合金)等轻金属逐步得到应用。第二次世界大战后,科学技术的进步促进了新型材料的发展,球墨铸铁、合金铸铁、合金钢、耐热钢、不锈钢、镍合金、钛合金和硬质合金等相继形成系列并扩大应用。同时,随着石油化学工业的发展,促进了合成材料的兴起,工程塑料、合成橡胶和胶粘剂等在机械工程材料中的比重逐步提高。另外,宝石、玻璃和特种陶瓷材料等也逐步扩大了在机械工程中的应用。

0.1.2　工程材料在航空领域的应用

100多年前,莱特兄弟用一些天然材料制造出第一架飞机,其中骨架用的是木材,蒙皮用的是浸树脂的棉布。

20世纪30年代末,著名的"蚊式"飞机就有"木材奇迹"之称。它利用木质复合板制造机身和蒙皮,性能胜过当时所有的战斗机。1912年德国人成功设计了世界上第一架用铝铜合金蒙皮制造的全金属单翼飞机,直到20世纪30年代,全金属承力蒙皮才逐渐成为普遍的结构形式。20世纪50年代,钛合金开始广泛应用于发动机高温部位,至今仍是发动机压气机的主要材料。20世纪70年代的B-2轰炸机,其机身和机翼的大部分均采用了碳纤维增强的复合材料,美国的F-22机的先进复合材料用量占24%,其现代民机占14%左右,现代直升机有的超过了50%。

我国目前已定型生产的航空工程材料及相应的标准与规范,基本上能满足第二代航空产品批量生产的需求,支撑着第三代航空产品的研制,但远不能满足第四代航空产品对材料的需求。针对第三代航空产品所需的关键材料,如:热强钛合金、高强铝合金、超高强度结构钢不锈钢、树脂基复合材料、单晶向与粉末高温合金等,从技术上已经具备试用条件,但是转化为在特定工况下使用的零部件,并体现出第三代航空产品的总体效能,尚需大量的工作。当前我国航空工程材料存在的问题有:材料牌号多、乱且重复;没有形成适合我国国情的材料、工艺及理化监测标准系列;材料性能数据"少、缺、散"现象严重;材料的实物质量低。总体上看,当前国内生产的航空工程材料,其标准质量(指技术标准规定的质量标准)基本上达到或接近国际水平,但材料的实物质量却普遍低于国际水平。主要表现在不同炉批的材料,其成分与性能虽然符合标准规定,但波动范围较大,材质的一致性、均匀性和稳定性较差。

0.1.3　航空工程材料与机械工程材料的区别

航空工程材料泛指用于制造航空飞行器的材料。军用飞机包括机身、发动机、机载电子和火力控制四大部分,民用飞机包括机身、发动机、机载电子和机舱四大部分。无论是军用飞机还是民用飞机,机体材料和发动机材料都是最重要的结构材料,电子信息材料则是航空机载装置中最重要的功能材料。飞行器作为一个整体,还用到少量非结构性材料,如阻尼、减振、吸噪、密封材料等。

机械工程材料是机械工程中常用的材料,是材料科学的一个分支,是指用于制造各类机械零件、构件的材料和在机械制造过程中所应用的工艺材料。

0.2　本课程的性质及主要内容

　　航空工程材料是高职航空类各专业必修的技术基础课。它是从生产实践中发展起来,又直接为生产服务的一门课程,具有丰富的理论性和实践性。

　　本课程的主要学习内容分为两篇。第一篇为工程材料基础知识,主要内容包括工程材料的主要性能、金属材料的基础知识、钢的热处理。第二篇为常用工程材料及选材,主要内容包括铁合金与高温合金、有色金属及其合金、高分子材料、复合材料、其他航空材料和零件的失效与材料的选择。

0.3　本课程的教学目标及要求

　　通过学习,使学生获得有关航空工程材料的基本理论、基本知识;了解常用航空工程材料的成分、工艺、组织和性能之间的关系;初步具备合理选用航空工程材料的能力。

　　学生通过本课程的学习,应达到下列要求:

　　① 掌握金属力学性能、晶体结构、铁碳合金相图等金属学的基本知识;

　　② 掌握航空工程材料的分类、牌号(或代号)、性能特点及用途;

　　③ 能够根据零件的工作条件选用材料;

　　④ 初步具有正确选定零件的热处理方法及确定其工序位置的能力;

　　⑤ 了解与本课程有关的新材料、新工艺、新技术及其发展趋势。

　　本课程具有实践性强的特点,其内容与生产、生活密切相关。为达到教学要求,应做好以下几个方面:学习中应注重于分析、理解与运用,并注意前后知识的衔接与综合应用;重视理论联系实际,重视实验环节,认真完成作业;本课程涉及的知识面广,内容较丰富,在教学中应多采用直观教学、信息化教学和启发式教学,培养学生的自学能力,以增加课堂的信息量和课时的利用率,并在后续课程和生产实习、课程设计、毕业设计等教学环节中反复练习,巩固提高。

第一篇 工程材料基础知识

第1章 工程材料的主要性能

材料的性能包括使用性能和工艺性能。使用性能是指材料在使用过程中应具备的性能，它包括物理性能、化学性能和力学性能。这些性能是机械设计、材料选择、工艺评定及材料检验的主要依据。

1.1 材料的物理性能

金属材料在固态时所表现出来的一系列物理现象的性能称为物理性能，包括密度、熔点、热膨胀性、导热性、导电性、磁性和光学性能等。

1. 密　度

材料的密度是指单位体积中材料的质量，常用符号 ρ 表示。不同的材料其密度不同，一般将密度小于 $4.5\ \mathrm{g/cm^3}$ 的金属称为轻金属，密度大于 $4.5\ \mathrm{g/cm^3}$ 的金属称为重金属。

2. 熔　点

熔点是指材料的熔化温度。金属及合金是晶体，都有固定的熔点。合金的熔点取决于它的化学成分。按照熔点的高低，可将金属材料分为易熔金属和难熔金属两类，难熔金属一般指熔点高于 1 650 ℃并有一定储量的金属（钨、钽、钼、铌、铪、铬、钒、锆和钛），也有将熔点高于锆熔点(1 852 ℃)的金属称为难熔金属。易熔金属如 Sn、Pb 等，可以用来制造保险丝、放火安全阀等零件；难熔金属如 W、Mo、V 等，可以用来制造耐高温零件，在燃气轮机、航天、航空等领域有广泛的应用。

3. 热膨胀性

材料随温度变化而出现体积变化的现象称为热膨胀性。一般来说，材料受热时膨胀，而冷却时收缩。材料的热膨胀性通常用线膨胀系数来表示。陶瓷的热膨胀系数最低，金属材料次之，高分子材料的热膨胀系数最高。对精密仪器或机械零件来说，热膨胀系数是一个非常重要的性能指标。在异种金属材料的焊接过程中，会因为材料的热膨胀系数相差过大而使焊件产生焊接变形或破坏。

4. 导热性

材料传导热量的能力称为导热性，一般用热导率 λ（也称为导热系数）表示。材料的热导率越大，导热性越好。一般来说，金属越纯，其导热性越好；金属及其合金的热导率远高于非金属材料。导热性好的材料（如铜、铝及其合金等）常用来制造热交换器等传热设备的零部件；导热性差的材料（如陶瓷、塑料、木材等）可用来制造绝热材料。

5. 导电性

材料传导电流的能力称为导电性，一般用电阻率表示。通常金属材料的电阻率随温度的升高而增加。金属材料一般具有良好的导电性，并随材料成分的复杂化而降低，因而纯金属的导电性比合金要好。

6. 磁　性

材料能导磁的性能称为磁性。磁性材料常分为软磁材料和硬磁材料（也称为永磁材料）。

软磁材料(如电工纯铁、硅钢片等)容易磁化,导磁性良好,外磁场去除后磁性基本消除;硬磁材料(如淬火的钴钢、稀土钴等)经磁化后能保持磁场,磁性不易消失。

7. 光学性能

材料传输光线的性能称为光介质材料的光学性能。材料的光学性能包括光的折射、色散、反射、吸收、散射等线性光学性能以及非线性光学性能。传统上常把光学材料限定为晶态(光学晶体)、非晶态(光学玻璃)及有机化合物(光学塑料)。新型光学材料是指近 10 年来,随着现代光学、光电子及信息技术的发展而兴起的光电数码产品和信息产品所应用的技术含量高、制作难度大、光学性能优越的光学材料,一般指镧系光学玻璃、环保系列光学玻璃、低熔点及磷酸盐光学玻璃等。

1.2 材料的化学性能

金属材料的化学性能是指金属在室温或高温下抵抗外界化学介质侵蚀的能力。根据服役条件与环境的不同,金属材料不仅要有一定的力学性能、物理性能,同时也要具有一定的化学稳定性,即耐蚀性和抗氧化性。

1. 耐蚀性

耐蚀性是指材料抵抗空气、水蒸气及其他各种化学介质腐蚀的能力。材料在常温下与周围介质发生化学或电化学作用而遭到破坏的现象称为腐蚀。非金属材料的耐腐蚀能力远高于金属材料。提高材料的耐腐蚀性,可有效地节约材料和延长机械零件的使用寿命。

2. 抗氧化性

材料在加热时抵抗氧化作用的能力称为抗氧化性。金属及其合金的抗氧化机理是金属材料在高温下迅速氧化后,可在金属表面形成一层连续而致密并与母体结合牢固的氧化薄膜,阻止金属材料的进一步氧化;而高分子材料的抗氧化机理则不同。

3. 老化性(高分子材料)

高分子材料的老化性是指其在加工、存储和使用过程中,由于受热、光照、氧、高能辐射、化学介质、微生物、潮湿等环境因素的影响,逐步发生物理化学反应,使性能下降,以致最后丧失使用价值的过程。

老化包括化学老化和物理老化两种类型。化学老化是一种不可逆的化学反应,是高分子材料分子结构变化的结果,如塑料的脆化、橡皮的龟裂等;特点是不可逆、不能恢复。物理老化是指玻璃态高分子材料通过小区域链段的布朗运动使其凝聚态结构从非平衡态向平衡态过渡,从而使得材料类的物理、力学性能发生变化的现象。

1.3 材料的力学性能

材料在外力作用下,以及在物理、化学或物理化学变化过程中,其内部会产生内力。作用在物体单位截面上的内力叫做应力。按引起应力的原因不同,应力分为工作应力和内应力。根据 GB/T 10623—2008 给出的定义,材料的力学性能是指材料在力的作用下显示出的与弹性和非弹性相关的反应或包含应力-应变关系的性能。力学性能对材料的使用性能和工艺性能有着非常重要的影响。评价材料力学性能最简单有效的方法是测定材料的拉伸曲线。根据

GB/T 228.1—2010《金属材料 拉伸试验 第 1 部分:室温试验方法》,将试验材料加工成标准拉伸试样,试样的截面可以是圆形、矩形、多边形、环形,在特殊情况下还可以是某些其他形状。

原始标距与横截面积有 $L_0 = k\sqrt{S_0}$ 关系的试样称为比例试样。国际上使用的比例系数 k 的值为 5.65。原始标距不小于 15 mm。当试样截面积太小,以致采用比例系数 k 为 5.65 的值不符合这一最小标距要求时,可以采用较高的值(优先采用 11.3 的值)或采用非比例试样(非比例试样其原始标距 L_0 与原始截面积 S_0 无关)。

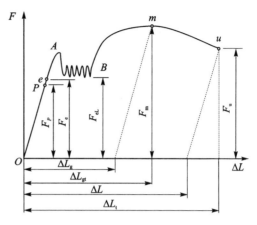

图 1.1　退火低碳钢的 $F - \Delta L$ 曲线

试样拉伸过程中,在试验机上可自动绘制出施加的载荷 F 与试样伸长量 ΔL 之间关系曲线,称为 $F - \Delta L$ 曲线,如图 1.1 所示。将图 1.1 的纵坐标以应力 R($R = F/S_0$,MPa)表示,横坐标以伸长率即应变 e(L/L_0,%)表示,得到应力-应变曲线,如图 1.2 所示。

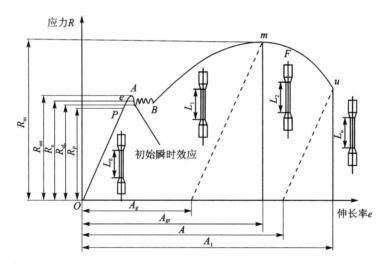

图 1.2　工程应力-应变曲线

1. 弹性与刚度

(1) 弹　性

弹性是指物体在外力作用下发生形变,当外力撤消后能恢复原来大小和形状的性质。物体所承受的外力在一定的限度以内,当外力撤消后,物体能够恢复原来的大小和形状;在限度以外,当外力撤销后,不能恢复原状,这个限度叫弹性限度,也称弹性极限。同一物体的弹性限度不是固定不变的,它随温度升高而减小。

根据 GB/T 10623—2008,弹性极限指材料在应力完全释放时能够保持没有永久应变的最大应力,用 R_e 表示,即

$$R_e = \frac{F_e}{S_0} \quad \text{N/mm}^2 \text{ 或 MPa}$$

式中：F_e——试样产生完全弹性变形的最大载荷，单位：N；

S_0——试样原始横截面积，单位：mm^2。

（2）刚　度

刚度是指零件在载荷作用下抵抗弹性变形的能力。弹性模量是指低于比例极限[①]的应力与相应应变的比值。杨氏模量为正应力和线性应变下的弹性模量特例，用 E 表示。

弹性模量是工程材料重要的性能参数。从宏观角度来说，弹性模量是衡量物体抵抗弹性变形能力大小的尺度，其值越大，材料的刚度越大；从微观角度来说，则是原子、离子或分子之间键合强度的反映。金属材料的弹性模量是一个对组织不敏感的力学性能指标，所以一般工程应用中都把弹性模量作为常数。

2. 强度与塑性

（1）强　度

强度是指材料在外力作用下抵抗变形或断裂的能力。由于所受载荷的形式不同，金属材料的强度可分为抗拉强度、抗压强度、抗弯强度和抗剪强度等。各种强度间有一定的联系，而抗拉强度是最基本的强度指标。

1）屈服强度和规定塑性延伸强度

屈服强度是指当金属材料呈现屈服现象时，在试验期间达到发生塑性变形而力不增加的应力点。屈服强度包括上屈服强度（R_{eH}）和下屈服强度（R_{eL}）。屈服强度是工程技术上重要的力学性能指标之一，也是大多数机械零件选材和设计的依据。屈服强度一般以下屈服强度（R_{eL}）作为金属材料的性能指标，其计算公式为

$$R_{eL} = \frac{F_{eL}}{S_0} \quad \text{N/mm}^2 \text{ 或 MPa}$$

式中：F_{eL}——试样屈服阶段的下屈服力，单位：N；

S_0——试样原始横截面积，单位：mm^2。

对于无明显屈服现象的材料，用规定塑性延伸率为 0.2% 时的应力表示，即 $R_{p0.2}$。

2）抗拉强度

抗拉强度是指在静拉伸条件下与最大试验力 F_m 对应的应力，用符号 R_m 表示。它是金属材料由均匀塑性变形向局部集中塑性变形过渡的临界值，也是材料断裂前所能承受的最大应力值。根据测得的 F_m，可按下式计算出抗拉强度：

$$R_m = \frac{F_m}{S_0} \quad \text{N/mm}^2 \text{ 或 MPa}$$

式中：F_m——试样断裂前所受的最大外力，单位：N。

R_{eL}/R_m 的值称为屈强比，屈强比越小，构件的可靠性越高，但屈强比小，材料的有效利用率低。

（2）塑　性

塑性是金属材料在断裂前发生不可逆永久变形的能力。永久变形是物体在力的作用下，

---

① 比例极限是指材料能够承受的没有偏离应力-应变比例特性的最大应力。

产生的形状和尺寸的改变;当外力去除后,永久变形不能恢复到原来的形状和尺寸。金属材料的塑性也是通过拉伸试验测得的。常用的塑性指标有断后伸长率和断面收缩率。

1) 断后伸长率

拉伸试样断后标距的塑性伸长与原始标距的百分比称为断后伸长率,用符号 A 或 $A_{11.3}$ 表示,即

$$A = \frac{L_u - L_0}{L_0} \times 100\ \%$$

式中:L_0——试样原始标距长度,单位:mm;

L_u——试样拉断后的标距长度,单位:mm。

同一材料长试样($l_0 = 10d_0$[①])和短试样($l_0 = 5d_0$)测得的断后伸长率分别用 $A_{11.3}$ 和 A 表示,它们是不相等的,一般短拉伸试样的 A 值大于长拉伸试样的 $A_{11.3}$ 值。

2) 断面收缩率

断面收缩率是指断裂后试样横截面积的最大缩减量($S_0 - S_u$)与原始横截面积(S_0)之比的百分率,用符号 Z 表示,即

$$Z = \frac{S_0 - S_u}{S_0} \times 100\ \%$$

式中:S_u——试样拉断处的最小横截面积,单位:mm^2。

由于断面收缩率与试样尺寸无关,因此,用 Z 表示材料的塑性比,用 A 表示更接近真实情况。材料的 A 与 Z 的数值越大,说明材料的塑性越好。塑性良好的材料,如铜、低碳钢,冷压成型好;塑性差的材料,如铸铁,不能进行压力加工,只能用铸造方法成形。此外,具有一定塑性的零件,在使用过程中万一超载或出现应力集中,会产生少量塑性变形而避免突然断裂,增加了零件的安全可靠性。因此,对大多数机械零件会提出一定的塑性要求。

3. 硬　度

硬度是衡量材料软硬程度的指标,它表示抵抗局部塑形变形及破坏的能力,即抵抗硬物压入或划伤表面的能力。由于材料的硬度与强度之间往往有一定的对应关系,故某一材料在一定条件下通常可由硬度值间接估算出材料的抗拉强度。因此,在机械设计中,零件的技术条件往往标注硬度。热处理生产中也常以硬度作为检验产品是否合格的主要依据。

硬度检验在工业生产中应用广泛,常见的硬度试验方法有布氏硬度(HBW)、洛氏硬度(HRA、HRB、HRC 等)和维氏硬度(HV),均为压入法。

(1) 布氏硬度

根据 GB/T 231.1—2009 规定,布氏硬度用 HBW 表示,试验范围上限是 650 HBW。试验原理:对一定直径的硬质合金球施加试验力压入试样表面,经规定的保持时间后,卸除试验力,测量表面压痕直径,如图 1.3 所示。布氏硬度与试验力除以压痕表面积的商成正比。压痕被看作是具

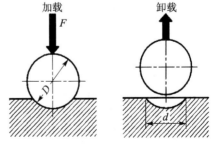

图 1.3　布氏硬度试验原理示意图

① d_0 表示圆形横截面试样平行长度的原始直径或圆丝原始直径或管的原始内径。

有一定半径的球形,压痕的表面积通过压痕的平均直径和压头直径计算得到。可用下列公式进行计算,即

$$HBW = 0.102 \times \frac{2F}{\pi D(D - \sqrt{D^2 - d^2})}$$

式中:F——试验力,单位:N;

D——压头直径,单位:mm;

d——压痕直径,单位:mm。

布氏硬度值可通过上式计算求得,但在实际应用中,常根据压痕直径 d 的大小直接查布氏硬度表得到硬度值。布氏硬度计算值一般都不标出单位,只需写明硬度的数值即可。

布氏硬度的标注方法是,测定的硬度值应标注在硬度符号"HBW"的前面。除了保持时间是 10～15 s 的试验条件外,在其他条件下测得的硬度值,均应在硬度符号"HBW"的后而用相应的数字注明压头直径、试验力大小和试验力保持时间。

例如,175HBW10/1 000/30 表示用压头直径 D 是 10 mm 的硬质合金球,在 1 000 kgf(9.807 kN)试验力作用下,保持 30 s 测得的布氏硬度值是 175。

450HBW5/750 表示用压头直径 D 是 5 mm 的硬质合金球,在 750 kgf(7.355 kN)试验力作用下保持 10～15 s 测得的布氏硬度值是 450。一般当试验力保持时间是 10～15 s 时可不标明。

布氏硬度的特点是,试验时金属材料表面压痕大,能在较大范围内反映被测材料的平均硬度,测得的硬度值比较准确,数据重复性强。但由于压痕较大,对金属表面的损伤较大,不宜测定太小或太薄的试样。布氏硬度试验主要用于测定如铸铁、非铁金属、经退火处理、正火处理和调质处理的钢铁材料及其半成品的硬度。

布氏硬度压痕大,试验结果比较准确。但较大压痕有损试样表面,不宜用于成品件与薄件的硬度测试,而且布氏硬度整个试验过程较麻烦。

(2)洛氏硬度

与布氏硬度试验一样,洛氏硬度也是一种压入硬度试验,但它不是测量压痕面积,而是测量压痕的深度,以深度大小表示材料的硬度值。

根据 GB/T 230.1—2009,用顶角为 120°的金刚石圆锥或直径为 1.587 5 mm 的球(淬火钢球或硬质合金球)作压头,先加初载荷,再加主载荷,将压头压入金属表面,保持一定时间后卸除主载荷,根据压痕的残余深度确定硬度值。洛氏硬度值用符号 HR 表示,即

$$HR = N - \frac{h}{0.02}$$

式中:h——压痕的残余深度,单位:mm;

N——常数(用金刚石压头,$N=100$;淬火钢球作压头,$N=130$)。

为了能在同一洛氏硬度机上测定从软到硬的材料硬度,采用了由不同的压头和载荷组成的几种不同的洛氏硬度标尺,并用字母在 HR 后加以注明,生产上常用的是 A、B 和 C 三种标尺的洛氏硬度。三种洛氏硬度标尺的试验条件和使用范围见表 1.1。

表示洛氏硬度时,硬度值写在硬度符号的前面。例如,50 HRC 表示用标尺 C 测得的洛氏硬度值为 50。

洛氏硬度试验操作简便迅速,可直接从硬度计表盘上读出硬度值。压痕小,可直接测量成

品或较薄工件的硬度。但由于压痕较小,测得的数据不够准确,通常应在试样不同部位测定三点取其算术平均值。

表 1.1　常用三种洛氏硬度的试验条件及应用范围

标尺	硬度符号	压头类型	总载荷/N (kgf)	测量范围	应用范围
A	HRA	金刚石圆锥体	588.4(60)	20～88	硬质合金、表面硬化层、淬火工具钢等
B	HRB	ϕ1.588 mm 钢球	980.7(100)	20～100	低碳钢、铜合金、铝合金、铁素体可锻铸铁
C	HRC	金刚石圆锥体	1 471(150)	20～70	淬火钢、调质钢、高硬度铸铁

（3）维氏硬度

维氏硬度试验原理基本上与布氏硬度相同,也是根据压痕在单位表面积上的载荷大小来计算硬度值。所不同的是采用相对面夹角为 136° 的正四棱锥体金刚石作压头。

根据 GB/T 4340.1—2009 规定,试验时,用选定的载荷 F 将压头压入试样表面,保持规定时间后卸除载荷,在试样表面压出一个四方锥形压痕,测量压痕两对角线长度,求其算术平均值,用以计算出压痕表面积,以压痕单位表面积上所承受的载荷大小表示维氏硬度值,用符号 HV 表示。

维氏硬度适用范围宽(5～1 000 HV),可以测从极软到极硬材料的硬度,尤其适用于极薄工件及表面薄硬层的硬度测量(如化学热处理的渗碳层、渗氮层等),其结果精确可靠。缺点是测量较麻烦,工作效率不如洛氏硬度试验高。

4. 韧　性

韧性表示材料在塑性变形和断裂过程中吸收能量的能力。韧性分为断裂韧性和冲击韧性两类。

（1）断裂韧性

断裂韧性是材料阻止宏观裂纹失稳扩展能力的度量,也是材料抵抗脆性破坏的韧性参数。它和裂纹本身的大小、形状及外加应力大小无关。断裂韧性是材料固有的特性,只与材料本身、热处理及加工工艺有关,同时它也是应力强度因子的临界值。常用断裂前物体吸收的能量或外界对物体所做的功表示,例如应力-应变曲线下的面积。韧性材料因具有大的断裂伸长值,所以有较大的断裂韧性,而脆性材料一般断裂韧性较小。

（2）冲击韧性

冲击韧性是指材料抵抗冲击载荷而不破坏的能力。材料的冲击吸收能量 K 采用 GB/T 229—2007 金属材料夏比摆锤冲击试验方法来测定,如图 1.4 所示。试验时,将带有缺口的标准试样置于试验机两支座之间,缺口背向打击面放置,用摆锤一次打击试样,测定试样的吸收能量。使试样的缺口位于两支座中间,并背向摆锤的冲击方向。将一定质量的摆锤升高到规定高度 H_1,使摆锤从 H_1 高度自由落下,冲断试样后向另一方向回升至高度 H_2,产生摆锤势能差 K,K 是消耗在试样断口上的冲击吸收能量。其计算公式为

$$K = GH_1 - GH_2 = G(H_1 - H_2)$$

式中,K 为冲击吸收能量,单位:J;G 为摆锤的重力,单位:N;H_1 为摆锤的初始高度,单位:m;H_2 为冲断试样后摆锤回升的高度,单位:m。

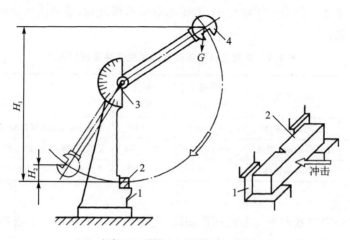

1—机架;2—试样;3—刻度盘;4—摆锤

图 1.4　摆锤冲击试验原理示意图

冲击吸收能量的值可由试验机指针或其他指示装置示出能量值。用字母 V 和 U 表示缺口几何形状,用下标数字 2 或 8 表示摆锤刀刃半径,例如,用 KV_2 表示摆锤刀刃半径为 2 mm 夏比 V 形缺口试样的冲击吸收能量。

K 是表征金属材料韧性的重要指标。显然,吸收能量越大,表示金属材料抵抗冲击试验力而不破坏的能力越强。吸收能量 K 对组织缺陷非常敏感,它可灵敏地反映出金属材料的质量、宏观缺口和显微组织的差异,能有效地检验金属材料在冶炼、成形加工、热处理工艺等方面的质量。

将冲击吸收能量除以试样缺口底部截面所得之商称为冲击韧度,是材料冲击韧性的一种力学性能指标,用 a_k 表示,计算式如下:

$$a_k = \frac{K}{S_0}$$

冲击韧度值 a_k 愈大,表明材料韧性愈好。实际上 a_k 值的大小就代表了材料韧性的高低,故目前国际上许多国家直接用冲击吸收功作为冲击韧度的指标。

冲击韧度值是在大能量一次冲断试样条件下测得的性能指标。但实际生产中许多机械零件很少是受到大能量一次冲击而断裂,多数是在工作时承受小能量多次冲击后才断裂。材料在多次冲击下的破坏过程是由裂纹产生、裂纹扩张和瞬时断裂三个阶段组成的,其破坏是每次冲击损伤积累发展的结果,它与一次冲击有着本质的区别。研究结果表明,金属材料抗多次冲击的能力取决于其强度和塑性两项指标,而且随着冲击能量的不同,金属材料的强度和塑性的作用是不同的。在小能量多次冲击条件下,金属材料抗多次冲击的能力,主要取决于金属材料强度的高低;在大能量多次冲击条件下,金属材料抗多次冲击的能力,主要取决于金属材料塑性的高低。

实验表明,冲击吸收能量对温度非常敏感。有些金属材料在室温时可能并不显示脆性,但在较低温度下,则可能发生脆断。在进行不同温度的一系列冲击试验时,冲击吸收能量总的变化趋势是随着温度的降低而降低。当温度降至某一数值时,冲击吸收能量急剧下降,金属材料由韧性断裂变为脆性断裂,这种现象称为冷脆转变。金属材料在一系列不同温度的冲击试验中,冲击吸收能量急剧变化或断口韧性急剧转变的温度区域,称为韧脆转变温度。金属材料的韧脆转变温度越低,说明金属材料的低温抗冲击性越好。非合金钢的韧脆转变温度约为$-20\ ℃$,因此,在非常寒冷(低于$-20\ ℃$)的地区使用非合金钢构件(如钢轨、车辆、桥梁、输运管道、电力铁塔等)时,易发生脆断现象。所以,在选用金属材料时,一定要考虑金属材料服役条件的最低温度必须高于金属材料的韧脆转变温度。

5. 疲 劳

(1)疲劳现象

直升飞机的旋翼、发动机的轴和叶片以及各种齿轮、弹簧等零件,在工作中受到交变载荷的作用,虽然其应力值比屈服强度低,但经过较长的时间的工作也会产生裂纹或突然发生断裂,这种现象称为疲劳。疲劳断裂与静载荷作用下的断裂是不同的。疲劳断裂时,金属材料不产生明显的塑性变形,断裂是突然发生的,因此,疲劳断裂具有很大的危险性,常常造成严重的事故。据统计,损坏的机械零件中 80% 以上是因疲劳造成的。因此,研究疲劳现象对于正确使用金属材料,合理设计机械构件具有重要的指导意义。

研究表明,金属材料的疲劳断裂断口一般由微裂源、扩展区和瞬断区三部分组成。疲劳断裂是在零件的应力集中区域产生的,在该区域先形成微小的裂纹核心,即裂纹源,随后在循环应力作用下,裂纹不断扩展和长大。由于疲劳裂纹不断扩展,使得零件的有效工作面逐渐减小,因此,零件所受应力不断增加;当应力超过金属材料的断裂强度时,则发生疲劳断裂。

(2)疲劳强度

疲劳强度是指在指定寿命下使试样失效的应力水平,用 S 表示。应力寿命曲线是疲劳强度与疲劳寿命的关系曲线,即 S-N 曲线,如图 1.5 所示。纵坐标为最大应力 S_{max},单位为 MPa;横坐标为疲劳寿命 N_f,用对数值表示。从 S-N 曲线可以看出,试样在给定的循环数下,显示明显的斜率变化。当最大应力降到某一临界值时,曲线平行于水平轴线,表明试样可

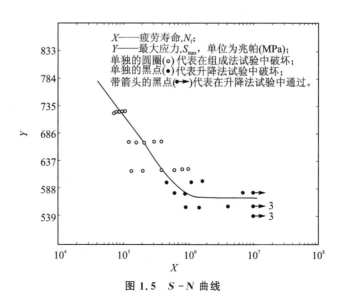

图 1.5 S-N 曲线

以经过无限次循环也不发生断裂,此应力称为疲劳极限[1],用 σ_N[2] 表示。但是,也有一些材料的 $S-N$ 曲线呈现连续的曲线,最终趋近于水平轴。根据 GB/T 4337—2015,对于第一种类型的 $S-N$ 曲线,推荐取 10^7 耐久寿命,对于第二种类型的 $S-N$ 曲线,推荐取 10^8 耐久寿命。通常耐久性对于结构钢是 10^7 耐久寿命,对于其他钢和非铁合金是 10^8 耐久寿命。

一些金属通常不出现定义中的"疲劳极限"或"耐久极限"。这是因为,在低于此应力作用下,金属可以承受无数此循环。通常情况下,应力-寿命曲线中的平台被认为是传统的"疲劳极限"或"耐力极限",但是在这个应力水平以下也会发生失效。

由于大部分机械零件的损坏是由疲劳造成的,消除或减少疲劳失效,对于提高零件使用寿命有着重要意义。影响疲劳强度的因素很多,除设计时在结构上注重减轻零件应力集中外,改善零件的表面质量,可减少缺口效应,提高零件的疲劳强度。采用表面处理,如高频淬火、表面形变强化(如喷丸、滚压、内孔挤压等)、化学热处理(如渗碳、渗氮、碳-氮共渗)以及各种表面复合强化工艺等都可改变零件表层的残留应力状态,从而使零件的疲劳强度提高。

6. 蠕变及蠕变断裂

材料在长时间的恒温、恒载荷作用下缓慢地产生塑性变形的现象称为蠕变。它与塑性变形不同,塑性变形通常在应力超过弹性极限之后才出现,而蠕变只要应力的作用时间相当长,在应力小于弹性极限施加的力时也能出现。

蠕变可以发生在任何温度下。低温时,蠕变效应不明显,可以不予考虑;只有达到一定的温度才变得显著,该温度称为蠕变温度。各种金属材料的蠕变温度约为 $0.3T_m$,T_m 为熔化温度,以热力学温度表示。通常碳素钢超过 $300 \sim 350\ ℃$,合金钢在 $400 \sim 450\ ℃$ 以上时才有蠕变行为,对于一些低熔点金属如铅、锡等,在室温下就会发生蠕变。

蠕变曲线可分为三个阶段,如图 1.6 所示:Ⅰ 为减速蠕变阶段,随时间的延长,蠕变速率逐渐减小;Ⅱ 为恒速蠕变阶段,蠕变速率几乎恒定;Ⅲ 为加速蠕变阶段,随时间的延长,蠕变速率逐渐增大。

材料的蠕变曲线与材料本身的化学成分、应力大小和试验温度等因素有关。不同材料在不同条件下的蠕变曲线是不同的。例如金属材

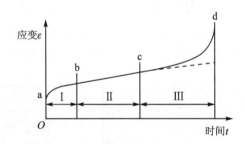

图 1.6 蠕变曲线的三个阶段

料高于 $0.3T_m$ 时产生明显的蠕变;陶瓷材料高于 $0.4T_m$ 时产生明显的蠕变,高分子材料在玻璃化温度以上即产生明显的蠕变。同一种材料的蠕变曲线也随应力和温度的变化而不同,如图 1.7 所示。当应力较小或温度较低时,蠕变第 Ⅱ 阶段持续时间较长,甚至可能不产生第 Ⅲ 阶段;而当应力较大或温度较高时,蠕变第 Ⅱ 阶段持续时间很短,甚至消失,试样在很短时间内发生断裂。

---

① 应力振幅的极限值。在这个值以下,被测试样能承受无限次的应力周期变化。

② N 次循环后的疲劳强度。在规定应力比下,使试样的寿命为 N 次循环的应力振幅值。

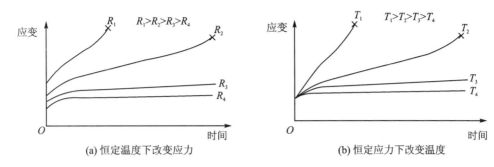

图 1.7　应力、温度对蠕变曲线的影响

1.4　材料的工艺性能

工艺性能是指材料从冶炼到成品的生产过程中,为适应各种加工工艺应具备的性能。它是决定材料能否进行加工或如何进行加工的重要因素,材料工艺性能的好坏,会直接影响机械零件的工艺方法、加工质量、制造成本等。材料的工艺性能主要包括铸造性能、锻造性能、焊接性能、热处理性能、切削加工性能等。

1. 铸造性能

铸造性能指材料易于铸造成型并获得优质铸件的能力,衡量材料铸造性能的指标主要有流动性、收缩性和偏析倾向等。流动性是指熔融材料的流动能力,主要受化学成分和浇注温度的影响,流动好的材料容易充满铸型型腔,从而获得外形完整、尺寸精确、轮廓清晰的铸件;收缩性是指铸件在冷却凝固过程中其体积和尺寸减少的现象,铸件收缩不仅影响其尺寸,还会使铸件产生缩孔、疏松、内应力、变形和开裂等缺陷;偏析是指铸件内部化学成分和显微组织的不均匀现象,偏析严重的铸件其各部分的力学性能会有很大差异,降低产品质量。

2. 压力加工性能

压力加工性能是指材料是否容易进行压力加工的性能。它取决于材料的塑性和变形抗力的大小,材料的塑性越好,变形抗力越小,材料的压力加工性能性能越好。如纯铜在室温下有良好的压力加工性能;碳钢的压力加工性能优于合金钢;铸铁则无压力加工性能。

3. 焊接性能

焊接性能是指材料是否易于焊接并能获得优质焊缝的能力。碳钢的焊接性能主要取决于钢的化学成分,特别是钢的碳含量影响最大。低碳钢具有良好的焊接性能,而高碳钢、铸铁等材料的焊接性能较差。

4. 切削加工性能

切削加工性能是指材料接受切削加工的难易程度,主要包括切削速度、表面粗糙度、刀具的使用寿命等。一般来说,材料的硬度适中(180～220 HBW)其切削加工性能良好,所以灰铸铁的切削加工性比钢好,碳钢的切削加工性比合金钢好。改变钢的成分和显微组织可改善钢的切削加工性能。

5. 热处理性能

热处理性能是指材料进行热处理的难易程度。热处理可以提高材料的力学性能,充分发挥材料的潜力。

本章小结

本章主要阐述材料的使用性能和工艺性能。使用性能包括物理性能、化学性能和力学性能。力学性能对材料的使用性能和工艺性能有着非常重要的影响,力学性能是工程设计中需要重点进行校核的性能。材料的力学性能有:刚度、强度、塑性、硬度、韧性、疲劳强度等,其中强度、塑性、硬度是需要重点掌握的内容。工艺性能包括铸造性能、压力加工性能、焊接性能等,对一种材料进行加工方法的选择时,需要首要考虑的是其工艺性能及其加工工艺路线的制定。

习题与思考题

一、填空题

1. 金属材料的性能分为_____性能和_____性能等。

2. 使用性能包括力学性能、_____性能和_____性能等。

3. 工艺性能包括铸造性能、压力加工性能、_____性能、_____性能及可加工性等。

4. 金属力学性能指标主要有_____、_____、_____、_____和_____等。

5. 比例圆柱形拉伸试样分为_____拉伸试样($L_0 = 5d_0$)和_____拉伸试样($L_0 = 10d_0$)两种。

6. 从完整的力-伸长曲线中可以看出,试样从开始拉伸到断裂要经过_____阶段、屈服阶段、_____阶段、缩颈与断裂四个阶段。

7. 金属材料的塑性可以用拉伸试样断裂时的最大相对变形量来表达,如拉伸后的_____伸长率和_____收缩率。

8. 常用的硬度测试方法有_____氏硬度(HBW)、_____氏硬度(HRA、HRB、HRC 等)和_____氏硬度(HV)。

9. 175HBW10/1 000/30 表示用压头直径 D 是_____ mm 的_____合金球,在_____ kgf(9.807 kN)试验力作用下,保持_____ s 测得的布氏硬度值是 175。

10. 450HBW5/750 表示用压头直径 D 是_____ mm 的硬质合金球,在_____ kgf(7.355 kN)试验力作用下保持_____ s 测得的布氏硬度值是 750。

11. 45HRC 表示用"_____"标尺测定的洛氏硬度值是_____。

12. 540HV30 表示用_____ kgf(294.2 N)试验力,保持_____ s 测定的维氏硬度值是 540。

13. 540HV30/20 表示用_____ kgf(294.2 N)试验力,保持_____ s 测定的维氏硬度值是 540。

14. 韧性表示材料在塑性变形和破裂过程中_____能量的能力。材料的冲击韧性大小通常采用_____(单位为焦耳,J)来衡量。此值越_____,表示金属材料抵抗冲击试验力而不破坏的能力越强。

15. 夏比摆锤冲击试样有_____型缺口试样和_____型缺口试样两种。

16. 材料的工艺性能是指_____性能、_____性能、_____性能、_____性能、_____性能。

17. 金属材料的疲劳断裂断口一般由_____源、_____区和瞬断区三部分组成。

18. 物理性能包括密度、_____、_____性、导电性、热膨胀性和磁性等。

19. 铁和铜的密度较大,称为_____金属;铝和镁的密度较小,则称为_____金属。

20. 根据金属材料在磁场中受到磁化程度的不同,金属材料可分为_____磁性材料、顺磁性材料和_____磁性材料。

21. 化学性能包括耐蚀性、_____性和_____性等。

二、选择题

1. 金属材料抵抗永久变形和断裂的能力,称为(   )。

A. 硬度   B. 塑性   C. 强度

2. 屈服强度一般以(   )作为金属材料的性能指标。

A. 上屈服强度(R_{eH})   B. 下屈服强度(R_{eL})

3. (   )是指拉伸试样 F_m 对应的应力,用符号 R_m 表示。

A. 屈服强度   B. 抗拉强度

4. 拉伸试样断后标距的塑性伸长与原始标距的百分比称为(   ),用符号 A 或 $A_{11.3}$ 表示。

A. 断面收缩率   B. 断后伸长率

5. 测定淬火钢件的硬度,一般常选用(   )来测试。

A. 布氏硬度计   B. 洛氏硬度计   C. 维氏硬度计

6. 做冲击试验时,试样承受的载荷是(   )。

A. 静载荷   B. 冲击载荷

7. 金属材料的(   )越好,变形抗力越小,金属材料的压力加工性能越好。

A. 强度   B. 塑性   C. 硬度

8. 下列金属中,熔点高的金属是(   ),熔点低的金属是(   )。

A. 钨   B. 铜   C. 锡

三、判断题

1. 塑性变形能随载荷的去除而消失。(   )

2. 部分金属材料,如高碳钢、铸铁等,在进行拉伸试验时,没有明显的屈服现象。(   )

3. 同一金属材料的断后伸长率 $A_{11.3}$ 和 A 的数值是不相等的。(   )

4. 做布氏硬度试验时,当试验条件相同时,压痕直径越小,则材料的硬度越低。(   )

5. 冲击吸收能量对温度不敏感。(   )

6. 在小能量多次冲击条件下,金属材料抗多次冲击的能力,主要取决于金属材料强度的高低。(   )

7. 疲劳断裂时,金属材料不产生明显的塑性变形,断裂是突然发生的。(   )

8. 纯金属都有固定的熔点,合金的熔点取决于它的化学成分。(   )

9. 电阻率越小,金属材料的导电性能就越差。(   )

10. 所有的金属材料都具有磁性,能被磁铁所吸引。(   )

11. 金属材料的塑性越好,变形力越小,金属材料的压力加工性能越差。(   )

四、简答题

1. 画出退火低碳钢的力-伸长曲线,拉伸试样从开始拉伸到断裂要经过几个阶段?

2. 采用布氏硬度试验测取金属材料的硬度值有哪些优缺点?

第2章 金属材料的基础知识

材料的化学成分和内部组织结构决定了材料的性能,而性能决定了材料的应用。内部组织结构是由材料的化学成分和加工工艺决定的。因此研究金属材料首先从了解晶体结构开始,做到合理选择和加工材料。

本章主要阐述金属的晶体结构、金属材料的结晶、合金的结晶及其相图分析,重点是铁碳合金的平衡结晶过程及铁碳相图的分析,金属的塑性变形机理等内容。

2.1 金属的晶体结构

固态物质按照其原子(离子或分子)的聚集状态可以分为晶体和非晶体两大类。原子(离子或分子)在三维空间有规则的周期性重复排列的物体称为晶体,如天然金刚石、水晶、固态金属及合金等;晶体具有固定的熔点,呈现规则的外形,并具有各向异性特征。原子(离子或分子)在三维空间无规则排列的物体称为非晶体,如松香、石蜡、玻璃、沥青等;非晶体没有固定的熔点,其结构呈现无序,并具有各向同性特征。由于金属由金属键结合,其内部的金属离子在空间有规则的排列,因此固态金属均是晶体。

2.1.1 纯金属的晶体结构

1. 基本概念

金属晶体内部原子是按一定的几何规律排列的。为了便于理解,人们把原子看成一个个刚性小球,这样就可将金属看成是由刚性小球按一定的几何规则紧密堆积而成的物体。如图2.1所示。

（1）晶　格

为研究晶体中原子的排列规律,假定理想晶体中的原子都是固定不动的刚性球体,并用假想的线条将晶体中各原子中心连接起来,便形成了一个空间格子,这种表示原子在晶体中排列规律的空间格架,简称晶格,如图2.2所示。

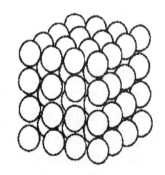

图2.1 晶体中的原子堆积模型

（2）晶　胞

能够完全反映晶格特征的最小的几何单元称为晶胞,如图2.3所示。晶胞在三维空间的重复排列构成晶格。

（3）晶格常数

不同元素的原子半径大小不同。在组成晶胞后,晶胞的大小是不相同的,晶胞和形状可用棱边长度 a、b、c 及棱边夹角 α、β、γ 来表示。晶胞的棱边长度称为晶格常数,以埃(Å)为单位来表示(1 Å$=10^{-8}$ cm),如图2.4所示。

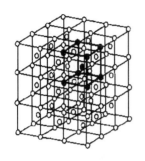

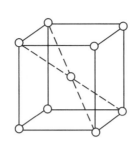

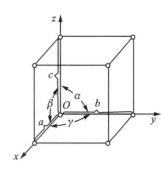

图 2.2　晶格的抽象模型　　　　图 2.3　晶　　胞　　　　图 2.4　晶格常数

2. 常见金属的晶格类型

常见的金属晶格类型有体心立方晶格、面心立方晶格和密排六方晶格三种类型。

（1）体心立方晶格

体心立方晶格的晶胞是一个立方体，其晶格常数 $a=b=c$，在立方体的八个角上和立方体的中心各有一个原子，如图 2.5 所示。每个晶胞中实际含有的原子数为 $(1/8)\times 8+1=2$（个）。属于体心立方晶格的金属有铬（Cr）、钨（W）、钼（Mo）、钒（V）、α 铁（α-Fe）等。

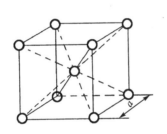

图 2.5　体心立方晶格

（2）面心立方晶格

面心立方晶格的晶胞也是一个立方体，其晶格常数 $a=b=c$，在立方体的八个角和立方体的六个面的中心各有一个原子，如图 2.6 所示。每个晶胞中实际含有的原子数为 $(1/8)\times 8+6\times(1/2)=4$（个）。属于面心立方晶格的金属有铝（Al）、铜（Cu）、镍（Ni）、金（Au）、银（Ag）、γ 铁（γ-Fe）等。

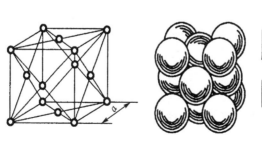

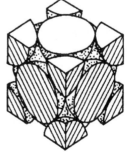

图 2.6　面心立方晶格

（3）密排六方晶格

密排六方晶格的晶胞是个正六方柱体，它是由六个呈长方形的侧面和两个呈正六边形的底面所组成。该晶胞要用两个晶格常数表示，一个是六边形的边长 a，另一个是柱体高度 c。其晶胞的十二个角上和上、下底面中心各有一个原子，另外在晶胞中间还有三个原子，如图 2.7 所示。每个晶胞中实际含有的原子数为 $(1/6)\times12+(1/2)\times2+3=6$（个）。属于密排六方晶格的金属有镁（Mg）、锌（Zn）、铍（Be）等。

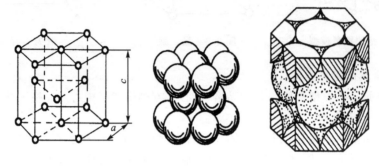

图 2.7　密排六方晶格

2.1.2　合金的晶体结构

1. 基本概念

（1）合　金

由两种或两种以上金属元素或金属与非金属元素组成的具有金属特性的物质称为合金。

（2）组　元

组成合金的最基本的独立的物质，叫组元（简称元）。一般来说，组元就是组成合金的元素。

（3）相

合金中具有同一化学成分且结构相同的均匀组成部分叫做相。合金中相与相之间有明显的界面。若合金是由成分、结构都相同的同一种晶粒构成的，则各晶粒虽有界面分开，但它们仍属于同一种相；若合金是由成分、结构都不相同的几种晶粒构成的，则它们将属于不同的几种相。例如，纯铁在常温是由单相的 $\alpha-Fe$ 组成的。在铁碳合金中，由于铁与碳相互作用形成一种称为渗碳体的新相（即 Fe_3C），这种新相的成分、结构与 $\alpha-Fe$ 完全不同。

（4）组　织

在金相显微镜下观察可以看到的金属材料内部的微观形貌称为显微组织（简称组织）。组织由数量、形态、大小和分布方式不同的各种相组成。金属材料的组织可以由单相组成，也可以由多相组成。

2. 合金的相结构

不同的相具有不同的晶体结构，虽然相的种类极为繁多，但根据相的结构特点可归纳为固溶体和金属化合物两大类。

（1）固溶体

当合金由液态结晶为固态时，组元间仍能互相溶解而形成的均匀相称为固溶体。若固溶体的晶格类型与其中某一组元的晶格类型相同,则其他组元的晶格结构将消失,其中能保留住晶格结构的组元称为溶剂,另外的组元称为溶质。因此,固溶体的晶格类型与溶剂的晶格相同,而溶质以原子状态分布在溶剂的晶格中。

1)固溶体的分类

按照溶质原子在溶剂晶格中分布情况的不同,固溶体可分为间隙固溶体和置换固溶体两类,如图2.8所示。

间隙固溶体　若溶质原子在溶剂晶格中并不占据晶格结点的位置,而是处于各结点间的空隙中,则这种形式的固溶体称为间隙固溶体。如:碳钢中碳原子溶入 α-Fe晶格中形成的铁素体、碳原子溶入 γ-Fe晶格中形成的奥氏体,它们都是间隙固溶体。

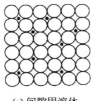
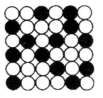

(a) 间隙固溶体　　　　　　　　(b) 置换固溶体

图2.8　固溶体的两种类型

置换固溶体　若溶质原子代替一部分溶剂原子而占据着溶剂晶格中的某些结点位置,则这种类型的固溶体称为置换固溶体。如在铜镍合金中,镍原子占据铜原子的位置而形成置换固溶体。

2)固溶体的性能

由于溶质原子溶解到溶剂中,使固溶体的晶格发生畸变,在位错移动时所受到的阻力增大,结果使金属材料的强度、硬度提高。这种通过溶入溶质元素形成固溶体,从而使金属材料的强度、硬度提高的现象,称为固溶强化。

固溶强化是提高金属材料力学性能的一种重要途径。例如,在南京长江大桥的建设中大量采用的含锰量为 $w_{Mn}=1.30\%\sim1.60\%$ 的低合金高强度结构钢,就是由于锰的固溶强化作用提高了该材料的强度,从而大大节约了钢材,减轻了大桥结构的自重。

(2) 金属化合物

凡是由相当程度的金属键结合,并具有明显金属特性的化合物,称为金属化合物,它可以成为金属材料的组成相。例如,碳钢中的渗碳体(Fe_3C)、黄铜中的 β 相($CuZn$),都属于金属化合物。

金属化合物的熔点较高,性能硬而脆。当合金中出现金属化合物时,通常能提高合金的强度、硬度和耐磨性,但会降低其塑性和韧性。金属化合物是各类合金钢、硬质合金和许多有色金属的重要组成相。

金属化合物的种类很多,常见的有以下三种类型。

1)正常价化合物

组成正常价化合物的元素是严格按原子价规律结合的,因而其成分固定不变,并可用化学式表示,如 Mg_2Si、Mg_2Sn、Mg_2Pb 等。正常价化合物具有较高的硬度和脆性。在合金中,当它在固溶体基体上细小而均匀地分布时,将使合金得到强化,因而起着强化相的作用。

2）电子化合物

电子化合物不遵循原子价规律,而是按照一定的电子浓度比组成一定晶格结构的化合物。电子化合物虽然可以用化学式表示,但实际上它是一个成分可变的相,也就是在电子化合物的基础上可以再溶解一定量的组元,形成以该化合物为基的固溶体。电子化合物的熔点和硬度都很高,但塑性很差,因此与正常价化合物一样,一般只能作为强化相存在于合金中。

3）间隙化合物

间隙化合物一般是由原子直径较大的过渡族金属元素(Fe、Cr、Mo、W、V)和原子直径较小的非金属元素(H、C、N、B 等)所组成。如合金钢中不同类型的碳化物(VC、Cr_7C_3、$Cr_{23}C_6$ 等)和钢经化学热处理后在其表面形成的碳化物和氮化物(如 Fe_3C、Fe_4N、Fe_2N 等)都是属于间隙化合物。

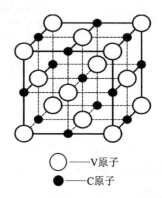

间隙化合物的晶格结构特点是:直径较大的过渡族元素的原子占据了新晶格的正常位置,而直径较小的非金属元素的原子则被嵌入晶格的空隙中,因而称为间隙化合物。间隙化合物又可分为两类,一类是具有简单晶格结构的间隙化合物,也称为间隙相,如 VC、WC、TiC 等;VC 的晶体结构,如图 2.9 所示。另一类是具有复杂晶格结构的间隙化合物,如 Fe_3C、$Cr_{23}C_6$、Cr_7C_3、Fe_4W_2C 等;Fe_3C 的晶体结构就是这一类间隙化合物结构的典型例子。

○——V原子
●——C原子

图 2.9 VC 的晶体结构

间隙化合物具有极高的硬度和熔点,而且十分稳定,尤其是间隙相更为突出。所以间隙化合物在钢铁材料和硬质合金中具有很大的作用。如碳钢中的 Fe_3C 可以提高钢的强度和硬度;工具钢中 VC 可以提高钢的耐磨性;高速钢中的 WC、VC 等可使钢在高温下保持高硬度;而 WC 和 TiC 则是硬质合金的主要组成物。合金的相结构对合金的性能有很大的影响,表 2.1 归纳了合金相结构的特征。

表 2.1 合金的相结构特征

类　　别	分　　类	在合金中的位置及作用	力学性能特点
固溶体	置换固溶体、间隙固溶体	基体相。提高塑性及韧性	塑、韧性好,强度比纯组元高
金属化合物	正常价化合物、电子价化合物、间隙化合物	强化相。提高强度、硬度及耐磨性	熔点高、硬度高、脆性大

2.1.3　实际金属的晶体结构

1. 多晶体结构

实际工程上用的金属材料都是由许多颗粒状的小晶体组成,每个小晶体内部的晶格位向是一致的,而各小晶体之间位向却不相同,这种不规则的、颗粒状的小晶体称为晶粒,晶粒与晶粒之间的界面称为晶界,由许多晶粒组成的晶体称为多晶体,如图 2.10 所示。一般金属材料都是多晶体结构。

2. 晶体缺陷

在实际金属中,原子排列并非完全规则和完整。晶体内部出现原子排列不规则、不完整的

区域称为晶体缺陷。根据缺陷的几何特点,可将其分为以下三种类型:

① 空位、间隙原子和置换原子,属于点缺陷,如图 2.11 所示。在实际晶体结构中,晶格的某些结点往往未被原子占有,这种空着的结点位置称为晶格空位;处在晶格间隙中的原子称为间隙原子。在晶体中由于点缺陷的存在,将引起周围原子间的作用力失去平衡,使其周围原子向缺陷处靠拢或被撑开,从而晶格发生歪扭,这种现象称为晶格畸变。晶格畸变会使金属的强度和硬度提高。

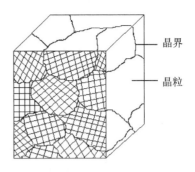

图 2.10　金属的多晶体结构

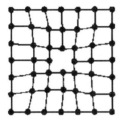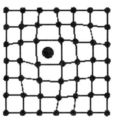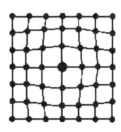

图 2.11　晶格空位和间隙原子

② 位错,属于线缺陷。位错的基本类型有刃型位错和螺型位错两种,其中刃型位错是比较简单的一种,如图 2.12 所示。这种缺陷的特点是:在晶体的某一个晶面的上下两部分的原子面产生错排,就好像沿着某方位的晶面插入了一个多余原子面,但又未插到底,犹如插入刀刃一般,故称为刃型位错。

常用位错密度来描述位错数量的多少,它是指晶体中单位体积所包含的位错线的长度。晶体中位错的存在,对晶体力学性能将产生很大的影响。当金属为理想晶体或仅含极少量位错时,金属的屈服强度 R_{el} 很高;当含有一定量的位错时,强度降低;当进行形变加工时,位错密度增加,屈服强度 R_{el} 将会增高,如图 2.13 所示。

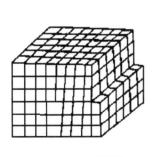

图 2.12　刃型位错

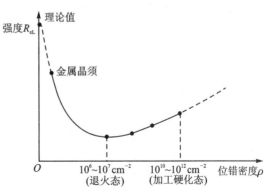

图 2.13　位错密度与强度关系示意图

③ 晶界和亚晶界,属于面缺陷。实际金属材料一般为多晶体,其相邻两晶粒之间的位向差大多在 $30° \sim 40°$ 之间。晶界处原子的排列必须从一种晶粒的位向过渡到另一种晶粒的位

向,因此晶界成为两晶粒之间原子无规则排列的过渡层,如图 2.14(a)所示。在实际金属晶体中的晶粒内部,存在有许多小晶块,它们之间的位向差很小,只有几分、几秒,一般小于 1°~2°,它们相互镶嵌成一颗晶粒。在这些小晶块的内部原子排列的位向是一致的,这些小晶块称为亚晶粒(或亚结构,或镶嵌块),相邻亚晶粒之间的界面称为亚晶界,如图 2.14(b)、(c)所示。

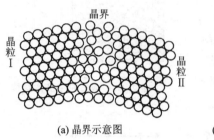  

(a) 晶界示意图　　　　　(b) 亚晶界示意图　　　　(c) 亚晶界与亚晶粒示意图

图 2.14　晶界与亚晶界示意图

晶界具有许多不同于晶粒内部的特性,它的存在提高了金属的强度;晶界越多(即晶粒越细),金属材料的强度、硬度越高;晶界处的熔点较低;晶界处往往优先形成新相;晶界容易被腐蚀等。亚晶界对金属性能的影响与晶界相似,如亚晶界越多,即亚晶越细,将使金属的屈服强度增大。

2.2　金属的结晶

大多数金属材料都是经过熔化、冶炼和浇铸的过程,即由液态金属冷却凝固而成的。由于固态金属是晶体,所以故液态金属的凝固过程称为结晶。目前绝大多数金属都是通过金属结晶或对相同金属利用不同热处理或冷、热加工来达到满足金属零件的工艺或使用性能要求的,因此,研究金属的结晶过程,对改善金属材料的组织和性能具有重要的意义。

2.2.1　纯金属的结晶

1. 纯金属的冷却曲线和过冷现象

（1）纯金属的冷却曲线

由于纯金属都有一个固定的熔点(或结晶温度),因此纯金属的结晶过程总是在一个恒定的温度下进行的。液态金属的结晶过程可用热分析法来研究,即将金属加热到熔化状态,然后使其缓慢冷却,在冷却过程中,每隔一定时间测量一次温度,直至冷却到室温,然后将测量数据画在温度-时间坐标图上,便得到一条金属在冷却过程中温度与时间的关系曲线,如图 2.15 所示,这条曲线称为冷却曲线。由图可见,液态金属随着冷却时间的延长,温度不断下降,但当冷

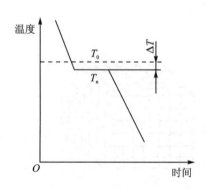

图 2.15　纯金属的冷却曲线示意图

却到某一温度时,在曲线上出现了一个水平线段,其所对应的温度就是金属的结晶温度。金属结晶时释放出结晶潜热,补偿了冷却散失的热量,从而使结晶在恒温下进行。结晶完成后,由

于散热,温度又继续下降。

（2）过冷现象及过冷度

金属在极其缓慢的冷却条件下（即平衡条件下）所测得的结晶温度称为理论结晶温度（T_0）。但在实际生产中,液态金属结晶时,冷却速度都比较大,金属总是在理论结晶温度以下某一温度开始进行结晶,这一温度称为实际结晶温度（T_n）。金属实际结晶温度低于理论结晶温度的现象称为过冷现象。理论结晶温度与实际结晶温度之差称为过冷度,用 ΔT 表示,即 $\Delta T = T_0 - T_n$。

金属结晶时的过冷度的大小与冷却速度、金属的性质和纯度等因素有关。冷却速度愈大,过冷度就愈大,金属的实际结晶温度就愈低。实际上金属总是在过冷的情况下结晶的,所以,过冷是金属结晶的必要条件。

2. 纯金属的结晶过程

纯金属的结晶过程是在冷却曲线上的水平线段所经历的时间内发生的。它是不断形成晶核和晶核不断长大的过程,如图 2.16 所示。

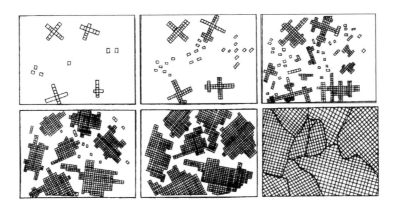

图 2.16　金属结晶过程示意图

实验证明,纯金属结晶时,首先是在液态金属中形成一些极微小的晶体,然后以这些微小晶体为核心不断吸收周围液体中的原子而不断长大,这些小晶体称为晶核。在晶核不断长大的同时,又会在液体中产生新的晶核并开始不断长大,直到液态金属全部消失,形成的晶体彼此接触为止。每个晶核长成一个晶粒,这样,结晶后的金属便是由许多晶粒所组成的多晶体结构。

3. 控制晶粒大小的措施

金属结晶后的晶粒大小对金属的力学性能影响很大。一般情况下,晶粒愈细小,金属的强度和硬度愈高,塑性和韧性也愈好。因此,细化晶粒是使金属材料强韧化的有效途径。

晶粒大小主要取决于形核速率（简称形核率）和长大速率（简称长大率）。凡是能促进形核率,抑制长大率的因素,都能细化晶粒。因此,工业生产中,为了获得细晶粒组织,常采用以下措施：

（1）增大过冷度

金属结晶时的冷却速度愈大,则过冷度愈大。实践证明,增加过冷度,可使金属结晶时形成的晶核数目增多,结晶后可获得细晶粒组织。例如在铸造生产中,常用金属型代替砂型来加快冷却速度,可达到细化晶粒的目的。

（2）变质处理

变质处理是在浇注前向液态金属中人为地加入少量被称为变质剂的物质,以起到促进形核的作用,使结晶时晶核数目增多,从而使晶粒细化。例如,向铸铁中加入硅铁或硅钙合金,向铝硅合金中加入钠或钠盐等都是变质处理的典型实例。

（3）附加振动

在金属结晶过程中,采用机械振动、超声波振动、电磁振动等方法,使正在长大的晶体折断、破碎,也能增加晶核数目,从而细化晶粒。

2.2.2　合金的结晶

合金的结晶过程也是在过冷的条件下形成晶核与晶核长大的过程,它和纯金属遵循着相同的结晶规律。但由于合金成分中包含有两个或两个以上的组元,使其结晶过程除受温度影响外,还受到化学成分及组元间相互作用等因素的影响,故结晶过程比纯金属复杂。为了解合金在结晶过程中各种组织的形成及变化规律,以掌握合金组织、成分与性能之间的关系,必须利用合金相图这一重要工具。

1. 二元合金的结晶

（1）二元合金相图的基本知识

合金相图又称合金状态图或合金平衡图。它是表示在平衡条件下,合金成分、温度和组织之间关系的图形。根据相图可以了解合金系中不同成分合金在不同温度下的组成相,还可以了解合金在缓慢加热和冷却过程中的相变规律等。在生产实践中,相图可作为正确制定铸造、锻压、焊接及热处理工艺的重要依据。

二元合金的结晶过程也可以用热分析法来研究。常用纵坐标表示温度,横坐标表示成分（浓度）。下面以 Cu-Ni 合金为例,介绍用热分析法测定相图的基本步骤:

① 配制一系列不同成分的 Cu-Ni 合金,分别熔化后测出它们的冷却曲线;

② 找出各冷却曲线上的临界点温度,即相变温度,它们是冷却曲线上的转折点和停歇点;

③ 将各临界点标在温度-成分坐标系中相应的位置上;

④ 连接各相同意义的临界点,得到成分、温度和组织之间关系的图形,如图 2.17 所示。

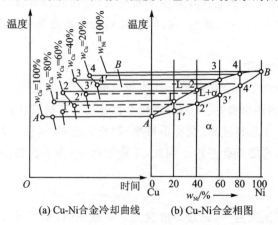

(a) Cu-Ni合金冷却曲线　　(b) Cu-Ni合金相图

图 2.17　Cu-Ni 合金相图的建立

（2）基本相图

1）匀晶相图

匀晶相图是两组元在液态和固态均能无限互溶的合金相图,如 Cu - Ni、Au - Ag、Cr - Mo、Cd - Mg 等合金系均能形成匀晶相图。

① 相图分析:在图 2.18(a)中,A 点 1 083 ℃为纯铜的熔点,B 点 1 452 ℃为纯镍的熔点。AaB 为合金开始结晶温度曲线,即液相线。AbB 为合金结晶终了温度曲线,即固相线。在液相线 AaB 以上为液相区,在固相线 AbB 以下为合金全部形成均匀的单相固溶体,液相线与固相线之间为液相和固相共存的两相区。

② 合金的结晶过程:以图 2.18 中含 $w_{Cu} = 60\%$ 的合金为例了解合金的结晶过程。由图可以看出该合金在 1 350~1 290 ℃范围内发生匀晶转变,从液相中结晶出 α 固溶体（L→α）,该结晶过程实际上是合金随温度的降低,建立起一系列的相平衡过程,如 $L_1 \xrightarrow{t_1} \alpha_1$、$L_2 \xrightarrow{t_2} \alpha_2$、$L_3 \xrightarrow{t_3} \alpha_3$（实际上每个相平衡的温度间隔很小）。当温度降低一个间隔时,上个相平衡时的液、固相成分,均能通过扩散与第二个相平衡时的液、固相成分均匀一致,如温度从 t_1 降到 t_2 时,液相成分 $L_1 \xrightarrow{变为} L_2$、固相成分 $\alpha_1 \xrightarrow{变为} \alpha_2$。在每个相平衡时,液相转变出的固相的量是一定的,如果温度不降低,则固相的量不会再增加。当冷却到 t_4（1 290 ℃）时,最后一滴液相的成分为 L_4,固相 α 的成分为 α_4。液相消失,得到成分均匀含 $w_{Cu} = 60\%$ 的单相 α 固溶体。温度继续降低,相成分不变。其冷却曲线和结晶过程示意图,见图 2.18(b)。

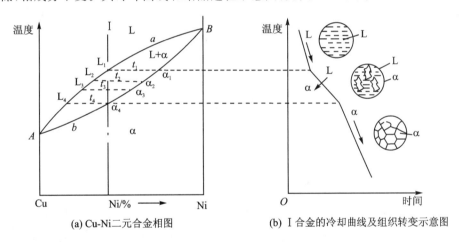

(a) Cu-Ni二元合金相图　　(b) I 合金的冷却曲线及组织转变示意图

图 2.18　Cu - Ni 合金相图及冷却曲线

2）共晶相图

共晶相图是指合金的两组元在液态下无限互溶,在固态下有限溶解并发生共晶转变的相图。

① 相图分析(以 Pb - Sn 合金为例,如图 2.19 所示):在图 2.19 中,A 点为纯 Pb 熔点,B 点为纯 Sn 熔点;AEB 线为液相线,AMENB 线为固相线,MEN 线为共晶转变线,MF 线、NG 线为固溶线(溶解度曲线);相区:单相区:L、α、β;两相区:L+α、L+β、α+β;三相平衡:L+α+β。

当具有 E 点成分的液相结晶时,将析出两种成分和结构不同的 α、β 固相,这个过程就是

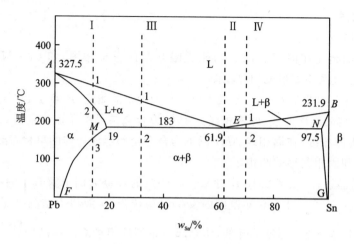

图 2.19　Pb-Sn 合金相图

共晶转变。即:$L_E \xrightleftharpoons[]{\text{恒温}} (\alpha_M + \beta_N)$。共晶转变产物是两个固相的机械混合物($\alpha + \beta$),称为共晶体或共晶组织,$E$ 点称为共晶点。成分对应于共晶点的合金称为共晶合金,E 点对应的温度称为共晶温度,MEN 水平线称为共晶线。成分位于(M,E)区间的合金称为亚共晶合金,成分位于(E,N)区间的合金称为过共晶合金。

　　② 结晶过程:含 Sn 量小于 19% 的合金(M 点以左成分的合金,如合金 I)结晶过程分析:1 点以上为液相,1～2 点结晶出 α 相,液相成分沿 AE 线变化,固相成分沿 AM 线变化,2～3 点为单相 α,3 点以下从过饱和的 α 中析出二次(次生)β,即 β_{II},如图 2.20 所示。室温下,该合金的相组成为 $\alpha + \beta$;组织为 $\alpha + \beta_{II}$。

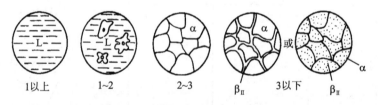

图 2.20　合金 I 结晶过程示意图

　　共晶合金(E 点成分的合金,含 61.9% Sn)结晶过程分析:E 点以上为液相,冷却到 E 点,发生共晶转变。转变结束后,全部转变为 $\alpha_M + \beta_N$。E 点以下,将从 α_M 中析出 β_{II},从 β_N 中析出 α_{II},但 α_{II} 和 β_{II} 会附着在共晶 α 和 β 相上长大,无法区分,故结晶结束后,相组成为 α、β,组织组成为 $\alpha_M + \beta_N$,常写成($\alpha + \beta$),如图 2.21 所示。共晶组织的形态有层片状、纤维状、短棒状、针状、螺旋状等。

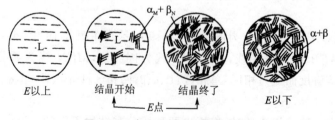

图 2.21　合金 II 结晶过程示意图

亚共晶合金(M 点以右 E 点以左成分的合金,含 Sn 量在 $19\%\sim61.9\%$ 之间,如合金Ⅱ)结晶过程分析:1 点以上为液相;1~2 点,从液相中结晶出初生 $\alpha_{初}$,液相成分沿 AE 线变化,固相成分沿 AM 线变化;到 2 点,E 点成分的液相合金发生共晶转变,生成共晶体($\alpha_M+\beta_N$);继续冷却,$\alpha_{初}$ 中将析出次生的 β_{II},此时共晶体发生如前所述转变。因此,结晶结束后,室温相组成为 α、β;组织组成为 $\alpha+\beta_{II}+(\alpha+\beta)$,如图 2.22 所示。

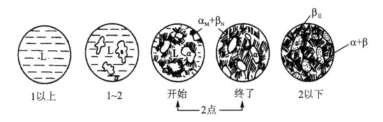

图 2.22　合金Ⅲ结晶过程示意图

过共晶合金(E 点以右 N 点以左成分的合金,含 Sn 量 $61.9\%\sim97.5\%$,如合金Ⅳ)结晶过程分析:与亚共晶合金结晶相似。合金的相组成为 α、β。合金的室温组织组成为 $\alpha+\beta_{II}+(\alpha+\beta)$。

2. 合金性能与相图的关系

通过合金相图的学习可知,合金相图是反映合金平衡结晶特点以及合金成分和平衡组织关系的重要图解,而合金的性能又主要取决于合金的成分和组织,合金的某些工艺性能(如铸造性能)还与合金的结晶特点有关,因此可以根据相图定性地判断合金的性能。

（1）相图与力学性能的关系

通过各种合金相图分析,可以看出二元合金室温平衡组织主要有两种类型:一种为单相固溶体,一种为两相混合物。

① 单相固溶体的合金相图为匀晶相图。

② 两相混合物分两种情况,一种是形成普通混合物,一种是形成机械混合物。

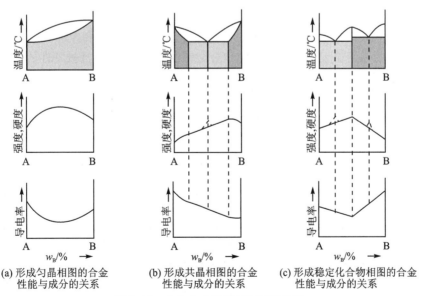

(a) 形成匀晶相图的合金　　(b) 形成共晶相图的合金　　(c) 形成稳定化合物相图的合金
性能与成分的关系　　　　　性能与成分的关系　　　　　性能与成分的关系

图 2.23　合金力学性能与相图的关系

相图与力学性能的关系见图 2.23。图(a)显示当两组元形成单相图溶体,合金的成分与性能呈曲线关系,即随着 B 含量的增加,合金的硬度、强度提高,导电性下降,在溶质含量为 50% 时,固溶强化效果最大。图(b)显示当合金为两相混合物时,其成分与性能呈直线关系,当共晶合金组织很细密时,强度、硬度提高,出现峰值(图中虚线)。图(c)中,当合金中形成稳定化合物时,在对应成分处合金性能出现奇异点。

(2)合金的铸造性能与相图的关系

铸造性能主要是指液态合金的流动性以及产生缩孔的倾向性等。从图 2.24 中可看出,相图中液、固相线间隔越大,流动性越差,越易形成分散孔洞(分散缩孔或缩松),合金致密度较低。由于共晶合金熔点低,流动性最好,结晶后产生集中缩孔,得到密度高的铸件,因此广泛采用的铸造合金多为共晶合金。

应该注意的是在用相图判断合金性能时,有一定的局限性,如不适合判断不平衡结晶合金的组织

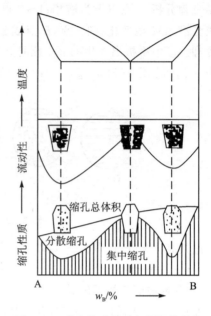

图 2.24　合金铸造性能与相图的关系

与性能,只能反映二元合金平衡结晶后的组织与性能,对三元或多元合金,必须考虑其他组元的影响。

2.3　铁碳合金相图

钢铁是现代工业中应用最广泛的金属材料。其基本组元是铁和碳,故统称为铁碳合金。由于当碳的质量分数大于 6.69% 时,铁碳合金的脆性很大,已无实用价值,所以,实际生产中应用的铁碳合金其碳的质量分数均在 6.69% 以下。为了改善铁碳合金的性能,还可以在碳钢和铸铁的基础上加入合金元素形成合金钢和合金铸铁,以满足各类机械零件的需要。

2.3.1　铁碳合金的基本组成相

纯铁塑性好,但强度低,很少用来制造机械零件。在纯铁中加入少量的碳形成铁碳合金,可使强度和硬度明显提高。由于铁和碳发生相互作用形成固溶体和金属化合物,同时固溶体和金属化合物又可组成具有不同性能的多相组织,因此,铁碳合金的基本组织有铁素体、奥氏体、渗碳体、珠光体和莱氏体。

1. 铁素体

碳溶入 α – Fe 中形成的间隙固溶体称为铁素体,用符号 F 表示。铁素体具有体心立方晶格,这种晶格的间隙分布较分散,所以间隙尺寸很小,溶碳能力较差,在 727 ℃时的碳的溶解度最大为 0.021 8%,室温时几乎为零。铁素体的塑性、韧性很好($A = 30\% \sim 50\%$、$a_{KU} = 160 \sim 200$ J/cm²),但强度、硬度较低($R_m = 180 \sim 280$ MPa、$R_{el} = 100 \sim 170$ MPa、硬度为 $50 \sim 80$ HBW)。

2. 奥氏体

碳溶入 γ-Fe 中形成的间隙固溶体称为奥氏体,用符号 A 表示。奥氏体具有面心立方晶格,其致密度较大,晶格间隙的总体积虽较铁素体小,但其分布相对集中,单个间隙的体积较大,所以 γ-Fe 的溶碳能力比 α-Fe 大,727 ℃时的溶解度为 0.77%,随着温度的升高,溶碳量增多,1 148 ℃时其溶解度最大为 2.11%。

奥氏体常存在于 727 ℃以上,是铁碳合金中重要的高温相,强度和硬度不高,但塑性和韧性很好($R_m \approx 400$ MPa、$A \approx 40\% \sim 50\%$、硬度为 160~200 HBW),易锻压成形。

3. 渗碳体

渗碳体是铁和碳相互作用而形成的一种具有复杂晶体结构的金属化合物,常用化学分子式 Fe_3C 表示。渗碳体中碳的质量分数为 6.69%,熔点为 1 227 ℃,硬度很高(800 HBW),塑性和韧性极低($A \approx 0$、$a_{KU} \approx 0$),脆性大。渗碳体是钢中的主要强化相,其数量、形状、大小及分布状况对钢的性能影响很大。

4. 珠光体

珠光体是由铁素体和渗碳体组成的多相组织,用符号 P 表示。珠光体中碳的质量分数平均为 0.77%,由于珠光体组织是由软的铁素体和硬的渗碳体组成,因此,它的性能介于铁素体和渗碳体之间,即具有较高的强度($R_m = 770$ MPa)和塑性($A = 20\% \sim 25\%$),且硬度适中(180 HBW)。

5. 莱氏体

碳的质量分数为 4.3%的液态铁碳合金在冷却到 1 148 ℃时,同时结晶出奥氏体和渗碳体的多相组织称为莱氏体,用符号 Ld 表示。在 727 ℃以下莱氏体由珠光体和渗碳体组成,称为变态莱氏体,用符号 Ld′表示。莱氏体的性能与渗碳体相似,硬度很高,但塑性很差。

2.3.2　铁-渗碳体相图分析

Fe-Fe_3C 相图是指在极其缓慢的加热或冷却的条件下,不同成分的铁碳合金,在不同温度下所具有的状态或组织的图形。由于碳的质量分数在超过 6.69%时的铁碳合金脆性很大,无实用价值,所以,对铁碳合金相图仅研究 Fe-Fe_3C 部分。此外,在相图的左上角靠近 δ-Fe 部分还有一部分高温转变,由于实用意义不大,将其简化。简化后的 Fe-Fe_3C 相图如图 2.25 所示。

1. 基本点线分析

Fe-Fe_3C 相图纵坐标表示温度,横坐标表示成分,碳的质量分数为 0~6.69%,左端为纯铁的成分,右端为 Fe_3C 的成分。

（1）相图中的主要特性点

在 Fe-Fe_3C 相图中,各特征点的温度、成分及其含义如表 2.2 所列。

表 2.2　铁碳合金相图各特性点的说明

符　号	温度/℃	碳含量/%	含　　义
A	1 538	0	纯铁的熔点
C	1 148	4.30	共晶点 $L_C \longleftrightarrow A_E + Fe_3C$
D	1 227	6.69	Fe_3C 的熔点
E	1 148	2.11	碳在 γ-Fe 中的最大溶解度

续表 2.2

符　号	温度/℃	碳含量/%	含　义
F	1 148	6.69	共晶生成 Fe_3C 的成分
G	912	0	$\alpha-Fe \longleftrightarrow \gamma-Fe$ 同素异构转变点
P	727	0.021 8	碳在 $\alpha-Fe$ 中的最大溶解度
S	727	0.77	共析点 $As \rightarrow F_P + Fe_3C$

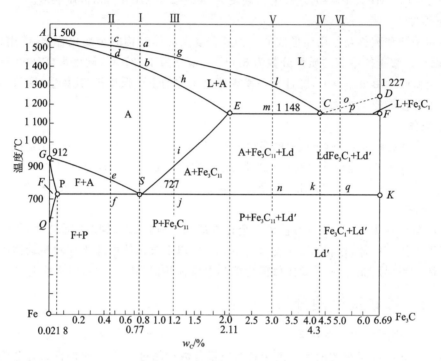

图 2.25　简化的 Fe－Fe_3C 相图

（2）相图中的主要特性线

在 Fe－Fe_3C 相图中，各特征线的符号、名称及其含义如表 2.3 所列。

表 2.3　铁碳合金相图各特性线的说明

特征线	名　称	含　义
ACD 线	液相线	此线以上的区域是液相区，液态合金冷却到此线温度时，便开始结晶
AECF 线	固相线	表示合金冷却到此线温度时将全部结晶成固态
ECF 线	共晶线	合金在平衡结晶过程中冷却到 1 148 ℃时，C 点成分的液相发生共晶反应，生成 E 点成分的奥氏体和 Fe_3C
PSK 线	共析线 （又称 A1 线）	合金在平衡结晶过程中冷却到 727 ℃时，S 点成分的奥氏体发生共析反应，生成 P 点成分的铁素体和 Fe_3C
ES 线	A_{cm} 线	碳在奥氏体中的溶解度线，随温度升高，溶解度增大；含碳量在 0.77%～2.11% 范围内，冷却时，从奥氏体中开始析出二次渗碳体的温度；加热时，二次渗碳体完全溶入奥氏体中的温度

特征线	名　称	含　义
PQ 线	溶解度线	碳在铁素体中的溶解度;随温度升高,最大溶解度增大;含碳量在 0.008%～0.021 8% 范围内;冷却时,从铁素体中开始析出三次渗碳体的温度;加热时,三次渗碳体完全溶入铁素体的温度
GS 线	A_3 线	冷却时,由奥氏体向铁素体转变的开始线;加热时,铁素体完全转变为奥氏体的线

2. 铁碳合金的分类

根据碳的质量分数和室温组织的不同,可将铁碳合金分为以下三类:

① 工业纯铁　$w_C \leq 0.021\ 8\%$。

② 碳钢　$0.021\ 8\% < w_C \leq 2.11\%$。根据室温组织的不同,钢又可分为三种:共析钢($w_C = 0.77\%$);亚共析钢($w_C = 0.021\ 8\% \sim 0.77\%$);过共析钢($w_C = 0.77\% \sim 2.11\%$)。

③ 白口铸铁　$2.11\% < w_C < 6.69\%$。根据室温组织的不同,白口铸铁又可分为三种:共晶白口铸铁($w_C = 4.3\%$);亚共晶白口铸铁($w_C = 2.11\% \sim 4.3\%$);过共晶白口铸铁($w_C = 4.3\% \sim 6.69\%$)。

3. 典型铁碳合金的结晶过程及组织

(1) 共析钢的结晶过程及组织

在图 2.25 中,合金 Ⅰ 为 $w_C = 0.77\%$ 的共析钢。共析钢在 a 点温度以上为液体状态(L)。当缓冷到 a 点温度时,开始从液态合金中结晶出奥氏体(A),并随着温度的下降,奥氏体量不断增加,剩余液体的量逐渐减少,直到 b 点以下温度时,液体全部结晶为奥氏体。$b \sim S$ 点温度间为单一奥氏体的冷却,没有组织变化。继续冷却到 S 点温度(727 ℃)时,奥氏体发生共析转变,形成珠光体(P)。在 S 点以下直至室温,组织基本不再发生变化,故共析钢的室温组织为珠光体(P)。共析钢的结晶过程如图 2.26 所示。

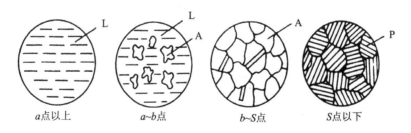

a点以上　　$a \sim b$点　　$b \sim S$点　　S点以下

图 2.26　共析钢结晶过程示意图

珠光体的显微组织如图 2.27 所示。在显微镜放大倍数较高时,能清楚地看到铁素体和渗碳体呈片层状交替排列的情况。由于珠光体中渗碳体量较铁素体少,因此渗碳体层片较铁素体层片薄。

(2) 亚共析钢的结晶过程及组织

图 2.25 中的合金 Ⅱ 为 $w_C = 0.45\%$ 的亚共析钢。合金 Ⅱ 在 e 点温度以上的结晶过程与共析钢相同。当降至 e 点温度时,开始从奥氏体中析出铁素体。随着

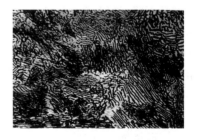

图 2.27　珠光体的显微组织

温度的下降,铁素铁量不断增多,奥氏体量逐渐减少,铁素体成分沿 GP 线变化,奥氏体成分沿 GS 线变化。当温度降到 f 点(727 ℃)时,剩余奥氏体碳的质量分数达到 0.77%,此时奥氏体发生共析转变,形成珠光体,而先析出的铁素体保持不变。这样,共析转变后的组织由铁素体和珠光体组成。温度继续下降,组织基本不变。室温组织仍然是铁素体和珠光体(F+P)。其结晶过程,如图 2.28 所示。

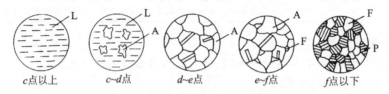

c点以上　　　c~d点　　　d~e点　　　e~f点　　　f点以下

图 2.28　亚共析钢结晶过程示意图

所有亚共析钢的室温组织都是由铁素体和珠光体组成的,只是铁素体和珠光体的相对量不同。随着含碳量的增加,珠光体量增多,而铁素体量减少,其显微组织如图 2.29 所示。图中,白色部分为铁素体,黑色部分为珠光体,这是因为放大倍数较低,无法分辨出珠光体中的层片,故呈黑色。

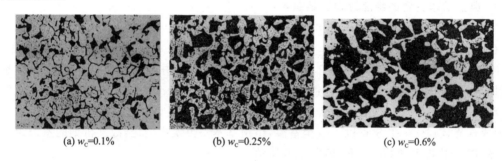

(a) w_C=0.1%　　　　(b) w_C=0.25%　　　　(c) w_C=0.6%

图 2.29　亚共析钢的显微组织(200×)

（3）过共析钢的结晶过程及组织

图 2.25 中的合金Ⅲ为 w_C=1.2% 的过共析钢。合金Ⅲ在 i 点温度以上的结晶过程与共析钢相同。当冷却到 i 点温度时,开始从奥氏体中析出二次渗碳体。随着温度的下降,析出的二次渗碳体量不断增加,并沿奥氏体晶界呈网状分布,而剩余奥氏体碳含量沿 ES 线逐渐减少。

当温度降到 j 点(727 ℃)时,剩余的奥氏体碳的质量分数降为 0.77%,此时奥氏体发生共析转变,形成珠光体,而先析出的二次渗碳体保持不变。温度继续下降,组织基本不变。所以,过共析钢的室温组织为珠光体和网状二次渗碳体(P+Fe$_3$C$_{Ⅱ}$)。

所有过共析钢的室温组织都是由珠光体和二次渗碳体组成。只是随着合金中含碳量的增加,组织中网状二次渗碳体的量增多。过共析钢的显微组织,如图 2.30 所示。图中层片状黑白相间的组织为珠光体,白色网状组织为二次渗碳体。

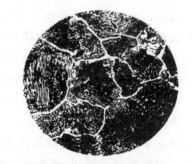

图 2.30　过共析钢的显微组织

（4）共晶白口铸铁的结晶过程及组织

图 2.25 中的合金 Ⅳ 为 $w_C = 4.3\%$ 的共晶白口铸铁。合金 Ⅳ 在 C 点温度以上为液态,当温度降到 C 点（1 148 ℃）时,液态合金发生共晶转变形成莱氏体。由共晶转变形成的奥氏体和渗碳体又称为共晶奥氏体、共晶渗碳体。随着温度的下降,莱氏体中的奥氏体将不断析出二次渗碳体,奥氏体的含碳量沿着 ES 线逐渐减少。当温度降到 k 点时,奥氏体中碳的质量分数降为 0.77%,奥氏体发生共析转变,形成珠光体。温度继续下降,组织基本不变。由于二次渗碳体与莱氏体中的渗碳体连在一起,难以分辨,故共晶白口铸铁的室温组织由珠光体和渗碳体组成,称为变态莱氏体（Ld'）。其结晶过程,如图 2.31 所示。

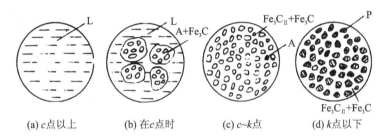

(a) c 点以上　　(b) 在 c 点时　　(c) $c{\sim}k$ 点　　(d) k 点以下

图 2.31　共晶白口铸铁结晶过程示意图

共晶白口铸铁的显微组织如图 2.32 所示。图中黑色部分为珠光体,白色基体为渗碳体。

（5）亚共晶白口铸铁的结晶过程及组织

图 2.25 中的合金 Ⅴ 为 $w_C = 3.0\%$ 的亚共晶白口铸铁。合金在 1 点温度以上为液态,缓冷到 1 点温度时,开始从液体中结晶出奥氏体。随着温度的下降,奥氏体量不断增多,其成分沿 AE 线变化;液体量不断减少,其成分沿 AC 线变化。当温度降到 m 点（1 148 ℃）时,剩余液体碳的质量分数达到 4.3%,发生共晶转变,形成莱氏体。温度继续下降,奥氏体中不断析出二次渗碳体,并在 n 点温度

图 2.32　共晶白口铁的显微组织（125×）

（727 ℃）时,奥氏体转变成珠光体。同时,莱氏体在冷却过程中转变成变态莱氏体。所以亚共晶白口铸铁的室温组织为珠光体、二次渗碳体和变态莱氏体（$P + Fe_3C_{\mathrm{II}} + Ld'$）。其结晶过程,如图 2.33 所示。

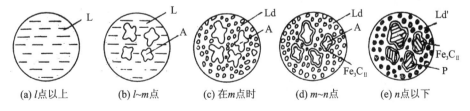

(a) l 点以上　　(b) $l{\sim}m$ 点　　(c) 在 m 点时　　(d) $m{\sim}n$ 点　　(e) n 点以下

图 2.33　亚共晶白口铁的结晶过程示意图

亚共晶白口铸铁的显微组织如图 2.34 所示。图中黑色块状或呈树枝状分布的为由初生奥氏体转变成的珠光体,基体为变态莱氏体。组织中的二次渗碳体与共晶渗碳体连在一起,难以分辨。

图 2.34 亚共晶白口铁的
显微组织(125×)

所有亚共晶白口铸铁的室温组织都是由珠光体和变态莱氏体组成。只是随着含碳量的增加,组织中变态莱氏体量增多。

(6) 过共晶白口铸铁的结晶过程及组织

图 2.25 中的合金Ⅵ为$w_C=5.0\%$的过共晶白口铸铁。合金在 o 点温度以上为液体,冷却到 o 点温度时,开始从液体中结晶出板条状一次渗碳体。随着温度的下降,一次渗碳体量不断增多,液体量逐渐减小,其成分沿 DC 线变化。当冷却到 p 点温度时,剩余液体的碳的质量分数达到 4.3%,发生共晶转变,形成莱氏体。在随后的冷却中,莱氏体变成变态莱氏体,一次渗碳体不再发生变化,仍为板条状。所以,过共晶白口铸铁的室温组织为一次渗碳体和变态莱氏体($Ld'+Fe_3C_I$)。其结晶过程,如图 2.35 所示。

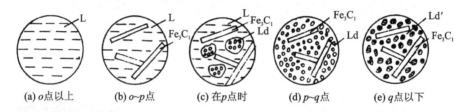

(a) o点以上　(b) $o\sim p$点　(c) 在p点时　(d) $p\sim q$点　(e) q点以下

图 2.35　过共晶白口铁的结晶过程示意图

所有过共晶白口铸铁室温组织都是由一次渗碳体和变态莱氏体组成的,只是随着含碳量的增加,组织中一次渗碳体量增多。过共晶白口铸铁的显微组织,如图 2.36 所示。图中白色板条状为一次渗碳体,基体为变态莱氏体。

2.3.3　铁–渗碳体相图的应用

$Fe-Fe_3C$ 相图揭示了铁碳合金的组织随成分变化的规律,根据组织可以大致判断出力学性能,便

图 2.36　过共晶白口铁的显微组织(125×)

于合理地选择材料。例如,建筑结构和型钢需要塑性、韧性好的材料,应选用低碳钢($w_C\leqslant0.25\%$);机械零件需要强度、塑性及韧性都较好的材料,应选用中碳钢;工具需要硬度高、耐磨性好的材料,应选用高碳钢。而白口铸铁可用于需要耐磨、不受冲击、形状复杂的铸件,如拔丝模、冷轧辊、犁铧等。

$Fe-Fe_3C$ 铁碳相图不仅可作为选材的重要依据,还可作为制定铸造、锻造、焊接、热处理等热加工工艺的重要依据,如确定浇注温度、确定锻造温度范围及热处理的加热温度等。这些将在后续课程详细介绍。

必须指出,铁碳相图是在极缓慢的加热或冷却条件下得到的,而实际生产中冷却速度较快,合金的相变温度与冷却后的组织都将与相图中不同。另外,通常使用的铁碳合金,除铁、碳两元素外,往往还含有多种杂质或合金元素,这些元素对相图也会有影响,应予以考虑。

2.4　金属的塑性变形与再结晶

2.4.1　金属的塑性变形

塑性是金属材料的重要特性之一。研究金属材料塑性变形后的组织结构变化规律,对于深入了解金属材料各项力学性能指标的本质,充分发挥材料强度的潜力,正确制定和改进金属压力加工工艺,提高产品质量及合理用材等都具有重要意义。

1. 单晶体的塑性变形

金属在外力作用下将产生变形,其变形过程包括弹性变形和塑性变形两个阶段。弹性变形在外力去除后能够恢复原状,不能用于成形加工;只有永久性的塑性变形,才能用于成形加工。

实验证明,晶体只有受到切应力时才会产生塑性变形。单晶体的塑性变形主要是由于切应力引起晶体内部位错运动(即滑移变形)产生的,如图 2.37 所示。单晶体的变形方式有滑移和孪晶两种。

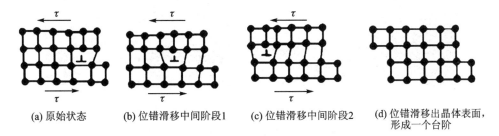

| (a) 原始状态 | (b) 位错滑移中间阶段1 | (c) 位错滑移中间阶段2 | (d) 位错滑移出晶体表面,
形成一个台阶 |

图 2.37　刃型位错滑移导致晶体塑性变形的过程

2. 多晶体的塑性变形

多晶体是由许多微小的单个晶粒杂乱组合而成的,其塑性变形过程可以看成是许多单个晶粒塑性变形的总和;另外,多晶体塑性变形还存在着晶粒与晶粒之间的滑移和转动,即晶间变形,如图 2.38 所示。每个晶粒内部存在很多滑移面,因此整块金属的变形量可以比较大。金属的晶粒越细,其强度越高,而且塑性、韧性也越好。一般在生产中都尽量获得细晶组织,以达到强化金属的目的。

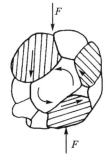

图 2.38　多晶体塑性变形示意图

金属的塑性变形过程实质上是位错沿着滑移面的运动过程。在滑移过程中,一部分旧的位错消失,但又产生大量新的位错,总的位错数量是增加的。

2.4.2　冷塑性变形对金属组织和性能的影响

1. 塑性变形后组织结构的变化

（1）变形前后组织对比

晶粒变形经塑性变形后,金属材料的显微组织发生明显的改变。除了每个晶粒内部出现大量的滑移带或孪晶带外,随着变形度的增加,原来的等轴晶粒将逐渐沿其变形方向伸长。当变形量很大时,晶粒变得模糊不清,晶粒已难以分辨而呈现出一片如纤维状的图条纹,称为纤维组织。图 2.39 所示为工业纯铁在塑性变形前后的组织变化。

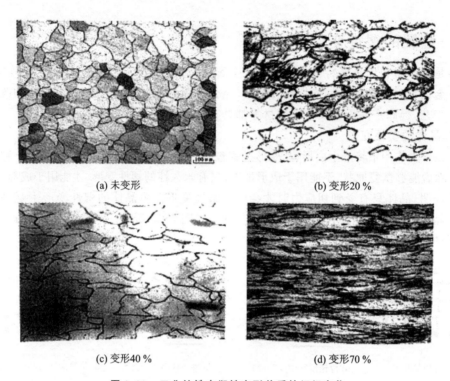

(a) 未变形　　　　(b) 变形20 %

(c) 变形40 %　　　　(d) 变形70 %

图 2.39　工业纯铁在塑性变形前后的组织变化

（2）形变织构

在冷变形时,不同位向的晶粒随着变形程度的增加,在先后进行滑移过程中,其滑移系逐渐趋于受力方向转动。而当变形达到一定程度后,各晶粒的取向基本一致,该过程称为择优取向,而变形金属产生择优取向的结构,称为形变织构。形变织构随加工变形方式不同主要有两种类型:拔丝形成丝织构,其特征为各晶粒的某一晶向大致与拔丝方向平行;轧板时形成板织构,其主要特征为各晶粒的某一晶面和晶向分别趋于同轧面与轧向平行。图 2.40 所示为面心立方晶格金属形变织构示意图。

形变织构使金属呈现各向异性,在深冲零件时,易产生"制耳"现象,如图 2.41 所示。各向异性导致的铜板"制耳",使零件边缘不齐,厚薄不匀,但织构可提高硅钢片的导磁率。

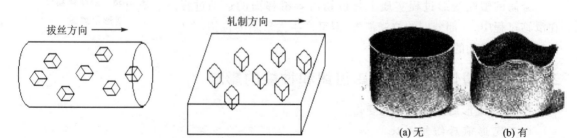

图 2.40　面心立方晶格金属形变织构示意图　　图 2.41　各向异性导致的铜板"制耳"

2. 塑性变形对性能的影响

随着金属冷变形程度的增加,金属材料的强度和硬度都有所提高,但塑性有所下降,这种现象称为冷变形强化。变形后,金属的晶格畸变严重,变形金属的晶粒被压扁或拉长,甚至形成纤维组织,如图 2.42 所示。此时,金属的位错密度提高,变形阻力加大。

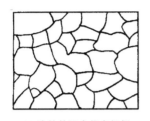 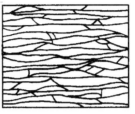

(a) 冷轧前退火状态组织　　　　　　　　(b) 冷轧后纤维组织

图 2.42　冷轧前后多晶体晶粒形状的变化

冷变形强化是金属强化的重要途径之一。特别是对那些不易通过热处理强化的金属材料,如非铁金属及其合金、奥氏体合金钢等。另外,冷变形强化现象也常常在零件短时过载时提供一定程度的安全保证。但是,冷变形强化对进一步变形和以后的切削加工带来困难。为了消除冷变形强化带来的不良影响,可采用热处理予以消除。

3. 塑性变形与内应力

残余内应力是指外力去除之后,残留于金属内部且平衡于金属内部的应力,它主要是金属在外力作用下,内部变形不均匀造成的,通常可将其分为三种:

第一类内应力,又称宏观残余应力,它是由工件不同部分的宏观变形不均匀性引起的,故其应力平衡范围包括整个工件。例如,将金属棒施以弯曲载荷,则上边受拉而伸长,下边受到压缩;变形超过弹性极限产生了塑性变形时,则外力去除后被伸长的一边就存在压应力,短边为张应力。这类残余应力所对应的畸变能不大,仅占总储存能的 0.1% 左右。

第二类内应力(晶间内应力),又称微观残余应力,它是由晶粒或亚晶粒之间的变形不均匀性产生的。这种内应力有时可达到很大的数值,甚至可能造成显微裂纹并导致工件破坏。

第三类内应力(晶格畸变内应力),又称点阵畸变。其作用范围是几十至几百纳米,它是由于工件在塑性变形中形成的大量点阵缺陷(如空位、间隙原子、位错等)引起的。变形金属中储存能的绝大部分(80%~90%)用于形成点阵畸变。

三类残余内应力之比约为 1:10:100。总体说来,残余应力是有害的,将导致材料及工件的变形、开裂和产生应力腐蚀;但当表面存在一薄层压应力时,反而对使用寿命有利。

2.4.3　塑性变形后的金属在加热时组织和性能的变化

对冷变形强化组织进行加热,变形金属将相继发生回复、再结晶和晶粒长大三个阶段的变化,如图 2.43 所示。

1. 回　复

将冷变形后的金属加热到较低温度时,点缺陷显著减少,晶格畸变减轻,晶内残余应力大大减少,这个过程称为回复。但由于回复过程中,位错密度未显著下降,加工硬化并未消除。冷拔弹簧钢丝绕制弹簧后常进行定形处理(250~300 ℃低温退火),其实质就是利用回复保持

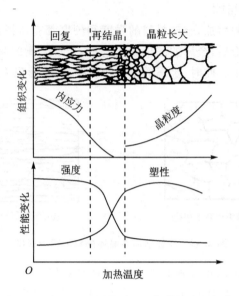

图 2.43　变形金属加热时组织与性能变化示意图

冷拔钢丝的高强度,消除冷卷弹簧时产生的内应力。

2. 再结晶

当加热温度较高时,塑性变形后的显微组织发生了显著的变化,破碎的、被拉长了的晶粒重新生核,变为细小、均匀的等轴晶粒,消除了全部冷变形强化的现象,这个过程称为再结晶。

再结晶是在一定的温度范围内进行的,开始产生再结晶现象的最低温度称为再结晶温度($T_{再}$)。实验证明,各种纯金属的再结晶温度大致为:$T_{再} \approx 0.4 T_{熔}$(K),这里用热力学温度计算。合金中的杂质元素及合金元素会使再结晶温度显著提高。

在常温下经过塑性变形的金属,加热到再结晶温度以上,使其发生再结晶的处理称为再结晶退火。实际再结晶退火温度通常比 $T_{再}$ 高 100~200 ℃。再结晶退火可以消除金属材料的冷变形强化,提高其塑性,便于其继续锻压加工。如在冷轧、冷拉、冷冲压过程中,需在各工序中穿插再结晶退火。

3. 晶粒长大

已形成纤维组织的金属,通过再结晶一般都能得到均匀细小的等轴晶粒。但是如果加热温度过高或加热时间过长,则晶粒会明显长大,成为粗晶粒组织,从而使金属的可锻性变差。

2.4.4　金属材料的热加工与冷加工

从金属学的观点划分冷、热加工的界限为再结晶温度。金属材料在其再结晶温度以上的塑性变形称为热加工;在其再结晶温度以下的塑性变形称为冷加工。显然,冷加工与热加工并不是以具体的加工温度的高低来区分的。例如,钨的最低再结晶温度约为 1 200 ℃,所以,钨即使在稍低于 1 200 ℃高温下的塑性变形仍属于冷加工;而锡的最低再结晶温度约为 −71 ℃,所以锡即使在室温下塑性变形却仍属于热加工。在冷加工过程中,冷变形强化能使金属的可锻性变差;在热加工过程中,由于同时进行着再结晶软化过程,所以可锻性较好,能够使金属顺利地进行大量的塑性变形,从而实现各种成形加工。

本章小结

本章学习的重点是航空工程材料中的金属的基础知识。主要包括：

① 金属材料的结构：三种典型金属晶体结构的特点及常见金属，实际金属点、线、面缺陷的主要形式及其对材料性能的影响，合金相结构的基本类型包括固溶体和金属化合物两类，固溶强化、细晶强化、位错对性能的影响等强化金属的方法。

② 金属结晶的条件是要有一定的过冷度，结晶由形核和长大两个过程组成。某些金属会发生同素异构转变。生产中可以采取措施细化铸态金属的晶粒。

③ 合金的结晶可以用相图来分析。常用的有匀晶相图和共晶相图。铁碳相图中包含五种相，铁碳合金的平衡结晶过程用铁碳相图来分析。

④ 金属的塑性变形机理有滑移和孪生两种。塑性变形使金属晶粒变形（拉长或压扁），位错密度增加，产生残余内应力，大的变形量可产生形变织构。冷塑性变形使金属产生加工硬化现象（形变强化）。再结晶形成新的等轴晶，可以消除加工硬化。$T_{再}=(0.35\sim0.4)T_{熔}$。

习题与思考题

一、名词解释

(1)晶体；(2)晶格；(3)晶胞；(4)空位；(5)间隙原子；(6)置换原子；(7)位错；(8)晶界；(9)单晶体；(10)多晶体；(11)合金；(12)组元；(13)相；(14)固溶体；(15)固溶强化；(16)结晶；(17)过冷度；(18)细晶强化；(19)相图；(20)枝晶偏析；(21)共晶反应；(22)同素异构转变；(23)铁素体；(24)奥氏体；(25)渗碳体；(26)珠光体；(27)共析钢；(28)共晶白口铸铁；(29)滑移；(30)孪生；(31)回复；(32)再结晶；(33)晶粒长大；(34)内应力；(35)热加工。

二、填空题

1. 金属晶体常见晶格结构类型有_____、_____、_____。

2. 面心立方晶格结构的致密度为_____、配位数为_____，晶胞中有_____个原子。

3. 体心立方晶格结构的致密度为_____、配位数为_____，晶胞中有_____个原子。

4. 晶体中的缺陷按其几何形态分为_____、_____和_____三种。

5. 实际金属晶体中的点缺陷主要有_____、_____、_____等几种。

6. 合金的相结构有_____和_____两大类。

7. 金属晶核的形成方式有_____和_____两种。

8. 金属晶核的长大方式有_____和_____长大两种，一般以_____方式长大。

9. 二元匀晶相图代表的有_____合金相图，二元共晶相图代表的有_____合金相图。

10. 铸造合金一般选用_____成分的合金。

11. 细化晶粒可以提高金属材料的力学性能，不仅可以提高_____和_____，还可以提高_____和_____。

12. 一个晶粒内部化学成分不均匀的现象称为_____,可通过_____来消除。

13. 纯铁的三种同素异构转变晶格类型为_____、_____和_____。

14. 铁素体根据温度的不同可分为_____和_____,分别用符号_____和_____来表示。

15. 由铁素体和渗碳体构成的机械混合物称为_____,用符号_____来表示。

16. 由奥氏体与渗碳体组成的机械混合物,称为_____,用符号_____来表示。

17. 根据铁和渗碳体相图,根据含碳量不同,碳钢可分为_____、_____和_____;白口铸铁可分为_____、_____和_____。

18. 细化金属晶粒的方法主要有_____、_____和_____。

19. 钢在常温下的变形加工称为_____加工。而铅在常温下的变形加工称为_____加工。

20. 影响再结晶开始温度的因素有_____、_____、_____和_____。

21. 再结晶后晶粒的大小主要取决于_____和_____。

22. _____指冷塑性变形的金属在加热时,在显微组织发生改变前,即在再结晶晶粒形成前所产生的某些亚结构和性能的变化过程。

三、选择题

1. 晶体中的位错属于( )。

A. 体缺陷　　　　　B. 面缺陷　　　　　C. 线缺陷　　　　　D. 点缺陷

2. 固溶体的晶体结构( )。

A. 与溶剂相同　　　　　　　　　　B. 与溶质相同

C. 与溶剂溶质都不同　　　　　　　D. 是两组元各自结构的混合

3. 晶体与非晶体的主要区别是( )。

A. 晶体中原子的有序排列　　　　　B. 晶体中的原子依靠金属键结合

C. 晶体具有各向异性　　　　　　　D. 晶体具有简单晶格

4. 金属化合物的性能特点是( )。

A. 强度大、硬度高　　B. 强度低、塑性好　　C. 强度大、脆性大　　D. 塑性、韧性好

5. 关于细化晶粒,下列说法不正确的是( )。

A. 提高强度和硬度　　B. 提高塑性　　　　C. 降低韧性　　　　D. 降低脆性

6. 恒定温度下,已结晶的一定成分的固相发生反应转变生成另外两种成分的固相的过程称为( )反应。

A. 匀晶　　　　　　B. 共晶　　　　　　C. 包晶　　　　　　D. 共析

7. 亚共析钢中,随着含碳量的增加而增加的力学性能指标是( )。

A. 强度和硬度　　　B. 韧性和塑性　　　C. 塑性　　　　　　D. 韧性

8. 变形金属再加热时发生的再结晶过程是一个新晶粒代替旧晶粒的过程,这种新晶粒的晶格类型是( )。

A. 与变形前的金属相同　　　　　　B. 与变形后的金属相同

C. 形成新的晶格类型　　　　　　　D. 以上都不是

9. 再结晶后( )。

A. 形成等轴晶,强度增大　　　　　B. 形成柱状晶,塑性下降

C. 形成柱状晶,强度升高　　　　　　　D. 形成等轴晶,塑性升高

10. 具有面心立方晶格的金属塑性变形能力比体心立方晶格的大,其原因是(　　)。

A. 滑移系多　　　B. 滑移面多　　　C. 滑移方向多　　　D. 滑移面和方向都多

11. 用金属板冲压杯状零件,出现明显的制耳现象,这说明金属板中存在着(　　)。

A. 形变织构　　　B. 位错密度太高　　　C. 过多的亚晶粒　　　D. 流线(纤维组织)

四、判断题

1. 金属多晶体是由许多位向相同的单晶体所构成的。(　　)

2. 金属单晶体是由一个晶粒构成的。(　　)

3. 置换固溶体总是引起晶格的正畸变。(　　)

4. 非晶体中的原子在三维空间中呈周期性排列。(　　)

5. 固溶体的强度和硬度比溶剂金属的强度和硬度要高。(　　)

6. 铜和铝都属于体心立方晶格结构。(　　)

7. 间隙固溶体和置换固溶体均可形成无限固溶体。(　　)

8. 金属液的冷却速度越大,则过冷度越大。(　　)

9. 金属的晶粒越细,则金属的强度越高,塑性和韧性也越好(　　)

10. 相图是在较大冷却速度条件下获得的。(　　)

11. 实际金属的晶粒内部和晶界的化学成分是相同的。(　　)

12. 共晶合金的组元在固态下是无限互溶的。(　　)

13. 锻造常选择在单相固溶体内的合金。(　　)

14. 晶粒度等级越大则晶粒尺寸越大。(　　)

15. F 就是完全意义上的理论纯铁。(　　)

16. 车床主轴也可以用白口铸铁来制造。(　　)

17. 锯条也可以用低碳钢来制造。(　　)

18. 无论多大的过冷度都可以使金属晶粒细化。(　　)

19. 金属的预先变形度越大,其开始再结晶的温度越高。(　　)

20. 其他条件相同,变形金属的再结晶退火温度越高,退火后得到的晶粒越粗大。(　　)

21. 金属铸件可以通过再结晶退火来细化晶粒。(　　)

22. 热加工是指在室温以上的塑性变形加工。(　　)

23. 再结晶能够消除加工硬化效果,是一种软化过程。(　　)

五、综合题

1. 常见的金属晶格类型有哪些?试绘图说明其特征。

2. 实际金属中有哪些晶体缺陷?晶体缺陷对金属的性能有何影响?

3. 为什么单晶体具有各向异性,而多晶体在一般情况下不显示各向异性?

4. 根据下表所列要求,归纳比较固溶体、金属化合物及机械混合物的特点。

名　称	种　类	举　例	晶格特点	相　数	性能特点
固溶体					
金属化合物					
机械混合物					

5. 什么叫过冷现象、过冷度？过冷度与冷却速度有何关系？

6. 金属的晶粒大小对力学性能有何影响？控制金属晶粒大小的方法有哪些？

7. 如果其他条件相同,试比较下列铸造条件下,铸件晶粒的大小:

（1）金属型浇注与砂型浇注；

（2）浇注温度高与浇注温度低；

（3）铸成薄壁件与铸成厚壁件；

（4）厚大铸件的表面部分与中心部分；

（5）浇注时采用振动与不采用振动。

8. 何谓金属的同素异晶转变？试以纯铁为例说明金属的同素异晶转变。

9. 何谓共晶转变和共析转变？以铁碳合金为例写出转变表达式。

10. 为什么铸造合金常选用靠近共晶成分的合金？而压力加工合金则选用单相固溶体成分的合金？

11. 铁碳合金的基本相有哪些？各用什么符号表示？

12. 绘出 $Fe-Fe_3C$ 相图,并叙述各特性点、线的名称及含义。

13. 分析亚共析钢、共析钢、过共析钢的平衡结晶过程。

14. 含碳量对铁碳合金的机械性能和工艺性能有何影响？

15. 根据 $Fe-Fe_3C$ 相图,确定下表中三种钢在指定温度下的显微组织名称。

钢 号	温度/℃	显微组织	温度/℃	显微组织
20	770		900	
T8	680		770	
T12	700		770	

16. 有形状和大小一样的两块铁碳合金,一块是低碳钢,一块是白口铁。问用什么简便的方法可迅速将它们区分开来？

17. 下列说法是否正确？为什么？

（1）钢的含碳量越高,质量越好；

（2）共析钢在 727 ℃时发生共析转变形成单相珠光体；

（3）$w_C=4.3\%$ 的钢在 1 148 ℃时发生共晶转变形成莱氏体；

（4）钢的含碳量越高,其强度和塑性也越高。

18. 滑移和孪生有何区别？试比较它们在塑性变形过程中的作用。

19. 有一块低碳钢钢板,被炮弹射穿一孔,试问孔周围金属的组织和性能有何变化？为什么？

第 3 章　钢的热处理

3.1　钢的热处理原理

热处理是指将固态金属或合金采用适当的方式进行加热、保温和冷却,以获得所需的组织与性能的工艺。热处理的目的是消除铸造、锻造、焊接等毛坯中的组织缺陷,改善其切削加工性能或其他的工艺性能,为后续工序做好组织准备,更重要的是能提高力学性能,提高工件的使用寿命。在航空产品中,重要的受力零件仍然用钢制作,所以学习和掌握钢的热处理基本规律,可以为以后正确地使用钢铁材料打下良好的基础。

根据加热和冷却的方法不同,热处理工艺大致分类如下:

① 整体热处理,是指对工件进行穿透性加热,以改善整体的组织和性能的热处理工艺。分为退火、正火、淬火和回火等。

② 表面热处理,是指仅对工件表层进行热处理,以改变表层组织和性能的工艺。一般指钢的表面淬火,主要包括感应加热表面淬火、火焰加热表面淬火、激光加热表面淬火等。

③ 化学热处理,是指将工件置于一定温度的活性介质中保温,使一种或几种元素渗入零件的表层,以改变其表层化学成分、组织和性能的热处理工艺。根据渗入成分的不同分为渗碳、渗氮、碳氮共渗、渗其他非金属、渗金属、多元共渗、熔渗等。

热处理的种类虽然很多,但通常由加热、保温和冷却三个阶段组成。要了解各种热处理的工艺方法,首先必须研究钢在加热和冷却过程中的组织变化规律。

3.1.1　钢在加热时的组织转变

加热是热处理的第一道工序,大多数情况下是要将钢加热到相变点以上,获得奥氏体组织。相变点也称临界点(或临界温度),在热处理中,通常将铁碳相图中的 PSK 线称为 A_1 线,将 GS 线称为 A_3 线,将 ES 线称为 A_{cm} 线。这些线上每一合金的相变点,也称 A_1 点、A_3 点、A_{cm} 点。

实际热处理生产中,加热和冷却都是在非平衡状态下进行的,因此组织转变温度都偏离平衡相变点,此时分别用 Ac_1、Ac_3、Ac_{cm} 和 Ar_1、Ar_3、Ar_{cm} 表示加热和冷却时的临界温度。图 3.1 为这些临界温度在铁碳相图上的位置示意。

1. 奥氏体形成的过程

下面以共析钢为例,简要说明奥氏体形成的过程及影响奥氏体晶粒长大的因素。

共析钢在室温时的平衡组织全部为珠光体,当加热到 Ac_1 线以上温度时转变为奥氏体晶粒。这一组织转变的过程可表示为:生成的奥氏体相不仅晶格类型与铁素体相和渗碳体相不同,而且含碳量也有很大的差别。由此可见,奥氏体化的过程必然进行着铁原子的晶格改组和铁、碳原子的扩散,其转变过程也是遵循形核和长大基本规律,并通过下列四个阶段来完成(如图 3.2 所示):

① 奥氏体晶核的形成。奥氏体的晶核优先在铁素体与渗碳体的相界面处形成,如图 3.2

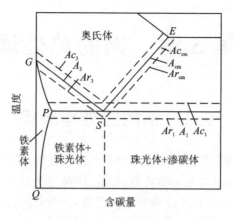

图 3.1　钢的临界温度

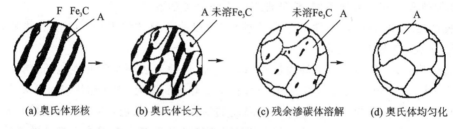

(a)奥氏体形核　　(b)奥氏体长大　　(c)残余渗碳体溶解　　(d)奥氏体均匀化

图 3.2　奥氏体形成过程示意图

(a)所示。这是由于相界面处的碳浓度处于中间值而接近奥氏体成分。同时相界面处的原子排列混乱,位错密度也高,有利于奥氏体晶格的形成。这就为形核提供了成分上和结构上的有利条件。

② 奥氏体的长大。奥氏体形核后,由于奥氏体与铁素体相接处含碳量低,而与渗碳体相接处含碳量高,这将引起碳在奥氏体中从高含量处向低含量处扩散。从而促使铁素体向奥氏体转变及渗碳体的溶解,使奥氏体向铁素体和渗碳体两个方向长大,如图 3.2(b)所示。

③ 残余渗碳体的溶解。由于奥氏体在化学成分和晶格类型上与铁素体差别小,而与渗碳体差别大,奥氏体向铁素体的长大速度大于向渗碳体的长大速度。这使得珠光体中的铁素体完全转变为奥氏体后,仍有部分渗碳体尚未转变,在随后的保温过程中逐渐溶解入奥氏体中,直至全部消失,如图 3.2(c)所示。

④ 奥氏体成分的均匀化。渗碳体完全溶解后,原先是渗碳体的地方碳浓度高,是铁素体的地方碳浓度低。必须继续保温,通过碳的扩散,使奥氏体成分均匀化,如图 3.2(d)所示。加热温度越高,原子的扩散能力越大,奥氏体转变所需的时间也越短。

亚共析钢和过共析钢的奥氏体形成需要加热到 Ac_3 或 Ac_{cm} 以上,才能获得单一的奥氏体组织。

实际生产中,钢的热处理不一定都要加热到奥氏体均匀化,要根据不同的目的,控制奥氏体形成的不同阶段。

2. 奥氏体晶粒度

晶粒度是晶粒大小的量度。通常使用长度、面积、体积或晶粒度级别数来表示不同方法评定的晶粒大小,而使用晶粒度级别数表示的晶粒度与测量方法、使用单位无关。根据 GB/T 6394—2017,用显微晶粒度级别数 G 表示奥氏体晶粒度,共 10 个级别数。在 100 倍显微镜下,645.16 mm^2(1 in^2)内晶粒个数 N 与 G 有如下关系:$N_{100} = 2^{G-1}$。N 越大,G 越小,奥氏体晶粒越细小。

3. 影响奥氏体晶粒长大的因素

理论和实验证明,在加热过程中,当钢的组织刚刚全部转变为奥氏体时,它的晶粒是非常细小的,但随着加热温度的升高或保温时间的延长,奥氏体晶粒会长大。而且,加热温度越高,保温时间越长,奥氏体晶粒的长大就越明显。

奥氏体晶粒的大小将影响冷却转变后钢的组织和性能。奥氏体晶粒越细小,冷却转变后钢组织的晶粒也越细小,其力学性能也越高;奥氏体晶粒粗大,冷却转变后钢组织的晶粒也越粗大,力学性能变差,特别是冲击韧性下降较多。因此,钢在热处理加热过程中,加热温度和保温时间必须限制在一定的范围内,以便获得细小而均匀的奥氏体晶粒。

影响奥氏体晶粒大小的因素有:加热温度、保温时间、加热速度、含碳量和合金元素等。

① 加热温度和保温时间。加热温度越高,晶粒长大速度越快,奥氏体晶粒越容易粗化。延长保温时间也会引起晶粒长大,但后者的影响要比前者小得多。为了获得细小的奥氏体晶粒,应合理地选择加热温度与保温时间。

② 加热速度。加热速度越快,实际奥氏体化温度越高,形核率越大,晶粒越小。快速加热和短时间保温的工艺在生产上常用来细化晶粒,例如高频淬火就是利用这一原理来获得细晶粒的。

③ 含碳量。一般钢中的含碳量越高,奥氏体晶粒的长大倾向越大。

④ 合金元素。在钢中加入钛、铌、钒、锆等合金元素,则能生成碳化物或氮化物等,均有阻碍奥氏体晶粒长大的作用,而锰和磷是促进奥氏体晶粒长大的元素。

3.1.2　钢在冷却时的组织转变

冷却过程对热处理后的组织与性能起着极其重要的作用。采用不同的冷却速度或冷却方式,可以获得不同的组织和性能。例如,两块 45 钢小试样,同时加热到 840 ℃奥氏体化,经保温后,一块从炉中取出,立即放入盐水中冷却,即淬火;另一块随炉冷却,即退火,结果 45 钢淬火后硬度大于 53 HRC,而退火后的硬度约为 160 HBW,其原因是由于冷却速度不同,得到的组织不同。

钢奥氏体化后的冷却方式有两种,如图 3.3 所示。一种是等温冷却:把已奥氏体化的钢快速冷却到 A_1 以下某一温度,并在此温度下保温,使奥氏体在一定的过冷度下向稳定的组织转变,转变结束后,再空冷到室温。另一种是连续冷却:奥氏体化的钢以不同的冷却速度连续地冷却到室温,使奥氏体在冷却过程中转变为较稳定的组织。

1. 钢的等温转变曲线

(1)过冷奥氏体的等温转变曲线

由铁碳相图可知,当温度在 A_1 以上时,奥氏体是稳定的。当温度降到 A_1 以下后,奥氏体即处于过冷状态,这种奥氏体称为过冷奥氏体。过冷奥氏体是不稳定的,它会转变为其他组织。钢在冷却时的转变,实质上就是过冷奥氏体的转变。经奥氏体化后冷却到 A_1 以下的温度区间内等温时,过冷奥氏体所发生的转变称为等温转变。在等温过程中,转变温度、转变时间与转变产物的关系曲线图称为过冷奥氏体等温转变图,简称 TTT 图。过冷奥氏体等温转变图也叫 C 曲线。

共析钢的过冷奥氏体等温转变曲线如图 3.4 所示。由于在过冷奥氏体转变过程中,钢的组织和性能均会发生变化,因此可采用相应的方法来测定其转变图。常用的方法有金相测定法、硬度测定法、膨胀测定法、磁性测定法以及 X 射线结构分析测定法等。现以共析钢为例,用金相硬度法简要说明其建立过程。

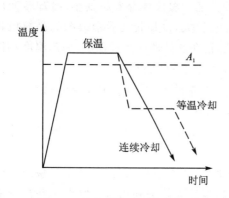

图 3.3 热处理的两种冷却方式

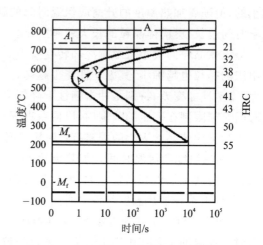

图 3.4 共析钢过冷奥氏体等温转变曲线

① 将成若干小的薄片的共析钢试样($\phi 10$ mm $\times 1.5$ mm),加热至 Ac_1 以上温度,可得到均匀奥氏体。

② 将试样分成若干组,每组包括若干个试样。将每组试样分别迅速放入 A_1 以下一系列不同温度(如 700 ℃、650 ℃、600 ℃、550 ℃……)的恒温浴槽中,使过冷奥氏体进行等温转变。记录从试样投入浴槽时刻起的等温时间,然后每隔一定时间,在每组中取出一个试样,迅速放入水中冷却,使试样在不同时刻的等温转变状态固定下来。

③ 测定试样硬度并观察共显微组织。当发现某试样刚有转变产物时(约有 5%的转变物),它的等温时间即为奥氏体开始转变的时间,而发现一试样没有奥氏体时(约为 95%的转变产物),它的等温时间即为奥氏体转变终了时间。由此找出过冷奥氏体在不同温度下开始转变的时间和转变终了时间,并记录下来。

④ 将所有转变的开始点和终了点标记在时间温度坐标系中,将转变开始点和终了点分别用光滑曲线连接起来,即得共析钢过冷奥氏体的等温转变曲线,如图 3.4 所示。

(2)共析钢过冷奥氏体等温转变 C 曲线分析

① 特性线和区域。在图 3.4 中,A_1 线与 M_s 线之间为过冷奥氏体的等温转变区间。其中,C 曲线左边的线是过冷奥氏体开始转变点的连线,称过冷奥氏体等温转变开始线;C 曲线右边的线是过冷奥氏体转变终了点的连线,称过冷奥氏体等温转变终了线。等温转变开始线的左边区域为过冷奥氏体区,C 曲线之间区域称为过冷奥氏体与产物的共存区,过冷奥氏体转变终了曲线的右边区域为产物区。

最下面 M_s 线与 M_f 线之间为马氏体转变区。马氏体用符号 M 表示,它是奥氏体连续冷却转变的一种组织,而不是等温转变的产物。M_s 与 M_f 的意义如下:将奥氏体化的共析钢,快

速冷却在 M_s 温度以下产生马氏体组织,在 M_f 马氏体转变终止。

②孕育期和"鼻尖"。过冷奥氏体开始发生转变前所经历的时间称为孕育期。孕育期越短,说明过冷奥氏体转变时形核所需要的时间越短,过冷奥氏体越不稳定,如图 3.4 所示,随着等温转变的温度下降,孕育期逐渐缩短,随后又逐渐变长,在 550 ℃左右等温转变时的孕育期最短,过冷奥氏体最不稳定,转变速度最快,C 曲线上的该处位置称为"鼻尖"。

③C 曲线三个转变区。共析钢的过冷奥氏体在三个不同的温度区间,可发生三种不同的组织转变。从 A_1 到"鼻尖"温度(约 550 ℃)为高温转变区,其转变产物为珠光体,故又称为珠光体转变区;从"鼻尖"温度至 M_s 为中温转变区,其转变产物为贝氏体,故又称为贝氏体转变区;从 M_s 到 M_f 为低温转变区,共转变产物为马氏体,故又称为马氏体转变区。

(3)亚共析钢和过共析钢的过冷奥氏体等温转变曲线

图 3.5(a)和图 3.5(b)为亚共析钢和过共析钢的过冷奥氏体等温转变曲线。亚共析钢和过共析钢的过冷奥氏体等温转变曲线与共析钢的 C 曲线相似,都具有过冷奥氏体转变开始线与转变终了线,但多一条先共析铁素体或先共析渗碳体(二次渗碳体)的析出线。这是由于过冷奥氏体向珠光体转变之前,对于亚共析钢有先共析相铁素体析出,而对于过共析钢则有先共析相渗碳体(二次渗碳体)析出,使转变的珠光体型组织为铁素体和珠光体或二次渗碳体和珠光体。这里应注意:随着等温温度的下降,亚共析钢和过共析钢先析出的铁素体或二次渗碳体越来越少,过冷奥氏体甚至全部转变为珠光体,这种非共析成分所获得的共析体称为伪共析体。

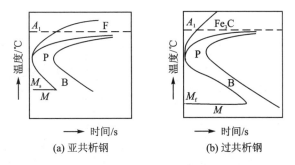

图 3.5　亚共析钢和过共析钢的等温转变曲线

2. 等温转变产物的组织与性能

(1)珠光体型转变

1)珠光体的形成

共析成分的过冷奥氏体在 A_1 至 550 ℃之间的高温区等温转变的产物为片层状的珠光体,即渗碳体片与铁素体体片组成的共析体。由于转变的温度高,这个转变是一个扩散型相变,它通过铁、碳原子的扩散和奥氏体晶格的改组,来实现奥氏体转变为铁素体和渗碳体。

实验证明,首先在奥氏体晶界或其他缺陷处渗碳体形核,随后依靠渗碳体的不断分枝,向奥氏体晶粒内部平行长大。同时,渗碳体周围的奥氏体的含碳量逐渐减小,最终使这部分奥氏体转变为铁素体。这样,即形成了渗碳体与铁素体片层相间的珠光体组织。由一个晶核发展起来的珠光体组织称为一个珠光体领域。

由于随着温度的下降,形核率比长大速度增长得快。特别是在 600 ℃以下时,原子的扩散能力很低,长大速度不再增加甚至减小,因此珠光体中的铁素体和渗碳体片随温度降低而变薄、变短,即更细。

2) 珠光体的组织形态和力学性能

珠光体的组织形态见图3.6。随着等温转变温度的下降,珠光体的片层间距离变小,常把珠光体分为三种:A_1至650 ℃之间等温转变所获得的粗片层状的渗碳体与铁素体构成的共析体,仍称为珠光体,符号为P,在光学显微镜下就能分辨出片层状的形态。650~600 ℃之间等温转变所得的较薄片层珠光体称为索氏体,用符号S表示,在大于1 000倍的光学显微镜下才能分辨出其片层状的形态,如图3.7(a)所示。600~550 ℃温度范围内等温转变所获得的更细的片层状珠光体称之为托氏体(屈氏体),用符号T表示,它要在大于2 000倍的电子显微镜下才能分辨出其片层状的形态,如图3.7(b)所示。

(a) 光学显微镜(500×)

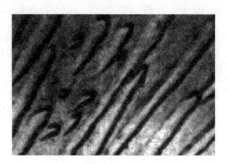
(b) 电子显微镜(3 800×)

图3.6 珠光体

(a) 索氏体

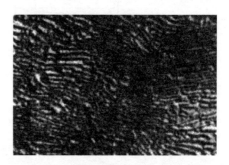
(b) 托氏体

图3.7 索氏体和托氏体(8 000×)

珠光体的性能主要取决于其片层大小,其层间距离越小,则相界面越多,塑性变形的抗力越大,即强度、硬度越高。同时,塑性和韧性也有所改善。例如,随着转变温度下降,引起的层间距离下降,使转变产物依次为:珠光体—索氏体—托氏体,与其产物相应的抗拉强度依次变为800 MPa、1 100 MPa、1 300 MPa,而断面收缩率依次变为30%、45%、43%,硬度依次为170~230 HBW、230~320 HBW、330~400 HBW。

(2) 贝氏体型转变

1) 贝氏体的形成及分类

共析钢的贝氏体型等温转变发生在550 ℃~M_s之间的中温区。由于转变温度较低,因此转变过程中铁原子不发生扩散,而只进行晶格改组;碳原子虽然发生扩散,但是扩散速度较慢,结果形成在含碳量过饱和的α相基体上弥散分布着细小的碳化物亚稳组织,即贝氏体,符号为 B。贝氏体主要有上贝氏体($B_上$)和下贝氏体($B_下$)。共析钢在 550～350 ℃温度范围内形成上贝氏体 $B_上$,在 350 ℃～M_s 温度范围内形成下贝氏体 $B_下$。

贝氏体的形成过程与珠光体不同,首先在过冷奥氏体的晶界或晶内缺陷较密集处,通过形核和长大的方式形成含碳量过饱和的铁素体($α$ 相);随着铁素体长大,碳原子在铁素体内通过扩散陆续形成细小的碳化物。若转变温度较高(对于共析钢和中、高碳钢约 550～350 ℃,对于低碳钢转变温度还要高),碳原子的扩散能力相对较大,则碳原子从铁素体体内扩散到其体外形成碳化物,这种转变产物称为上贝氏体($B_上$);反之若转变温度较低(350 ℃～M_s),则碳化物在铁素体内析出,这种贝氏体称为下贝氏体($B_下$)。

2) 贝氏体的组织形态和力学性能

在光学显微镜下观察到的上贝氏体($B_上$)的组织为呈羽毛状的铁素体条($α$ 相),如图 3.8 (a)所示;而在电子显微镜下可观察到其组织形态为较宽大的铁素体($α$ 相)板条,这些铁素体板条成束平行地由原奥氏体晶界伸向晶内,而铁素体板条间分布着粒状或短杆状的渗碳体。在光学显微镜下,下贝氏体($B_下$)组织呈不规则排列的细黑针状,如图 3.8(b)所示;而在电子显微镜下,其组织为在含碳量过饱和的针状铁素体内的一定晶面上分布着大量细小的碳化物颗粒或薄片。

(a) 上贝氏体(500×)　　　　　　　　　　　(b) 下贝氏体(200×)

图 3.8 贝氏体

上贝氏体的强度、硬度虽然较高,但由于渗碳体分布于大致平行的较宽铁素体($α$ 相)板条之间,容易引起脆断,因此基本上无实用价值。下贝氏体的片状铁素体($α$ 相)晶粒细小,碳的过饱和度大,位错密度大,并且其细小碳化物在铁素体($α$ 相)内呈均匀的弥散分布,因此其强度、硬度、塑性和韧性均高于上贝氏体,具有良好的综合力学性能。

下贝氏体是一种实用价值很高的组织,生产中某些强韧性要求较高而且形状复杂的零件,常用等温淬火的方法来获得下贝氏体组织。

3. 影响 C 曲线的因素

影响 C 曲线的主要因素是奥氏体的成分和加热时的组织状态。

① 含碳量。碳溶入奥氏体后会增加奥氏体的稳定性,使转变需要的孕育期变长,C 曲线向右移动。但总的来说,含碳量对 C 曲线的影响较小。

② 合金元素。除了钴以外的大多数合金元素溶入奥氏体后,都会使 C 曲线右移,增加了奥氏体的稳定性。当加入的碳化物形成元素 Cr、W、Mo、V、Ti 等较多时,不仅会使 C 曲线右移,而且使 C 曲线的形状发生变化。合金元素对 C 曲线的影响较大。

③ 加热温度和保温时间。加热温度越高,保温时间越长,则奥氏体的成分越均匀,奥氏体的晶粒越粗大,其晶界面积越小。这些不利于奥氏体转变时的形核,会使孕育期变长,C 曲线右移。

4. 过冷奥氏体的连续冷却转变

(1)**过冷奥氏体的连续冷却转变曲线(CCT 曲线)**

前面学习了等温冷却曲线,但在热处理生产中却更多采用连续冷却,因而钢的连续冷却转变曲线更具有实际意义。连续冷却转变曲线是将钢加热到奥氏体状态后,在不同冷却速度下测出奥氏体转变开始点和终了点的温度和时间,并标在温度-时间坐标系中,分别连接开始点和终了点而得到的。图 3.9 就是共析钢的连续冷却曲线。

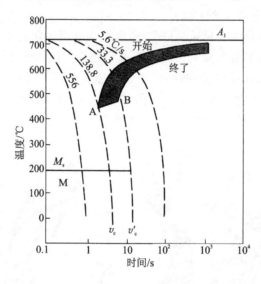

图 3.9 共析钢过冷奥氏体的连续冷却转变曲线

由图 3.9 可知,共析钢连续冷却线上部是珠光体转变区,中间没有贝氏体转变区。奥氏体以大于 v_c 的速度冷却时,过冷奥氏体直接冷却到 M_s 线以下,奥氏便转变为马氏体。奥氏体的冷却速度小于 v'_c 时,只发生珠光体转变。

图中 v_c 称为马氏体临界冷却速度。v_c 越大,获得马氏体需要的冷却速度越大,v_c 越小,则获得马氏体需要的冷却速度越小,越容易得到马氏体。

(2)**马氏体转变**

1)**马氏体的晶体结构**

当冷却速度大于 v_c 时,过冷奥氏体很快过冷到 M_s 点温度以下,开始发生马氏体转变。由于马氏体转变的温度很低,铁、碳原子不发生扩散,只能发生 γ-Fe 向 α-Fe 晶格改变,而碳原子全部保留在 α-Fe 晶格中。因此马氏体是一种碳在 α-Fe 中过饱和的固溶体组织,它的含碳量与原奥氏体的含碳量相同。由于过饱和的碳原子使马氏体的体心立方晶格发生畸变,从而形成体心正方晶格,如图 3.10 所示。

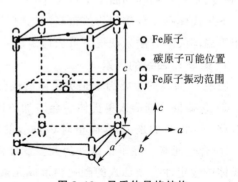

图 3.10 马氏体晶格结构

2）马氏体的组织形态及力学性能

马氏体的组织形态主要有板条马氏体和片状马氏体两种。影响马氏体组织形态的主要因素是原奥氏体的含碳量。

当奥氏体的含碳量小于 0.20％时，马氏体的形态基本上为板条马氏体，故板条马氏体，又称为低碳马氏体。在光学显微镜下可观察到许多平行排列的细长条，如图 3.11(a)所示。每一细长条实际上是由多个马氏体板条组成。板条马氏体内存在许多位错密度较高（约为 1 011/cm²）的区域，因此板条马氏体也称为位错马氏体。当原奥氏体的含碳量大于 1％时，马氏体的形态为双凸透镜状（或针状），故片状马氏体又称为高碳马氏体。在光学显微镜下可以观察到许多长短不一、互成一定角度的马氏体片，如图 3.11(b)所示。片状马氏体的亚结构主要是孪晶，即马氏体片中存在大量细密而平行的孪晶带，因此片状马氏体也称为孪晶马氏体。当原奥氏体的含碳量在 0.2％～1.0％之间时为板条马氏体和片状马氏体的混合组织。

(a) 板条马氏体(500×)　　　　　　　　(b) 片状马氏体(200×)

图 3.11　马氏体的形态

马氏体具有很高的强度和硬度，其数值大小主要取决于马氏体中的含碳量，并且随着含碳量的增加而增加。但是当含碳量大于 0.6％以后，其数值的增大趋于平缓，如图 3.12 所示。马氏体的强度和硬度高的主要原因是，由于过饱和的碳原子使晶格产生正方转变，而引起强烈的固溶强化效应所致。合金元素对马氏体硬度的影响很小。此外片状马氏体组织中的大量孪晶，板条马氏体组织中的高密度位错，都阻碍位错运动，进一步强化了马氏体组织。由于片状马氏体的含碳量比板条马氏体高，碳的固溶强化作用强，加之存在使塑性变形极难进行的孪晶亚结构，因此片状马氏体的强度和硬度比板条马氏体大。

马氏体的塑性和韧性也与含碳量有关。高碳片状马氏体的塑性和韧性差，脆性大。其原因是马氏体过饱和程度大，内应力高，存在塑性变形极为困难的孪晶亚结构，以及较为粗大的马氏体片形成时相互间撞击而产生的显微裂纹等。低碳板条马氏体不仅有较高的强度，而且塑性和韧性也相当好，其原因是板条内不仅存在大量高密度位错区，还存在大量低密度位错区，为位错运动提供了活动的余地。此外，其含碳量的过饱和度小，淬火内应力低，由于相互平行，因而一般不会形成显微裂纹。低碳马氏体的这种极好的综合力学性能，使它在生产上得到了广泛的应用。

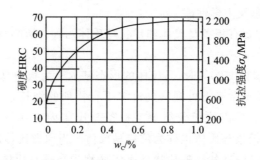

图 3.12　含碳量对 M 强度与硬度的影响

3) 马氏体转变的特点

① 马氏体转变是非扩散型转变。马氏体的形成时间极短,形核后立即迅速长大(片状马氏体的长大速度可达 105 cm/s)。马氏体的成分与原奥氏体相同。

② 马氏体在 $M_s \sim M_f$ 内变温形成。当奥氏体过冷到 M_s 时,开始转变为马氏体,随着温度的连续下降,不断形成新的马氏体,但若停止冷却,则马氏体的数量不会随时间的延长而增加。当冷到 M_f 时,马氏体转变终止。M_s 和 M_f 与冷却速度无关,只取决于奥氏体的化学成分,如图 3.13 所示。

③ 马氏体转变的不彻底性。奥氏体向马氏体转变时,即使冷至 M_f 温度以下,也总有一部分奥氏体未能转变而保留下来,这部分奥氏体称为残余奥氏体,用 A_r 表示。由于在通常条件下淬火只能冷却到室温,而当奥氏体的含碳量大于 0.5% 时,M_f 已低于室温,并随着奥氏体含碳量的增加,M_s 和 M_f 温度降低,如图 3.13 所示。一般中、低碳钢淬到室温时,约有 1%～2% 的 A_r;高碳钢淬到室温时,约有 10%～15% 的 A_r。

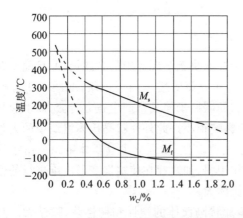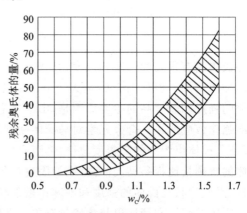

图 3.13　奥氏体含碳量对马氏体转变温度及残余奥氏体量的影响

当淬火钢的残余奥氏体的数量较多时,不仅会明显降低钢的强度、硬度和耐磨性,而且零件在后期使用过程中,残余奥氏体会向稳定的马氏体转变,使零件的尺寸和形状发生变化,从而降低了零件的精度。为了减少残余奥氏体的数量,将工件淬火至室温温度后,又立即放入室温以下的介质(如温度为 −78 ℃的干冰酒精或 −183 ℃的液态氮)中继续冷却,以增加马氏体的转变量,这种方法称为冷处理。在生产中,冷处理常用于一些高精度的零件,如精密量具,精密丝杠等。但是,通常认为,当淬火钢中的马氏体之间存在少量残余奥氏体时,可以增加钢的韧性,阻止微裂纹的扩展,此外还可减少零件淬火时的变形。

5. 用 C 曲线近似地分析连续转变的产物

由于连续冷却转变曲线的测定较为困难,故常用等温转变曲线近似地分析连续转变的产物。在用 C 曲线近似分析连续转变时,应该注意下面几个问题:① 连续冷却过程中贝氏体转变的条件。共析钢和过共析钢的过冷奥氏体在连续冷却过程中不会发生贝氏体转变,而亚共析钢过冷奥氏体在连续冷却过程中有可能发生贝氏体转变。② 冷却速度对奥氏体转变产物的影响。下面以共析钢为例,说明冷却速度对奥氏体转变产物的影响。

图 3.14 是共析钢的 C 曲线,可应用共析钢等温转变曲线来分析过冷奥氏体在连续冷却中的转变。图中的冷却速度 v_1 相当于炉冷,它与 C 曲线相交于 $A_1 \sim 650\ ^\circ\!\mathrm{C}$ 温度范围内,故可以判断其转变产物为珠光体,其硬度测定为 $170 \sim 220$ HBW;冷却速度 v_2 相当于空冷,它与 C 曲线大约相交于 $650 \sim 600\ ^\circ\!\mathrm{C}$ 温度范围内,故可以判断其转变产物为索氏体,其硬度测定为 $25 \sim 35$ HRC;v_3 相当于油冷,根据它与 C 曲线开始转变线相交的情况,可以判断有一部分过冷奥氏体转变为托氏体,但 v_3 没有与曲线转变的终了线相交,而是穿过贝氏体转变区(注意:共析钢的过冷奥氏体在连续冷却过程中不发生贝氏体转变),故另一部分过冷奥氏体来不及分解就

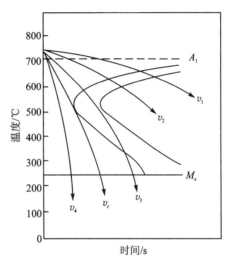

图 3.14　应用等温转变曲线分析

被过冷到 M_s 温度以下,转变为马氏体和少量残余奥氏体,最终获得托氏体＋马氏体＋少量残余奥氏体的混合组织,其硬度测定为 $45 \sim 55$ HRC;v_4 冷却速度相当于水冷,冷速很快,不与 C 曲线相交,因此过冷奥氏体来不及分解,被过冷到 M_s 温度以下,其产物为马氏体和少量残余奥氏体,其硬度测定为 $60 \sim 65$ HRC。

3.2　钢的热处理工艺

在机械(航空)零件的加工过程中,经常需要安排各种热处理工序。按照热处理在机械加工过程中的作用,生产上常把热处理分为预先热处理和最终热处理。预先热处理是为了随后的加工和最终热处理做准备;最终热处理是为了使零件获得所需要的使用性能。退火和正火通常用于钢的预先热处理,安排在机械加工之前,以消除和改善前一道工序(如铸、锻、焊等)所造成的某些组织缺陷(如晶粒粗大、粗细不均匀、枝晶偏析等),消除残余内应力,也为随后的加工及热处理做好组织和性能上的准备。对于一些性能要求不高的零件,退火和正火也可以作为最终热处理。例如,一些普通铸件及焊接件,往往仅进行退火处理,这种退火也属于最终热处理。

3.2.1　钢的退火与正火

1. 退　火

将钢加热到适当的温度后,保温一定的时间,然后缓慢冷却,以获得近似平衡组织的热处理工艺称为退火。根据钢的化学成分、目的和要求的不同,退火工艺可分为完全退火、等温退

火、球化退火、扩散退火和去应力退火等。

（1）完全退火和等温退火

① 完全退火。完全退火主要用于亚共析成分的碳钢和合金钢的铸件、锻件和热轧型材以及焊接结构件。完全退火是将钢加热到 Ac_3 以上 30～50 ℃，保温一定的时间，获得均匀的单相奥氏体组织，然后缓慢冷却（炉冷约为 30～120 ℃/h），以获得接近平衡组织的热处理工艺。

完全退火的目的：使热加工造成的粗大及大小不均匀的组织细化和均匀化，从而提高钢的性能；获得近似平衡的组织，降低硬度，为随后的切削加工和淬火做好组织准备。生产实践证明，钢的硬度在 160～230 HBW 范围内切削加工性最佳，因而完全退火主要用于中碳以上亚共析成分的碳钢和合金钢的预先热处理。此外，由于冷却速度较慢，完全退火还可以消除内应力。

将亚共析钢加热到 Ac_1～Ac_3 之间保温，随后缓慢冷却的退火工艺称为不完全退火。它的目的主要是使亚共析钢锻件软化并消除内应力，这种工艺也称软化退火。不完全退火使组织中的珠光体部分进行重结晶，基本不改变先析铁素体的分布与形态。退火后珠光体的片间距增大，硬度也因此下降，此外，内应力也有所下降。

过共析钢不宜采用完全退火，这是因为过共析钢加热到 Ac_{cm} 以上完全奥氏体化后缓冷，二次渗碳体将以网状形态沿奥氏体晶界析出，不仅使钢的韧性大大下降，而且切削加工性能变差，使表面粗糙度变大。此外，网状渗碳体有可能在以后的热处理中引起开裂。

② 等温退火。等温退火指钢经奥氏体化后，以较快的速度冷却到珠光体转变温度区（一般在 A_1～680 ℃）的某一温度进行等温，奥氏体发生珠光体型转变，然后以较快的速度（通常空冷）冷到室温。

完全退火的冷却时间很长，尤其对某些奥氏体比较稳定的合金钢来说，退火时间可达几十个小时。这不仅使其成本大为提高，而且容易引起氧化脱碳。此外，对于截面较大的工件，由于表面和心部的冷速不同，引起其组织转变的温度不一致，使得转变后的组织和硬度不均匀，为此，可改用等温退火。例如高速钢的一般退火时间要达 40 h 左右，而它的等温退火时间为 20 h 左右，因此等温退火主要用于合金钢和高合金工具钢，以缩短退火时间。此外，由于等温退火的组织转变是在同一温度上进行的，因此组织比较均匀一致，这特别适用大工件的退火。

（2）球化退火

球化退火是使钢中的碳化物球状化的热处理工艺，主要用于共析钢和过共析钢，包括含碳量大于 0.60% 的各种高碳工具钢、模具钢、轴承钢等。

球化退火的工艺有多种，一般球化退火是将钢加热至 Ac_1 以上 20～30 ℃（使它不完全奥氏体化），保温一定时间后缓冷到 500 ℃ 出炉空冷；等温球化退火法同样加热到 Ac_1 以上 20～30 ℃后快冷到稍低于 Ar_1，并在此温度下再保温一段较长的时间，最后随出炉空冷，如图 3.15(a)所示。等温球化退火操作简单，生产周期较短。球化退火后获得的组织为铁素体基体＋球状碳化物，称为球化体。即球状珠光体组织，如图 3.15(b)所示。

球化退火的目的：使渗碳体（或其他碳化物）球化，从而降低硬度，提高塑性，改善切削加工性能，并为淬火作好组织准备。另外，有时球化退火也用于低、中碳钢，以改善钢的冷变形工艺性。

若钢的原始组织中存在较严重的网状二次渗碳体，则应在球化退火之前进行一次正火处理，消除网状渗碳体，以获得良好的球化效果。

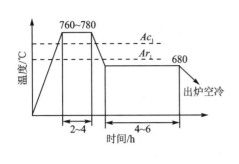

(a) 等温球化退火　　　　　　　　　(b) T12钢球化退火组织(1 200×)

图 3.15　钢的球化退火及球化退火后的组织

（3）扩散退火

扩散退火，又称均匀化退火，主要用于合金钢铸锭和铸件，以消除铸造产生的枝晶偏析，使成分均匀化。扩散退火工艺是把钢加热到以 Ac_3 或 Ac_{cm} 以上 150～200 ℃，长时间（10～15 h）保温，使原子扩散，达到成分的均匀化，然后随炉缓慢冷却的热处理工艺。扩散退火的温度高、时间长，退火后钢的晶粒非常粗大（称过热），还须进行一次完全退火或正火来消除过热缺陷。

（4）去应力退火

去应力退火是将钢加热到 Ac_1 以下的某一温度（一般为 500～650 ℃），保温一定时间后缓慢冷却的工艺方法。其目的是消除由于塑性变形、焊接、切削加工、铸造等形成的残余应力。由于去应力退火温度低于 A_1 温度，所以去应力退火时不发生组织变化。

2. 正 火

正火是将钢加热到 Ac_3（亚共析钢）或 Ac_{cm}（共析钢和过共析钢）以上 30～50 ℃，保温一定时间后出炉，在空气中冷却的热处理工艺。

正火比退火的冷却速度快，过冷度大，不仅获得片层比较小的索氏体，而且发生伪共析转变，使组织中的索氏体的数量增多。含碳量为 0.6%～1.4% 的碳钢正火后的组织通常全部为索氏体，而不出现先析相。此外，中、低碳钢正火后组织中的先析铁素体晶粒也比退火要细。由于这些组织上的差异，使得中、低碳钢正火后的强度、硬度、韧性均比退火后高，而且塑性也不降低。表 3.1 给出了 45 钢的正火与退火后的力学性能。

表 3.1　45 钢的正火与退火后的力学性能

状　态	R_m/MPa	A/%	K/J	HBW
正火	700～800	15～20	40～64	～220
退火	650～700	15～20	32～48	～180

正火的主要目的是细化晶粒，消除热加工后的组织缺陷，改善钢的力学性能等。共析钢和过共析钢如上所述，正火的目的通常是消除网状渗碳体，为球化退火作好组织准备。正火主要应用在以下几个方面：

① 用于改善切加工性能。低碳钢和低碳合金钢退火后的硬度小于 150 HBW，切削加工时易粘刀，同时零件的表面质量也差。正火后，硬度调整到 160～230 HBW 范围内，从而改善

了切削加工性能,中碳钢正火和退火后的硬度均在160～230 HBW 范围内。虽然正火后的硬度比退火略高一些,但是考虑到退火比正火的生产周期长,成本高,因此一般含碳量小于0.5%的碳钢应选择正火。这里顺便指出,由于高碳钢和高碳合金钢正火后的硬度较高,所以根据切削加工件性能的要求,它们一般以退火为主。

② 用于普通结构零件、大型结构零件和结构复杂零件的最终热处理。正火可以消除铸造或锻造过程中产生的过热缺陷,提高力学性能,因此可以满足普通结构零件的使用性能要求。通常含碳量在 0.4%～0.7%的普通结构零件可在正火状态下使用,对于大型结构零件和结构复杂零件,往往用正火代替淬火加回火处理,以作为这类零件的最终热处理,其主要原因是避免开裂。此外,若普通碳钢的大型结构零件的截面尺寸较大,则淬火加热后即使冷速较快,零件心部也往往得不到马氏体组织,淬火工艺所获得的组织和性能与正火差不多。这里顺便指出,若正火也会引起结构复杂零件的开裂,则用退火代替正火。

③ 用于比较重要的低、中碳结构钢零件(或工件)的预先热处理。由于正火可以消除热加工所造成的组织缺陷,获得细小均匀的正常组织,因此正火可以减少零件在随后的热处理淬火时引起的变形和开裂现象,提高淬火质量。例如,当零件心部的性能要求不太高时,正火可以作为高频淬火前的预先热处理;淬火不合格的返修件,在重新淬火之前必须进行一次正火,以避免重新淬火时容易产生的开裂现象。由于正火比退火的生产周期短,热能消耗少,因此在条件许可的情况下尽可能地采用正火。图 3.16 描述了各种退火和正火的加热温度与工艺曲线示意图。

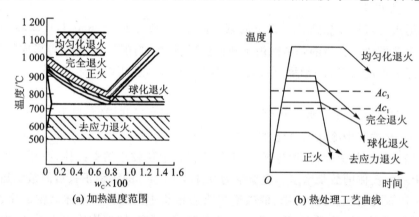

(a) 加热温度范围   (b) 热处理工艺曲线

图 3.16　各种退火和正火加热温度与工艺曲线示意图

3.2.2　钢的淬火与回火

将钢加热到临界温度以上的适当温度,经保温后,以大于该钢的淬火临界冷却速度进行快速冷却,以获得马氏体或贝氏体组织的热处理工艺,称为淬火。淬火是强化钢材的最重要的热处理方法,淬火通常获得马氏体组织。由于各种零件的工作条件不同,对性能的要求也有很大的差别,因此,淬火之后必须要适当地回火。

1. 钢的淬火

(1) 钢的淬火工艺

1) 淬火加热温度

碳钢的淬火加热温度可根据铁碳相图来选择,如图 3.17 所示。在一般情况下,亚共析碳

钢的淬火温度为 Ac_3 以上 30～50 ℃;共析钢和过共析钢的淬火温度为 Ac_1 以上 30～50 ℃。

亚共析碳钢加热到 Ac_3 以上 30～50 ℃,是为了获得细小晶粒的奥氏体,经淬火后获得细小的马氏体组织。若加热温度过高,则引起奥氏体晶粒粗化,淬火后马氏体组织也粗大,使钢的性能严重脆化。若加热温度过低,如在 Ac_1 和 Ac_3 之间,则加热时组织为奥氏体+铁素体。淬火后,奥氏体转变为马氏体,而铁素体保留下来了。淬火组织为 $M+F+A_r$,这样就造成了淬火硬度不足。

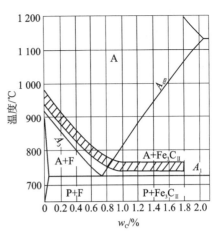

图 3.17　钢淬火加热温度的选择

共析钢和过共析钢在淬火加热之前,已经过球化退火。加热到 Ac_1 以上 30～50 ℃不完全奥氏体化后,其组织为奥氏体和部分未溶的细粒状渗碳体颗粒。淬火后,奥氏体转变为马氏体,未溶渗碳体颗粒被保留下来了。由于渗碳体硬度高,因此它不会降低淬火钢的硬度,而且还可以提高它的耐磨性。若加热温度过高,达到 Ac_{cm} 以上,则渗碳体溶入奥氏体中,奥氏体的含碳量增加。这使未溶渗碳体颗粒减少,并且使 M_s 点下降,淬火后残余奥氏体量增多,降低了钢的硬度与耐磨性。同时,加热温度过高,会引起奥氏体晶粒粗大,使淬火后的组织为粗大的片状马氏体,使淬火内应力增加,粗大的片状马氏体显微裂纹增多,钢的脆性大为增加,极易引起工件的淬火变形和开裂。因此这种加热温度是不适宜的。过共析钢的正常淬火组织为隐晶(即细小片状)M 基体上均匀分布着细小颗粒状渗碳体以及少量残余奥氏体。这种组织具有较高的强度和耐磨性,同时又具有一定的韧性,符合高碳工具钢零件的使用要求。

合金钢的淬火加热温度,也可以根据其相变点来确定。但是由于合金元素的作用,其淬火加热温度一般高于碳钢。

2) 加热时间的确定

加热时间包括升温和保温两段时间。通常由经验数据、经验公式或配合实验加以确定。具体时间可参考热处理手册及其他有关资料。

3) 淬火冷却介质

冷却是关系到淬火质量高低的关键操作,既要快冷,防止过冷奥氏体转变为非马氏体组织,以获得马氏体组织,又要减少变形和防止开裂。为此,一方面要选择适当的淬火介质,另一方面要改进淬火方法。

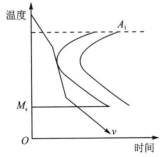

图 3.18　钢淬火的理想冷却方式

① 理想的淬火冷却方式。以共析钢为例,根据其 C 曲线,理想的淬火冷却方式(如图 3.18 所示)是:在 C 曲线鼻尖上部(特别 650 ℃以上)和 400 ℃以下的过冷奥氏体比较稳定,为了减小淬火冷却过程中工件截面上内外温差引起的热应力,以防止变形和开裂,这两个温度范围内的冷却速度应缓慢,特别是在 M_s 温度以下冷却速度更应该缓慢(发生 M 转变,体积膨胀,易产生组织应力);在过冷奥氏体最不稳定的 C 曲线鼻尖附近区域必须快速冷却,使

冷却速度大于淬火临界速度,以防止过冷奥氏体中途分解成部分非马氏体组织。

② 常用冷却介质。常用冷却介质包括:油、水、盐水和碱水等。它们的冷却能力依次增加。其中水和油是应用最广的冷却介质。常用冷却介质的冷却能力如表3.2所列。

表3.2 常用冷却介质的冷却能力

冷却介质名称	冷却速度/(℃·s⁻¹)	
	在650~550 ℃区间	在300~200 ℃区间
水(18 ℃)	600	270
水(50 ℃)	100	270
水(74 ℃)	30	200
10%NaOH(18 ℃)	1 200	300
10%NaCl(18 ℃)	1 100	300
矿物油(50 ℃)	100	20

水在650~500 ℃温度范围内冷却速度小,而在300~200 ℃温度范围内冷却速度大,因此水的冷却能力不理想;碱水在650~500 ℃温度范围内的冷却速度大,且在300~200 ℃温度范围内的冷却速度也大,易使淬火零件变形和开裂。水常用于尺寸不大、外形简单的碳钢零件的淬火。在水中加入一定量的盐、碱的水溶液,虽然可以成倍加快在650~550 ℃温度范围内的冷却速度,但在300~200 ℃温度范围内的冷却速度也会增大,使淬火工件变形和开裂的倾向增大,故常用于尺寸较大、外形简单、硬度要求较高、对淬火变形要求不高的碳钢零件。

生产中用作淬火的油主要是各种矿物油。一般来讲,各种矿物油在300~200 ℃温度范围内冷却速度远小于水,有利于减少零件的变形和开裂,但是在650~550 ℃温度范围内冷却速度比水小得多,这不利于钢的淬火。因此油一般作为形状复杂的中小型合金钢零件的淬火介质。为了改善油的冷却能力,可采用加强搅拌及加入添加剂等方法。

除了水和矿物油外,还可用碱浴、硝盐浴等作为淬火冷却介质,它们的冷却能力介于油和水之间,对工件的冷却比较均匀,故可减少变形和开裂的倾向。这些介质主要用于分级淬火和等温淬火,常用于形状复杂、尺寸较小和变形要求小的零件。

(2)淬火方法

虽然淬火介质不符合理想的冷却方式,但是人们可从淬火方法上想办法。生产中常用的淬火方法有:

① 单液淬火法。这是将加热奥氏体化后的零件放入一种淬火介质中,连续冷却到室温的一种淬火方法,如图3.19(a)所示。例如,碳钢在水中的淬火,合金钢在油中淬火。这种淬火方法的优点是操作简单、容易实现机械化和自动化,缺点是水淬火应力大,易产生变形与开裂,而油淬则不易淬硬,常产生软点。因此这种淬火方法适合形状简单的零件。

② 双液淬火法。将加热好的零件先浸入一种冷却能力强的介质,冷却到鼻尖以下,取出后立即放入另一种冷却能力较弱的介质中,使马氏体转变在较缓慢的冷却速度下进行,以降低组织应力,从而减少淬火变形与开裂的倾向,这种淬火方法称为双液淬火法,如图3.19(b)所示。双液淬火能保证获得M,又减小了淬火应力。通常碳钢可以采用先水冷后油冷,合金钢采用先油冷后空冷。双液淬火法的关键是准确地控制零件由一种介质转入另一介质时的温度,这要求有较高的操作技术。

③ 马氏体分级淬火法。把加热好的零件先放入温度为 M_s 附近的盐浴或碱浴中冷却,保持一段时间,使零件内外温度达到均匀后,立即取出,并放入空气中或油中继续冷却,使马氏体转变在较缓慢的冷却速度下进行,如图 3.19(c)所示。为了使工件能淬硬,变形又小,分级淬火温度应略低于 M_s 点。这种淬火方法能降低热应力和组织应力,从而有效地减小淬火变形和开裂的倾向。由于盐浴或碱浴的冷却能力有限,只适合于处理截面尺寸较小、形状较复杂的零件。

④ 贝氏体等温淬火法。是将加热好的零件投入温度稍高于 M_s 点的盐浴或碱浴中,保温足够的时间,过冷奥氏体转变为下贝氏体,转变完成后取出空冷,如图 3.19(d)所示。等温淬火法所获得的组织为下贝氏体,不仅淬火应力小,能有效地减少变形和避免开裂,而且还具有相当高的强度、硬度和良好的塑性、韧性相配合的综合力学性能。由于盐浴或碱浴的冷却能力较小,等温淬火一般适用于形状复杂、尺寸较小、精度要求较高而又具有较高硬度和韧性的零件。

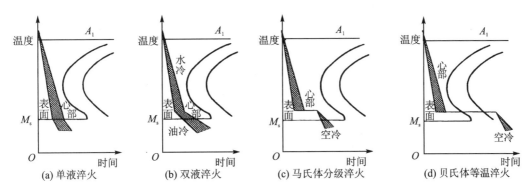

图 3.19 常用的淬火方法示意图

(3) 钢的淬透性

淬透性和淬硬性是钢的主要热处理工艺性能,它对合理选用材料及正确制定热处理工艺,具有十分重要的意义。

1) 淬透性和淬硬性

淬透性是指钢在淬火时获得淬透深度(也称淬硬深度)的能力,它是钢本身固有的属性。淬透性大小通常以规定条件下淬火获得淬透深度来表示,规定条件下淬火后钢的淬透层越深,表明其淬透性越好。对于结构钢,一般规定由钢件表面到半马氏体区(即 50%M 组织)的垂直距离作为淬透层深度。

淬硬性是指钢淬火后获得最高硬度的能力,它主要取决于马氏体的含碳量。淬透性好的钢,它的淬硬性不一定高。

2) 影响淬透性的因素

钢的淬透性是由其临界冷却速度来决定的。临界冷却速度愈小,奥氏体愈稳定,则钢的淬透性愈好。因此,凡是影响奥氏体稳定性的因素,均影响钢的淬透性。

① 化学成分的影响:除 Co 外,大多数合金元素溶入奥氏体后,会降低临界冷却速度,使 C 曲线右移,提高钢的淬透性。

② 奥氏体化条件的影响:同样加热条件下,奥氏体晶粒越粗,成分越均匀,则过冷奥氏体越稳定,淬透性越好。

3) 淬透性的测定

① 淬透性的末端试验方法(Jominy 试验)。GB/T 225—2006 规定,淬火装置是一组能喷

射水流至试样淬火端面的装置。这可以通过诸如一个快速开关阀门和一个调节水流速度的装置,或者一个可以使水流被迅速释放或切断的圆盘来实现,如图3.20所示。在整个加热和淬火工程中应防止风吹到试样上。

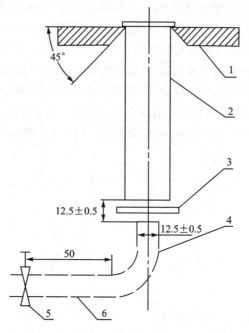

1—试验定位对中装置；2—试样位置；3—圆盘；
4—喷水管口；5—快速开关阀门；6—供水管

图3.20　钢的末端淬透性试验

将一圆柱形试样加热至奥氏体区内某一规定温度,并按规定保温一定时间;在规定的条件下对其端面喷水淬火;在试样纵向磨制平面上规定位置测量硬度;根据钢的硬度变化值确定其淬透性。在距离 d 处的 Jominy 淬透性指数,以洛氏硬度 HRC - mm 或 HV30 - mm 表示。如 J35 - 15 表示距淬火端 15 mm 处硬度值为 35 HRC;JHV450 - 10 表示距淬火端 10 mm 处硬度值为 450 HV30。

② 临界直径。钢在某种介质中淬火,心部完全淬透的最大直径就是该钢的临界直径,用 D_c 表示。很显然,在同一介质中,钢的临界直径越大,则钢的淬透性越好。表3.3列举了一些钢的临界直径。

表3.3　常用钢的淬透性

钢　号	半 M 硬度 HRC	水冷 D_c/mm	矿物油冷 D_c/mm
40	40	10～15	5～9.5
45	42	13～16.5	6～9.5
T10	55	10～15	＜8
20Cr	38	12～19	6～12
40Cr	44	30～38	19～28
35CrMo	43	36～42	20～28
38CrMoAlA	43	100	80

（4）淬火缺陷

① 氧化与脱碳。钢加热时，炉内氧化气氛与钢材料表面的铁或碳相互作用，引起氧化和脱碳。氧化不仅造成金属的损耗，还影响工件的承载能力和表面质量等。脱碳会降低工件表层的强度、硬度和疲劳强度。对于弹簧、轴承和各种工具、模具等，脱碳是严重的缺陷。为了防止氧化和脱碳，对重要受力零件和精密零件，通常应在盐浴炉内加热。若要求更高时，则可在工件表面涂覆保护剂或在保护气氛及真空中加热。

② 过热和过烧。钢在淬火加热时，由于加热温度过高或高温下停留时间过长而发生奥氏体晶粒显著粗化的现象，称为过热。当加热温度达到固相线附近时，使晶界氧化并部分熔化的现象称为过烧。工件加热后，晶粒粗大，不仅降低钢的力学性能（尤其是韧性），也容易引起变形和开裂。过热可以用正火处理予以纠正，而过烧后的工件只能报废。为了防止工件的过热和过烧，必须严格控制加热温度和保温时间。

③ 变形与开裂。淬火内应力是造成工件变形和开裂的原因。对变形量小的工件采取某些措施子以校正，而变形量太大或开裂的工件只能报废。为了防止变形和开裂的产生，可采用不同的淬火方法（如分级淬火或等温淬火等）或在设计上采取一些措施（如结构对称、截面均匀、避免尖角等）。

④ 硬度不足。这是由于加热温度过低、保温时间不足、冷却速度过低或表面脱碳等原因造成的。一般情况下，可采用重新淬火消除，但淬火前要进行一次退火或正火处理。

2. 钢的回火

将淬火钢重新加热到 Ac_1 以下某一温度，保温后冷却到室温的热处理工艺称为回火。回火是淬火钢必须进行的一道工序，其目的是：

① 降低或消除淬火的应力和脆性，防止工件进一步变形或开裂。

② 稳定组织，以稳定工件的尺寸和形状。通过回火使淬火组织变为较稳定的组织，从而保证工件在使用过程中不发生尺寸和形状的变化。

③ 获得工件所需的组织和性能。通常淬火组织具有较高的强度和硬度，但塑性和韧性较低，为了满足各种工件不同的性能要求，必须配以适当的回火来改变淬火组织，调整和改善淬火钢的性能。因此淬火钢一般不宜直接使用，必须配以回火。回火决定了钢的最终组织和性能。

（1）淬火钢回火时的转变

回火的实质是随着温度的升高，组织中不稳定的马氏体和残余奥氏体向稳定的铁素体和碳化物转变。研究表明，淬火钢回火时的组织转变大致可分为以下四个阶段：

1）马氏体的分解（100～250 ℃）

在 100～250 ℃之间回火时，淬火钢中的马氏体内将弥散析出与马氏体基体保持共格关系的极薄的亚稳定碳化物。由于碳化物析出，使得马氏体中碳的过饱和度减小，正方度（c/a）随之下降，淬火内应力和脆性降低。但这时的马氏体仍为过饱和的固溶体，加上碳化物极为细小，且与母相保持共格关系，因此力学性能变化不大，硬度略有下降。这种过饱和固溶体及与其共格的碳化物所构成的组织称为回火马氏体。回火马氏体仍保留原马氏体的片状或条状，易被腐蚀，在显微镜下显黑色针状或条状。回火马氏体基本保留了淬火马氏体的力学性能，其中高碳回火马氏体的强度、硬度高，塑性、韧性差，而低碳回火马氏体的强度、硬度较高，塑性、韧性较好。

2) 残余奥氏体的转变(200～300 ℃)

回火温度在200～300 ℃之间时,马氏体继续析出碳化物,使得其比容减小,降低了对残余奥氏体的压力,因而在此温度区间内残余奥氏体转化为下贝氏体。由于碳化物的析出,使正方度进一步下降,淬火应力随之进一步降低。同时由于下贝氏体的形成,钢的强度、硬度下降不大。这个阶段的组织主要仍是回火马氏体。

3) 碳化物的转变(250～400 ℃)

当回火温度上升到250～400 ℃之间时,因碳原子的扩散能力增加,过饱和的固溶体很快析出渗碳体,变为含碳量趋于平衡的铁素体,同时亚稳定的碳化物也逐渐转变为稳定的渗碳体,并与马氏体基体相失去了共格联系。这一方面使得钢的强度、硬度明显下降,另一方面使得晶格畸变大大减少,正方度接近于1,淬火内应力基本消除。这时的固溶体仍保留了马氏体的亚结构,即位错或孪晶,这时的固溶体称为未再结晶的铁素体。此时的钢组织由未再结晶的铁素体与大量弥散分布的很细的粒状渗碳体所构成,称为回火托氏体。其金相形态为仍保留马氏体的针状或板条状,但在光学显微镜下不能分辨其粒状渗碳体。根据上述的组织分析及实验验证,回火托氏体具有高的屈强比、弹性极限和较高的韧性。

4) 渗碳体的长大和铁素体的再结晶(400 ℃～Ac_1)

当回火温度上升到400 ℃以上时,渗碳体明显地聚集长大,其弥散度降低,因此钢的强度、硬度下降;随着温度的升高,铁素体逐渐发生再结晶,最后形成等轴铁素体。此时刚的组织为多边形的铁素体与在光学显微镜下可分辨的细粒状渗碳体的混和物,称为回火索氏体。具有强度、硬度和塑性、韧性均较高的综合力学性能。温度过高接近(Ac_1),渗碳体会继续聚集长大,组织就会成为球化体。

(2) 回火时的力学性能变化

总的趋势是,随着回火温度的升高,强度和硬度下降,塑性和韧性上升。如图3.21所示,为40钢回火温度与其力学性能。

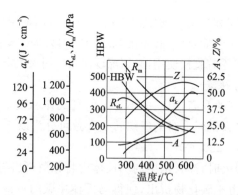

图3.21 40钢的力学性能与回火温度的关系

值得注意的是:在某些温度范围内回火时,钢的韧性不仅没有提高,反而显著下降,这种脆化现象称为回火脆性。钢在250～350 ℃范围回火会出现回火脆性,这个阶段产生的回火脆性称第一类回火脆性,这类回火脆性是不可逆的,因此,钢通常不在这个温度范围内回火;在400～550 ℃范围回火时,或经更高温度回火后缓冷通过该温度区所产生的脆性称为第二类回火脆性,这类回火脆性是可逆的,可加热到高于脆化温度(400～550 ℃)再次回火并快速冷却予以消除。

（3）回火的种类及应用

根据各类工件的性能要求不同,生产上按回火温度范围将淬火钢的回火分为以下几种:

① 低温回火(<250 ℃),回火温度一般在 150～250 ℃。低温回火后的组织为回火马氏体,其主要目的是在保持淬火钢的高硬度和高耐磨性前提下,降低其淬火内应力和脆性。主要用于处理各种高碳钢的各种工模具、机械零件等。如切削刃具、量具、冷冲模、滚动轴承以及渗碳、碳氮共渗和表面淬火的零件。回火后的硬度的一般范围为 58～62 HRC。制造刀具和量具用的碳素工具钢淬火后,回火温度常低于 200 ℃,硬度仍为 58～62 HRC。

② 中温回火(350～500 ℃)。中温回火的组织为回火托氏体。其目的是获得高的屈强比、弹性极限和较高的韧性,主要用于弹簧和热作模具的热处理。中温回火后的硬度一般为 35～50 HRC。为了避免发生回火脆性,一般中温回火温度不宜低于 350 ℃。某些结构零件淬火后采用中温回火代替传统的调质工艺,能提高这些零件的强度和冲击疲劳强度,因此中温回火的应用范围有所扩大。

③ 高温回火(500～650 ℃)。淬火钢高温回火后所得的组织为回火索氏体。通常把淬火与高温回火相结合的热处理称为调质,其目的是获得一定的强度、硬度及良好的塑性、韧性相配合的综合力学性能。因此,调质处理广泛地应用于各种重要的结构零件,特别是在交变载荷下工作的连接件和传动件,如连杆、螺栓、齿轮及轴等。回火后的硬度一般为 200～330 HBW。此外调质还可以作为某些精密零件,如丝杠、量具、模具等的预先热处理,这是由于均匀细小的回火索氏体组织能有效地减少淬火变形和开裂倾向。与正火组织相比,调质组织具有更高的综合力学性能。例如,在硬度相同的条件下调质与正火相比,同一种钢的强度、塑性和韧性均明显提高,因此,承受动载荷的重要零件一般应采用调质处理。

3.3 钢的表面热处理

许多机械零件,如各种齿轮、曲轴、凸轮、机床导轨等,是在弯曲、扭转等交变载荷、冲击载荷及摩擦条件下工作的,其表面承受着更高的应力,同时又不断地被磨损,因此要求表面具有高的强度、硬度、耐磨性和疲劳强度;而心部为了能承受冲击载荷,要求保持足够的塑性和韧性。为了达到表强内韧的要求,可对零件进行表面热处理,即先选用一定成分的钢,在保证满足心部的力学性能的前提下,然后用表面热处理的方法来强化零件的表面层。钢的表面热处理的方法可分为表面淬火和化学热处理两大类。

钢的表面淬火是一种不改变钢的表面化学成分,只改变表层组织的局部热处理。它是通过对零件表面的快速加热,使其很快达到淬火温度,在热量尚未充分传至心部时立即进行淬火。这时零件表面获得了硬而耐磨的马氏体组织,而心部仍为原来塑性韧性较好的退火、正火、调质等状态的组织。表面淬火用钢一般为含碳量 0.4%～0.5% 的中碳钢或中碳合金钢,如 45、40Cr、40MnB 等。因为含碳量过高,会增加淬硬层的脆性和开裂倾向,降低心部的塑性和韧性;而含碳量过低,淬火后表面硬度及耐磨性难以满足使用要求。

按加热方法的不同,表面淬火可分为感应加热表面淬火、火焰加热表面淬火、电接触加热表面淬火、激光加热表面淬火等许多种。下面主要介绍生产中应用较为广泛的感应加热表面淬火和火焰加热表面淬火。

3.3.1 感应加热表面淬火

图3.22为感应加热淬火示意图。将零件放置在感应圈内,当一定频率的交流电流通过感应圈时,由于电磁感应,会在零件中产生相同频率的感应电流,这种感应电流在零件截面上的分布是不均匀的,它主要集中在表面层。越靠近表面,电流密度越大,而且感应电流的频率越高,电流密度大的表层越薄,这种现象称为"集肤效应"。由于零件本身具有电阻,因此集中于零件表层的电流,可使零件表层迅速被加热到淬火温度,而心部的温度变化不大,所以在零件被喷水快冷后,就达到了表层淬火的目的。电流透入零件表层的深度主要取决于电流频率和加热时间,电流频率越高,则电流透入的深度越小,即淬硬层的深度越小。

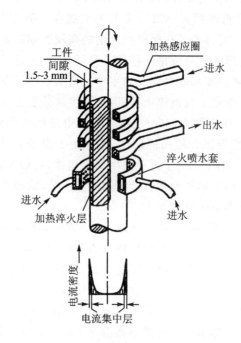

图3.22 感应加热淬火示意图

1. 感应加热表面淬火类型

根据选用电流频率的不同,感应加热表面淬火常有以下几种:

① 高频感应加热表面淬火。常用频率为 200~300 kHz,淬硬层深度一般为 1~2 mm。主要用于中小模数齿轮、小型轴等的表面淬火。

② 中频感应加热表面淬火。常用频率为 2 500~8 000 Hz,淬硬层深度一般为 2~10 mm。主要用于要求淬硬层较深的零件,如较大直径的轴类和较大模数的齿轮的表面淬火。

③ 工频感应加热表面淬火。所用频率 50 Hz,为工业用电频率,其淬硬层深度一般为 10~20 mm。主要用于要求淬硬层深的大直径零件,如轧辊的表面淬火等。

2. 感应加热表面淬火的特点

由于感应加热表面淬火加热速度快,时间短,因此与普通淬火相比有以下特点:

① 硬度较高而脆性较低。虽然感应加热温度要比普通淬火温度高几十度,但它的加热速度快,时间短,使奥氏体晶粒来不及长大,可获得细小均匀的奥氏体晶粒,因而淬火后可得到很细的隐晶马氏体组织,硬度较普通淬火组织高 2~3 HRC,脆性也较低,并且淬火变形小。

② 提高疲劳强度。这是由于表面淬火使零件表层产生残余压应力,从而提高了疲劳强度。

③ 耐磨性好。感应加热时间短,零件表面氧化脱碳少,碳化物的弥散度高。因而感应淬火后零件表面的耐磨性比普通淬火高。

④ 生产率高,适合于大批量生产,淬硬层深度可精确控制而容易实现自动化。

由于上述特点,感应加热表面淬火获得了较广泛地应用。但是由于感应淬火加热设备费用高,而且属于单件生产,形状复杂零件的感应圈又不易制造,因此限制了它的使用范围。

3.3.2　火焰加热表面淬火

如图 3.23 所示,将乙炔–氧或煤气–氧的混合气体燃烧的火焰喷射到工件表面,使表面快速加热至奥氏体区,立即喷水冷却使表面淬硬的工艺。淬硬层深度一般为 2～6 mm。此法简便,无须特殊设备,适用于单件或小批量生产的各种零件。缺点是要求熟练工操作,质量不稳定。

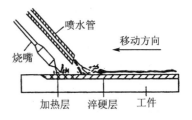

图 3.23　火焰加热表面淬火

3.4　钢的化学热处理

化学热处理是将零件放置在某种化学介质中保温,使介质中某些原子渗入零件表层,从而改变表层的化学成分、组织和性能的热处理工艺。化学热处理不仅能使工件表面获得更高的硬度、耐磨性、疲劳强度等力学性能,而且还可以按零件心部要求选择材料,以保证零件心部具有更高的塑性、韧性和强度;此外化学热处理还可以使零件表层获得耐腐蚀、耐高温等特殊性能。因此,与表面淬火相比,化学热处理更有利于提高零件的使用性能。化学热处理的种类很多,如渗碳、渗氮、碳氮共渗、渗非金属(B、S 等)、渗金属(Cr、Al、Ti 等)以及多元共渗等,可根据需要加以选择。任何一种化学热处理的过程都是由分解、吸收和扩散三个基本过程组成。

① 分解。在一定温度下,化学介质的化合物分解出能够渗入零件表面的活性原子。所谓活性原子是指那些通过化学反应刚析出的化学性能活泼的原子。

② 吸收。活性原子在零件表面被吸收并溶解形成固溶体,当超过溶解度时形成化合物。是活性原子由表面进入到铁的晶格的过程。

③ 扩散。溶入的原子向零件内部迁移的过程。由于表层原子的浓度高,内部浓度低,引起渗入原子由表层向内部的定向扩散,从而获得一定厚度的扩散层(即渗层)。

目前,生产上应用较多的化学热处理是钢的渗碳、氮化和碳氮共渗,下面分别作以简要介绍。

3.4.1　钢的渗碳

渗碳是钢在高温奥氏体状态下(一般在 930 ℃),向钢件表面渗入碳原子的过程。

1. 渗碳的目的

许多零件,如齿轮和轴、活塞销、摩擦片等在强烈磨损条件下工作,并承受剧烈的冲击载荷和较大的交变载荷,因此要求零件表面具有高的硬度、耐磨性和耐疲劳性,而心部具有较高的塑性、韧性和足够的强度。为此可用低碳钢或低碳合金钢制作零件,并进行渗碳,使零件表面形成一定深度的高碳层,然后经过淬火和低温回火。这样就将低碳钢和高碳钢这两种不同的性能集中到一个零件中,从而满足了零件的使用性能要求。一般心部强度要求较低的渗碳件可采用低碳钢,如 20 钢等;而心部强度要求较高的渗碳件可采用低碳合金钢,如 20Cr、20CrMnTi、18Cr2Ni4WA 等。

2. 渗碳方法

根据所采用的介质(渗碳剂)不同,渗碳可分为固体渗碳、液体渗碳和气体渗碳三种。其中气体渗碳的生产率高、渗层的质量好,又易于实现机械化和自动化,因此应用最广。

如图 3.24 所示,气体渗碳法是将零件置于密封的渗碳炉内,向炉内通入气体渗碳剂,并加热到 900～950 ℃(常用 930 ℃),使零件在高温奥氏体状态下渗碳。炉内的渗碳气体(或称渗碳气氛)通常由滴入炉内的煤油、甲醇、丙酮、苯等有机液体在高温下分解而成,其组成主要为 CO、CO_2、H_2 和 O_2 等,它们与零件表面接触时形成活性碳原子并渗入零件表面。

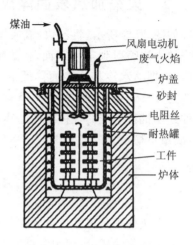

图 3.24 气体渗碳示意图

由于在高温奥氏体状态下钢对碳原子有很大的溶解能力,因此零件表层形成高碳层,并向内部扩散,形成一定深度的碳的扩散层,气体渗碳的温度一般采用 930 ℃,渗碳时间主要决定于所要求的渗碳层的深度。渗碳层深度一般为 0.5～2.5 mm,表面含碳量一般为 0.85%～1.05%。

3. 渗碳后的热处理

工件渗碳后,缓冷下来的组织如图 3.25 所示。其表层金相组织为珠光体+网状二次渗碳体。这种表层组织不仅脆性大,而且硬度和耐磨性也达不到要求。因此,渗碳后必须进行淬火+低温回火。回火后渗碳层的组织主要是高碳马氏体与少量残余奥氏体,有时还有粒状渗碳体(或碳化物)。而心部组织则主要取决于钢的淬透性。低碳钢(15 钢、20 钢等)的心部组织一般为铁素体+珠光体,其硬度的参考值约为 10～15 HRC,某些低合金钢(如 20Cr,20CrMnTi)的心部组织一般为低碳马氏体+铁素体,其硬度约为 30～45 HRC。

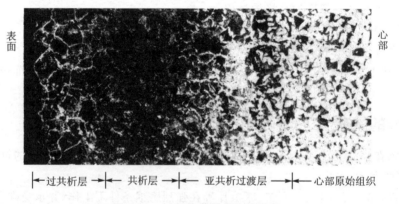

图 3.25 20 钢渗碳缓慢冷的组织

如图 3.26 所示,渗碳件的淬火方法包括:

① 直接淬火法。将工件从渗碳炉取出后,经空气中预冷到略高于钢的临界温度(840℃左右),直接淬入水中或油中。预冷是为了降低淬火变形。由于渗碳温度高,奥氏体晶粒容易长大,所以淬火后的马氏体较粗,残余奥氏体也较多,耐磨性和韧性稍差,变形较大。因此这种方法只适合于渗碳后奥氏体晶粒细小的钢或性能要求不高的零件。

② 一次淬火法。把渗碳件从渗碳炉中取出后,先空气中冷却(正火),然后重新加热淬火。若对零件心部的组织和性能要求较高,则淬火加热温度略高于心部钢的淬火温度(大于 Ac_3),

以细化心部晶粒,淬火后心部获得低碳马氏体组织。若对零件表层组织和性能要求较高,则淬火加热到 Ac_1 以上 $30\sim50\ ℃$,使表层晶粒细化,获得高碳细马氏体＋粒状渗碳体组织。这种淬火方法在生产上应用较多,适用于要求比较高的渗碳零件。

　　③ 二次淬火法。把渗碳件从渗碳炉中取出后,在空气中冷却(正火),然后重新加热淬火。第一次加热到 Ac_3 以上 $30\sim50\ ℃$ 进行淬火,目的是细化心部组织和消除网状碳化物;第二次加热到 Ac_1 以上 $30\sim50\ ℃$ 淬火,是为了细化表层组织,获得细马氏体和均匀分布的粒状二次渗碳体。二次淬火工艺复杂,生产效率较低,成本高,变形大,所以只用于要求表面高耐磨性和心部高韧性的零件。

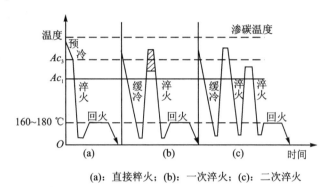

(a)：直接淬火；(b)：一次淬火；(c)：二次淬火

图 3.26　渗碳后常用的热处理方法

4. 渗碳、淬火、回火后的组织和性能

　　渗碳件组织:表层为高碳回火马氏体＋碳化物＋残余奥氏体,心部为低碳回火马氏体(或含铁素体、托氏体)。

　　渗碳件的性能为:表面硬度高,达 $58\sim64$ HRC 以上,耐磨性较好;心部韧性较好,硬度较低。未淬透时,心部为 $137\sim183$ HBW,淬透后得到低碳马氏体,硬度可达 $30\sim45$ HRC。表层体积膨胀大,心部体积膨胀小,结果在表层中造成压应力,使零件的疲劳强度提高。

　　为了保证渗碳件的性能,设计图纸上一般要标明渗碳层厚度、渗碳层和心部的硬度。对于重要零件,还应标明对渗碳层显微组织的要求。渗碳件中不允许硬度高的部位(如装配孔等),也应在图纸上注明,并用镀铜法或防渗碳涂料等防止渗碳或多留加工余量。

3.4.2　钢的渗氮

　　渗氮(氮化)是向钢的表面渗入氮原子的过程。钢氮化后可获得极高的硬度、高的耐磨性、高的疲劳强度、一定的耐腐蚀性和抗热性以及热处理变形小等性能和优点。因此,它广泛用于各种要求疲劳强度高的零件以及要求变形小和具有一定耐热、耐腐蚀的耐磨零件等。常用的渗氮方法主要是气体渗氮和离子渗氮。

1. 气体渗氮

　　气体渗氮是将工件放在密封的炉内加热,并通入氨气。渗氮的加热温度低(小于 Ac_1),因此工件变形小、氧化脱碳少。氨气在 $300\ ℃$ 以上便可以受热分解出活性氮原子,活性氮原子被钢的表面吸收,形成含氮铁素体和化合物。随着渗氮时间的延长,氮原子向内扩散,形成一定浓度的渗氮层。

如果渗氮的目的是为了获得表面高硬度、高耐磨性和高疲劳强度,则渗氮的温度不宜过高,一般为 500～570 ℃,而且要采用专用的氮化钢,这些钢一般为含碳量 0.15%～0.45% 的合金结构钢,其中典型钢种是 38CrMoAlA。氮化钢中 Al、Cr、Mo 等合金元素在渗氮过程中形成高度弥散的硬度极高而且非常稳定的氮化物。渗氮后,工件的表面硬度高,而且可维持到 650 ℃ 而不下降。渗氮后不需要再进行淬火处理,这种渗氮称为抗磨。渗氮层的深度一般为 0.30～0.50 mm,所需氮化的时间长达 30～50 h。

如果氮化的目的是单纯提高零件的抗腐蚀性能,则氮化温度提高到 590～720 ℃,保温时间仅为 0.5～3 h,而且不论是碳钢、低合金钢还是铸铁,其表面均可获得一层致密的氮化层,在大气、淡水及汽油等介质中有良好的抗腐蚀性能,这种渗氮称为抗蚀氮化。

2. 离子渗氮(离子氮化)

离子氮化是将要氮化的零件放入真空炉,零件接高压电源的阴极,与零件相对的炉壁接阳极,或根据零件的形状制作相应的电极插入真空炉中,炉内抽真空后,通入氨气。在阴极和阳极之间加以直流高压电;由于高压电场的作用,炉内的稀薄气体发生电离,形成辉光放电;被电离的氮离子在电场作用下以极高的速度轰击零件的表面,使零件表面温度升高(一般为 500～700 ℃);氮离子在阴极(零件)获得电子,变成活性氮原子,渗入零件的表面,并向内扩散,形成氮化层。

离子渗氮的优点:氮化时间短,仅是气体氮化时间的 1/5～1/2。氮化层质量高,脆性低,工件变形极小,适用于处理精密零件和复杂零件。对材料的适应性强,除了适用于各种钢材以外,也适用于铸铁和有色金属。此外还有节能、无环境污染、表面干净、无需其他加工等优点。离子渗氮的缺点是:渗氮设备较复杂,价格较贵;零件形状复杂或截面悬殊大时,很难达到同一表面硬度和氮化层深度。

3.4.3 钢的碳氮共渗和氮碳共渗

碳氮共渗或氮碳共渗就是往零件的表面同时渗入碳原子和氮原子的过程。其目的主要是提高工件的表面硬度、耐磨性和疲劳强度。目前生产上应用较广的有低温气体氮碳共渗和中温气体碳氮共渗两种工艺方法。

1. 低温气体氮碳共渗(气体软氮化)

低温气体氮碳共渗是在工件表层同时渗入氮原子和碳原子,并以渗氮为主的共渗工艺。由于用这种工艺处理的钢件,其表层硬度、脆性和裂纹敏感性比氮化工艺小,故称为软氮化。气体软氮化一般加热到 520～570 ℃,在含有活性氮、碳原子的气氛中进行。常用的共渗介质有尿素、甲酰胺等。它们受热分解产生活性氮、碳原子。

软氮化处理温度低,时间短,工件的变形小,因此软氮化已经广泛用于模具、量具、高速钢刀具、曲轴、齿轮、气缸套等耐磨工件的热处理,并能显著延长它们的使用寿命。但是软氮化后的共渗层较薄,而且共渗层的硬度梯度较大,故零件不宜在重载条件下工作。

2. 中温气体碳氮共渗

中温气体碳氮共渗,也称为气体氰化,其实质是以渗碳为主的共渗工艺。气体碳氮共渗与气体渗碳类似,它是将工件置于密封的炉内,加热到 820～860 ℃,然后通入渗碳剂(如煤油等)和氨气。使其分解出活性碳原子和氮原子,并被零件表面吸收,向内部扩散而形成一定深度的共渗层。试验证明在渗层中碳量相同的情况下,碳氮共渗件表面的硬度、耐磨性、疲劳强度和耐蚀性能都比渗碳件高。此外,碳氮共渗与渗碳相比,具有时间短,效率高,变形小等优点,但共渗层较薄,主要用于形状复杂,要求变形小的小型耐磨零件。碳氮共渗除用低碳合金钢外,还广泛选用中碳钢和中碳合金钢,并取得了良好的效果。

3.5　热处理技术条件标注与工序安排

3.5.1　热处理技术条件标注

零件经热处理后应得到的组织、性能、以及精度等要求,统称为热处理技术条件。热处理技术条件应标注在图纸(零件图)上,一般仅需注明材料、热处理名称及热处理后的硬度要求。对要求高的重要零件,还需注明热处理后的强度、硬度、塑性和韧性等指标,有时还应给出对金相显微组织的要求。标注的硬度应允许有波动范围,一般布氏硬度范围在 30~40 个单位,如调质 220~250 HBW;洛氏硬度范围在 5 单位左右,如淬火回火 50~55 HRC。表面淬火零件应标明淬硬层的硬度、深度及淬火部位,有的还提出对金相显微组织和变形的要求。渗碳零件应标明渗碳淬火及回火后的表层和心部的硬度、渗碳的部位(全部和局部)以及渗碳层深度等。对重要的渗碳件还应提出对金相显微组织的要求。其他化学热处理零件应注明表面硬化层的硬度和深度等。

在图纸上标注热处理技术条件时,可用文字对热处理技术条件加以扼要的说明,也可用 GB/T 12603—2005 规定的热处理工艺代号标注。对于整体热处理技术条件一般标注在图纸标题栏上方(也可标注在下方)。对于局部热处理,需要热处理的部位一般用细实线限定,并把热处理技术条件标注在要热处理部位引出的细实线上,或在技术要求中注明热处理技术条件。

3.5.2　热处理工序位置的安排

零件在加工过程中所经历的各种冷、热加工工序的先后次序称为工艺路线。如前所述,根据热处理工序在加工过程中的作用不同,可分为预先热处理和最终热处理两大类,它们在加工工艺路线中位置的安排一般如下。

1. 预先热处理的工序位置

(1) 退火和正火的工序位置

退火和正火通常作为预先热处理应安排在毛坯生产之后,切削加工之前。对于精密零件,为了消除切削加工后的残余内应力,应在切削加工工序之间安排去应力退火。对于过共析钢,若组织中有比较完整的网状二次渗碳体,则在球化退火前,必须进行正火,以消除网状渗碳体。退火、正火件的工艺路线一般为:

毛坯生产(铸、锻、焊、冲压等)→退火或正火→切削加工。

退火和正火还可以作为力学性能要求不高零件的最终热处理。

(2) 调质的工序位置

调质可作为预先热处理,主要是为了获得较高的综合力学性能,为以后的表面淬火和易变形的精密零件的整体淬火作好组织准备。调质工艺一般安排在粗加工之后、半精加工之前。

如果预先热处理采用调质处理,则粗加工后的调质处理可根据情况省略或不省略。

调质零件的加工工艺路线一般为:下料→锻造→正火(或退火)→粗加工 →调质→半精加工→精加工。

2. 最终热处理的工序位置

(1) 淬火、回火的工序位置

淬火、回火经常作为最终热处理,根据回火后的硬度是否便于切削加工来考虑淬火和回火的位置。当回火后硬度较高(35 HRC 以上)时,不便切削加工,故淬火、回火多安排在半精加工之后、精加工(磨削)之前。整体淬火与表面淬火的工序位置安排基本相同。

整体淬火件的加工路线一般为:下料→锻造→退火(或正火)→粗加工→半精加工→淬火、回火→磨削。

表面淬火的加工路线一般为:下料→锻造→正火(或退火)→粗加工→调质或正火→半精加工→表面淬火、低温回火→磨削。

(2) 稳定化处理的工序位置

精密零件在淬火及低温回火后的稳定化处理(也称时效),目的是消除应力,稳定尺寸。一般安排在粗磨和精磨之间,并进行多次时效处理。冷处理应在淬火后马上进行回火。

一般工艺路线为:下料→锻造→正火(或退火)→粗加工、半精加工→淬火、回火→粗磨→稳定化退火→精磨。

(3) 化学热处理的工序位置

各种化学热处理,如渗碳、氮化等属于最终热处理。工件经这类热处理后,表面硬度高,除磨削或研磨等光整加工外,不适宜进行其他切削加工。化学热处理工序位置应尽量靠后,一般安排在半精加工之后、磨削加工之前。

3. 其他情况的安排

在生产过程中,由于零件选用毛坯类型和工艺过程中要解决的突出矛盾不同,在制定具体的工艺路线时,热处理工序还可能增减,冷、热加工的工序位置也会有所改变。

3.6 热处理新技术简介

3.6.1 真空热处理技术

真空热处理是真空技术与热处理技术相结合的新型热处理技术,是指热处理工艺的全部和部分在真空状态下进行的,它可以实现几乎所有的常规热处理所能涉及的热处理工艺。与常规热处理相比,真空热处理可实现无氧化、无脱碳、无渗碳,可去掉工件表面的磷屑,并有脱脂除气等作用,从而达到表面光亮净化的效果。真空热处理可以实现:① 真空高压气冷淬火。真空高压气冷淬火可用于材料的淬火和回火,不锈钢和特殊合金的固溶、时效,离子渗碳和碳氮共渗以及真空烧结,钎焊后的冷却和淬火。② 真空高压气冷等温淬火。形状复杂的较大工件从高温连续进行快速冷却时容易产生变形甚至裂纹。以往可用盐浴等温淬火解决,现在单室真空高压气冷淬火炉中就能进行气冷等温淬火。③ 真空渗氮技术。真空渗氮是使用真空炉对钢铁零件进行整体加热、充入少量气体,在低压状态下产生活性氮原子渗入并向钢中扩散而实现硬化。

3.6.2　可控气氛热处理技术

热处理生成技术重点发展的方向之一是可控气氛热处理。可控气氛热处理主要是防氧化和脱碳,并对渗碳和渗氮做到精确的控制。20 世纪 80 年代末开始应用于工业生产,发展到现在应用非常广泛。

可控气氛是指在热处理加热过程中,炉气的成分可以控制,通过调节炉气中的某种气体的比例,即可实现无氧化加热,也可以进行渗碳或碳氮共渗等热处理。工件在无氧化加热气氛中加热,可以获得无氧化、不脱碳的光亮表面,其外观质量和内在质量都有很大提高。在可控气氛控制下进行渗碳,可以获得较准确的碳势和渗层深度。

根据我国的实际情况,综合考虑气氛的制备方法和原料气类型,热处理用的可控气氛分为以下八种:放热式气氛、吸热式气氛、放热—吸热式气氛、有机液体裂解气、氮基气氛、氨制备气氛、木炭制备气氛和氢气。

3.6.3　感应热处理和离子氮化热处理技术

感应热处理以高效、节能、清洁、灵活性等优势广泛应用于汽车工业、工程机械、石油化工等行业,近 40% 的汽车零部件可采用感应热处理,如曲轴、齿轮、万向节、半轴等。采用感应加热,许多产品加工可建成全自动或半自动生产线,提高产品质量的稳定性,减轻劳动强度,美化工作环境。国内发展最快的是感应加热电源,老式的电子振荡管已完成了其历史使命,取而代之的是全晶体管。采用微机控制晶体管调节电源,调节稳定方便,精度高,对电网谐波的干扰大大减少。近几年发展起来的固态高频加热装置,其优点显而易见,它不再使用价高、易损、耗能大的电子管与之配套使用的阳极升压变压器、阳极水套、灯丝稳压器等,取而代之的是 MOSFET 功率电子器件。它节电三分之一,节水二分之一。而与加热电源配套的淬火机床,也取得长足的进步。

离子氮化属于等离子热处理的范畴,也是渗氮化学热处理中的一种。它是利用稀薄气体辉光放电形成活性氮离子,在直流电场中对工件进行热处理的一种表面改性技术。相比于气体渗氮,离子氮化具有清洁无公害、渗透快、节能省气、畸变小、渗层组成可调、处理温度范围广等优点,已被广泛用于碳素结构钢、合金结构钢、工模具钢、不锈钢、球磨铸铁、灰口铸铁、钛合金、粉末冶金等材料的表面强化。离子氮化技术的显著特点是处理后零件表面清洁、抗腐蚀、变形小,耐磨性高,与气体渗氮比,更有周期短、高效、少污染等优势。近几年来,离子氮化的发展很快,尤其是离子氮化炉脉冲电源的问世,它将放电的物理参数(电压、电流、气压)与控温参数(脉冲宽度)分开,增加了工艺的可调性,易于实现工艺参数的选择和精确控制。

3.6.4　激光淬火和电子束淬火

1. 激光淬火

激光淬火是利用聚焦后的激光束快速加热钢铁材料表面,使其发生相变,形成马氏体淬硬层的过程。激光淬火的特点是:淬火零件不变形,几乎不破坏表面粗糙度;激光淬火不开裂;对局部、沟、槽淬火,激光淬火清洁、高效;淬火硬度比常规方法高。

2. 电子束加热表面淬火

电子束加热表面淬火是将零件放置在高能密度(最高可达 109 W/cm²)的电子枪下,保持一定的真空度(0.1~1 Pa),用电子流轰击零件表面,在极短时间(10^{-1}~10^{-3} s)内,使其加热到钢的相变温度以上,靠自身激烈冷却进行淬火。电子束加热表面淬火只能改变零件表面性能,不能改善零件心部性能;不能用于重负荷零件和大型零件;电子束加热表面淬火装置比较复杂,设备的成本高。

本章小结

提高工程材料使用性能的最根本途径是对材料实施强韧化。本章重点概括了钢铁材料强韧化的重要途径,即钢的热处理。钢的热处理原理与工艺是本章乃至本课程学习的一个重点内容,可以概括为"五大转变五把火",五大转变即钢的热处理原理,五把火即钢的热处理工艺。

(1)"五大转变"

① 加热时的组织转变。指奥氏体的形成,利用 Fe - Fe₃C 相图判定加热时是否得到均匀、细小的 A 晶粒。

② 过冷奥氏体冷却转变。掌握等温 C 曲线及其转变产物,能利用 C 或 CCT 曲线正确分析不同冷却条件下的转变产物。主要转变如下:

➢ 珠光体型转变(C 曲线鼻尖以上部分)。由高温到低温,不同区间的生成物依次称 P、S、T,它们呈片层状,片层越小,强度、硬度越高。

➢ 贝氏体型转变(C 曲线鼻尖以下部分)。由高温到低温,不同区间的生成物为 B上 和 B下。B下 有良好的综合力学性能,B上 脆性较大。

➢ 马氏体型转变。连续冷却的产物,M 分为 M低碳 和 M高碳,M低碳 强而韧,M高碳 硬度高、脆性大。

③ 钢回火时的转变。低温回火得到 M回,硬度高;中温回火得到 T回,具有高的弹性极限;高温回火得到 S回,具有良好的综合力学性能。

(2)"五把火"

① 退火。包括完全退火、等温退火、球化退火和去应力退火。退火冷却速度缓慢,改善钢的组织,消除缺陷。退火常用来改善切削加工性能。

② 正火。正火可以细化晶粒,改善切削加工性能;可以消除粗大二次渗碳体。

③ 淬火。是最重要的热处理工艺,主要获得淬硬组织 M。常用的淬火方法包括单液淬火、双液淬火、M 分级淬火和 B 等温淬火。钢的淬透性是指钢在淬火时获得淬透深度的能力,它是钢本身固有的属性,可用临界直径衡量。钢的淬硬性是指钢淬火后获得最高硬度的能力,它主要取决于马氏体的含碳量。

④ 回火。回火有低温回火、中温回火和高温回火。调质指淬火＋高温回火的综合热处理。

⑤ 表面淬火。对于表面和心部性能要求不一致时采用的淬火方法,只改变表层的组织和性能。

此外,化学热处理应用广泛,本章主要学习了渗碳和渗氮。

习题与思考题

一、选择题

1. 钢的低温回火的温度为（　　）。

A. 400 ℃　　　　　　B. 350 ℃　　　　　　C. 300 ℃　　　　　　D. 250 ℃

2. 可逆回火脆性的温度范围是（　　）。

A. 150～200 ℃　　　B. 250～400 ℃　　　C. 400～550℃　　　D.550～650 ℃

3. 加热是钢进行热处理的第一步,其目的是使钢获得（　　）。

A. 均匀的基体组织　B. 均匀的 A 体组织　C. 均匀的 P 体组织　D. 均匀的 M 体组织

4. 碳钢的淬火工艺是将工件加热到一定温度,保温一段时间,然后采用的冷却方式是（　　）。

A. 随炉冷却　　　　B. 在风中冷却　　　　C. 在空气中冷却　　　D. 在水中冷却

5. 正火是将工件加热到一定温度,保温一段时间,然后采用的冷却方式是（　　）。

A. 随炉冷却　　　　B. 在油中冷却　　　　C. 在空气中冷却　　　D. 在水中冷却

6. 完全退火主要用于（　　）。

A. 亚共析钢　　　　　B. 共析钢　　　　　C. 过共析钢　　　　D. 所有钢种

7. 共析钢在奥氏体的连续冷却转变产物中,不可能出现的组织是（　　）。

A. P　　　　　　　　B. S　　　　　　　　C. B　　　　　　　　D. M

8. 退火是将工件加热到一定温度,保温一段时间,然后采用的冷却方式是（　　）。

A. 随炉冷却　　　　　B. 在油中冷却　　　　C. 在空气中冷却　　　D. 在水中冷却

二、填空题

1. 共析钢中奥氏体的形成过程是:_____、_____,残余 Fe_3C 溶解,奥氏体均匀化。

2. 氰化处理是将_____、_____同时渗入工件表面的一种化学热处理方法。

3. 化学热处理的基本过程,均由以下三个阶段组成,即_____、_____和活性原子继续向工件内部扩散。

4. 马氏体是碳在_____中的_____组织。

5. 在钢的热处理中,奥氏体的形成过程是由_____和_____两个基本过程来完成的。

6. 高碳钢淬火马氏体在低温、中温、高温回火后,得到的回火产物分别是_____、_____和_____。

7. 在钢的回火时,随着回火温度的升高,淬火钢的组织转变可以归纳为以下四个阶段:马氏体的分解、残余奥氏体的转变、_____和_____。

8. 钢的整体热处理主要有_____、_____、_____和_____。

9. 根据共析钢的 C 曲线,过冷奥氏体在 A_1 线以下转变的产物类型有_____、_____和马氏体型组织。

三、综合题

1. 何谓热处理? 常用的热处理工艺有哪些?

2. 简述共析钢加热时奥氏体形成的过程。

3. 为什么要控制奥氏体晶粒大小? 如何控制奥氏体晶粒的大小?

4. 珠光体类型组织有哪几种? 它们的形成条件、组织形态和性能方面有何特点?

5. 影响 C 曲线的主要因素有哪些？

6. 简述贝氏体的组织特征和性能特点。

7. 生产中常用的退火方法有哪几种？各适用于什么场合？

8. 甲、乙两厂生产同一批零件,材料均选用 45 钢,硬度要求为 220～250 HBW,其中甲厂采用正火,乙厂采用调质,都达到了硬度要求。试分析甲、乙两厂产品的组织和性能差别。

9. 某活塞用 45 钢制造,由于形状复杂,按正常淬火加热温度(840 ℃)加热后水冷,大约有 40% 出现淬火裂纹。请分析原因并改进该工件的淬火工艺。

10. 一块厚度为 5 mm 的 45 钢钢板,先经 840 ℃ 加热淬火,硬度为 55 HRC,随后从一端加热,依靠热传导,使钢板上各点达到如下图所示温度。试问:

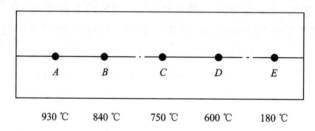

A	B	C	D	E
930 ℃	840 ℃	750 ℃	600 ℃	180 ℃

① 各点部位的组织是什么？

② 整个钢板自图示各温度,缓冷到室温后各点部位的组织是什么？

③ 整个钢板自图示各温度,水淬快冷到室温后各点部位的组织是什么？

11. 试为以下钢件选择预先热处理工艺。

① 20CrMnTi 汽车变速箱齿轮锻造毛坯(晶粒粗大);

② T12 锻造后有网状渗碳体;

③ T12 钢锉刀毛坯改善切削加工性和热处理工艺性能。

12. 回火的目的是什么？淬火钢在回火过程中显微组织发生哪些变化？

13. 什么叫回火脆性？生产中如何防止回火脆性？

14. 何谓表面热处理？表面淬火的目的是什么？常用的表面淬火有哪几种？

15. 渗碳的主要目的是什么？试分析 20 钢① 渗碳缓慢冷却后的表层和心部组织;② 渗碳缓慢冷却后,加热到 780 ℃淬火、180 ℃回火后的表层和心部组织。

16. 比较钢经表面淬火、渗碳、渗氮热处理后的性能和应用范围等方面有何不同？

17. 某一用 40Cr 钢制造的齿轮,其加工路线如下:

备料→锻造→正火→机械粗加工→调质→机械精加工→高频感应加热表面淬火与低温回火→磨削。

请说明各热处理工序的目的及热处理后的显微组织。

18. 车床主轴要求轴颈部位的硬度为 50～52 HRC,其余地方为 25～30 HRC,加工路线如下:

锻造→正火→机械加工→调质→轴颈表面淬火→低温回火→磨削加工。

请指出:① 从 20、45、60、T10 钢中,选择制造主轴的钢材;② 正火、调质、表面淬火、低温回火的目的;③ 轴颈表面处的组织和其余地方的组织。

第二篇 常用工程材料及选材

第4章　铁合金与高温合金

铁合金材料是指以铁为主要成分,以碳或其他化学元素为辅助添加元素组成的合金。工业上按照含碳量不同分为钢和铸铁两大类。钢是以铁为主要元素,碳含量一般在2%以下,并含有其他元素的材料。铸铁是指含碳量在2%以上的铸造铁碳合金的总称。它是以铁、碳和硅为主要元素,并含有锰和少量的磷与硫等元素。铁合金材料的工程性能优良,经济性好,应用广泛。

高温合金是指能够在650 ℃以上长期使用,具有良好的抗氧化性能、抗腐蚀性能、优异的拉伸、疲劳性能和长期组织稳定性等综合性能的一类材料。高温合金主要用于各种热机的承力构件上,其使用环境苛刻,比如在涡轮发动机上的应用。

4.1　钢的分类与牌号

4.1.1　钢的分类

1. 按化学成分分类

根据GB/T 13304.1—2008,钢按化学成分分为非合金钢、低合金钢和合金钢。表4.1列出了非合金钢、低合金钢和合金钢合金元素规定的含量界限值。

表4.1　非合金钢、低合金钢和合金钢合金元素规定的含量界限值

合金元素	合金元素规定含量界限值(质量分数)/%		
	非合金钢	低合金钢	合金钢
Al	<0.10	—	≥0.10
B	<0.000 5	—	≥0.000 5
Bi	<0.10	—	≥0.10
Cr	<0.30	0.30~<0.50	≥0.50
Co	<0.10	—	≥0.10
Cu	<0.10	0.10~<0.50	≥0.50
Mn	<1.00	1.00~<1.40	≥1.40
Mo	<0.05	0.05~<0.10	≥0.10
Ni	<0.30	0.30~<0.50	≥0.50
Nb	<0.02	0.02~<0.06	≥0.06
Pb	<0.40	—	≥0.40
Se	<0.10	—	≥0.10
Si	<0.50	0.50~<0.90	≥0.90
Te	<0.10	—	≥0.10
Ti	<0.05	0.05~<0.13	≥0.13

合金元素	合金元素规定含量界限值(质量分数)/%		
	非合金钢	低合金钢	合金钢
W	<0.10	—	≥0.10
V	<0.04	0.04～<0.12	≥0.12
Zr	<0.05	0.05～<0.12	≥0.12
La 系(每一种元素)	<0.02	0.02～<0.05	≥0.05
其他规定元素 (S、P、C、N 除外)	<0.05	—	≥0.05

当因为海关关税的原因而区分非合金钢、低合金钢和合金钢时,除非合同或订单中另有协议,表中 Bi、Pb、Se、Te、La 系和其他规定元素(S、P、C、N 除外)的规定界限值可不予考虑。

2. 按主要质量等级、主要性能(或使用特性)分类

(1) 按主要质量等级分类

非合金钢按主要质量等级分为普通质量非合金钢、优质非合金钢、特殊质量非合金钢。

低合金钢按主要质量等级分为普通质量低合金钢、优质低合金钢、特殊质量低合金钢。

合金钢的按主要质量等级分为优质合金钢、特殊质量合金钢。

(2) 按主要性能(或使用特性)分类

表 4.2 按主要性能(或使用特性)分类(GB/T 13304.2—2008)

按化学成分分类	按主要性能(或使用特性)分类	举　例
非合金钢	以规定最高强度(或硬度)为主要特性的非合金钢	冷成型用薄钢板,供镀锡、镀锌、镀铅板带和原板用碳素钢
	以规定最低强度为主要特性的非合金钢	碳素结构钢,造船、压力容器、管道等用的结构钢
	以限制碳含量为主要特性的非合金钢(合金易切削钢、非合金工具钢除外)	钢盘条、非合金调质钢、碳素弹簧钢、焊条用钢
	非合金易切削钢	易切削结构钢、特殊易切削钢
	非合金工具钢	碳素工具钢
	具有专门规定磁性或电性能的非合金钢	电磁纯铁
	其他非合金钢	原料纯铁
低合金钢	可焊接的低合金高强度结构钢	一般用途的低合金结构钢,锅炉、压力容器、造船、汽车用低合金钢
	低合金耐候钢	低合金耐候钢
	低合金混凝土用钢及预应力用钢	一般用途的低合金钢筋钢、预应力混凝土用钢
	铁道用低合金钢	低合金轻轨钢、低合金重轨钢
	矿用低合金钢	矿用低合金钢、矿用低合金结构钢
	其他低合金钢	易切削结构钢、焊接用钢

续表 4.2

按化学成分分类	按主要性能(或使用特性)分类	举 例
合金钢	工程结构用合金钢	一般工程结构用合金钢、合金钢筋钢、压力容器用钢、汽车用钢、预应力用合金钢、矿用合金钢、高锰钢、耐磨钢
	机械结构用合金钢	调质合金结构钢、表面硬化合金结构钢、冷塑性成型钢、合金弹簧钢
	不锈、耐蚀和耐热钢	马氏体型钢、铁素体型钢、奥氏体型钢、奥氏体-铁素体型钢、沉淀硬化型钢
	工具钢	合金工具钢、高速钢
	轴承钢	高碳铬轴承钢、渗碳轴承钢、不锈轴承钢、高温轴承钢
	特殊物理性能钢	软磁钢、永磁钢、无磁钢及高电阻钢和合金
	其他	焊接用合金钢

4.1.2 钢铁材料的编号

1. 钢的牌号的表示方法

（1）碳素结构钢和低合金高强度结构钢

碳素结构钢和低合金高强度结构钢的牌号通常由四部分组成。

第一部分：前缀符号＋强度值(以 N/mm² 或 MPa 为单位)，其中通用结构钢前缀符号为代表屈服强度的拼音的字母"Q"，专用结构钢的前缀如表 4.3 所列。

第二部分(必要时)：钢的质量等级，用英文字母 A、B、C、D、E、F 等表示，顺序按硫、磷含量降低。

第三部分：脱氧方式符号，即沸腾钢(F)、半镇静钢(b)、镇静钢(Z)、特殊镇静钢(TZ)。镇静钢、特殊镇静钢的表示符号通常可以省略。

第四部分(必要时)：产品用途、特性和工艺方法表示符号，见表 4.4。

表 4.3　专用结构前缀(摘自 GB/T 221—2008)

名 称	采用的汉字及汉语拼音或英文单词			采用字母	位 置
	汉字	汉语拼音	英文单词		
热轧光圆钢筋	热轧光圆钢筋	—	Hot Rolled Plain Bars	HPB	牌号头
热轧带肋钢筋	热轧带肋钢筋	—	Hot Rolled Ribbed Bars	HRB	牌号头
细晶粒热轧带肋钢筋	粒热轧带肋钢筋＋细	—	Hot Rolled Ribbed Bars＋Fine	HRBF	牌号头
冷轧带肋钢筋	冷轧带肋钢筋	—	Cold Rolled Ribbed Bars	CRB	牌号头
预应力混凝土用螺纹钢筋	预应力、螺纹、钢筋	—	Prestressing、Screw、Bars	PSB	牌号头
焊接气瓶用钢	焊瓶	HAN PING	—	HP	牌号头
管线用钢	管线	—	Line	L	牌号头
船用锚链钢	船锚	CHUAN MAO	—	CM	牌号头
煤机用钢	煤	MEI	—	M	牌号头

表 4.4　产品用途、特性和工艺方法表示符号(摘自 GB/T 221—2008)

名　称	采用的汉字及汉语拼音或英文单词			采用字母	位　置
	汉　字	汉语拼音	英文单词		
锅炉和压力容器用钢	容	RONG	—	R	牌号尾
锅炉用钢(管)	锅	GUO	—	G	牌号尾
低温压力容器用钢	低容	DI RONG	—	DR	牌号尾
桥梁用钢	桥	QIAO	—	Q	牌号尾
耐候钢	耐候	NAI HOU	—	NH	牌号尾
高耐候钢	高耐候	GAO NAI HOU	—	GNH	牌号尾
汽车大梁用钢	梁	LIAN	—	L	牌号尾
高性能建筑结构用钢	高建	GAO JIAN	—	GJ	牌号尾
低焊接裂纹敏感性钢	低焊接裂纹敏感性	—	Crack Free	CF	牌号尾
保证淬透性钢	淬透性	—	Hardenability	H	牌号尾
矿用钢	矿	KUANG	—	K	牌号尾
船用钢	采用国际符号				

根据需要,低合金高强度结构钢的牌号也可以采用 2 位阿拉伯数字(表示平均含碳量,以万分之几计)加元素符号及必要的产品用途、特性和工艺方法表示符号,按顺序表示。如 20Mnk,表示含碳量为 $0.15\%\sim0.26\%$,锰含量为 $1.20\%\sim1.60\%$ 的矿用钢。

(2) 优质碳素结构钢和优质碳素弹簧钢

优质碳素结构钢的牌号通常由五部分组成。

第一部分:以 2 位阿拉伯数字表示平均含碳量(以万分之几计)。

第二部分(必要时):较高含锰量的优质碳素结构钢,加锰元素符号 Mn。

第三部分(必要时):钢材冶金质量,即高级优质钢、特级优质钢分别以 A、E 表示,优质钢不用字母表示。

第四部分(必要时):脱氧方式符号,即沸腾钢(F)、半镇静钢(b)、镇静钢(Z)、特殊镇静钢(TZ)。镇静钢、特殊镇静钢的表示符号通常可以省略。

第五部分(必要时):产品用途、特性和工艺方法表示符号,见表 4.4。

优质碳素弹簧钢的牌号表示方法与优质碳素结构钢相同。

(3) 合金结构钢和合金弹簧钢

合金结构钢的牌号通常由四部分组成。

第一部分:以 2 位阿拉伯数字表示平均含碳量(以万分之几计)。

第二部分:合金元素含量,以化学元素符号及阿拉伯数字表示。具体表示方法为:平均含量小于 1.5% 时,牌号仅标明元素,一般不标明含量;平均含量为 $1.50\%\sim2.49\%$、$2.50\%\sim3.49\%$、$3.50\%\sim4.49\%$、$4.50\%\sim5.49\%$……时,在合金元素后应相应写成 2、3、4、5……。化学元素符号的排列顺序推荐按含量值递减排列,如果两个或多个元素含量相等时,相应符号位置按英文字母的顺序排列。

第三部分:钢材冶金质量,即高级优质钢、特级优质钢分别以 A、E 表示,优质钢不用字母表示。

第四部分(必要时):产品用途、特性和工艺方法表示符号,见表 4.4。

合金弹簧钢的牌号表示方法与合金结构钢相同。如 15MnV,表示碳的平均质量分数为 0.15%,锰、钒的平均质量分数均小于 1.5% 的合金结构钢。若为高级优质钢,则在钢的牌号末尾加上"A",如 25Cr2MoVA;特级优质钢牌号后加"E",如锅炉和压力容器用钢 18MnMoNbER。

（4）工具钢

工具钢通常分为碳素工具钢、合金工具钢、高速工具钢三类。

1）碳素工具钢

碳素工具钢牌号通常由四部分组成。

第一部分:碳素工具钢符号"T"。

第二部分:以 2 位阿拉伯数字表示平均含碳量(以千分之几计)。

第三部分(必要时):较高锰含量的碳素工具钢,加锰元素符号 Mn。

第四部分(必要时):钢材冶金质量,即高级优质碳素工具钢以 A 表示,优质钢不用字母表示。

2）合金工具钢

合金工具钢牌号通常由两部分组成。

第一部分:平均含碳量小于 1.00% 时,采用 1 位数字表示含碳量(以千分之几计);平均含碳量不小于 1.00% 时,不标明含碳量数字。

第二部分:合金元素含量,以化学元素符号及阿拉伯数字表示,表示方法同合金结构钢第二部分。低铬(平均含铬量小于 1%)合金工具钢,在铬含量(以千分之几计)前加数字"0"。如 9SiCr 表示碳质量分数平均为 $w_C=0.85\%\sim0.95\%$,$w_{Si}=1.20\%\sim1.60\%$、$w_{Cr}=1.95\%\sim1.25\%$。

3）高速工具钢

高速工具钢牌号表示方法与合金结构钢相同,但在牌号头部一般不标明表示含碳量的阿拉伯数字。为了区别牌号,在牌号头部可以加"C"表示高碳高速工具钢,如 CW6Mo5Cr4V2。

（5）轴承钢

1）高碳铬轴承钢

高碳铬轴承钢牌号通常由两部分组成。

第一部分:(滚珠)轴承钢表示符号"G",但不标明含碳量。

第二部分:合金元素"Cr"符号及其含量(以千分之几计),其他合金元素含量,以化学元素符号及其阿拉伯数字表示,表示方法同合金结构钢第二部分。

2）渗碳轴承钢

在牌号头部加"G",采用合金结构钢的牌号表示方法。高级优质渗碳轴承钢,在牌号尾部加"A",如 G20CrNiMoA。

3）高碳铬不锈轴承钢和高温轴承钢

在牌号头部加"G",采用不锈钢和耐热钢的牌号表示方法。

（6）不锈钢和耐热钢

① 碳含量用 2 位或 3 位阿拉伯数字表示含碳量最佳控制值(以万分之几或十万分之几计)。只规定碳含量上限者,当碳含量上限不大于 0.10% 时,以其上限的 3/4 表示碳含量。例如 $w_C\leqslant0.08\%$,$w_{Cr}=18.00\%\sim20.00\%$,$w_{Ni}=8.00\%\sim11.00\%$ 的不锈钢,牌号为 06Cr19Ni10。当碳含量上限大于 0.10% 时,以其上限的 4/5 表示碳含量。例如 $w_C\leqslant0.25\%$,$w_{Cr}=24.00\%\sim26.00\%$,$w_{Ni}=19.00\%\sim22.00\%$ 的耐热钢,牌号为 20Cr25Ni20。对超低碳

不锈钢(即碳含量不大于 0.030%),用 3 位阿拉伯数字表示含碳量最佳控制值(十万分之几计)。例如 $w_C \leqslant 0.030\%$,$w_{Cr} = 16.00\% \sim 19.00\%$,$w_{Ti} = 0.10\% \sim 1.00\%$ 的不锈钢,牌号为 022Cr18Ti。

规定上、下限者,以平均碳含量 $\times$ 100 表示。如碳含量 $0.16\% \sim 0.25\%$ 时,其牌号中的碳含量以 20 表示。例如 $w_C = 0.15\% \sim 0.25\%$,$w_{Cr} = 14.00\% \sim 16.00\%$,$w_{Mn} = 14.00\% \sim 16.00\%$,$w_{Ni} = 1.50\% \sim 3.00\%$,$w_N = 0.15\% \sim 0.30\%$ 的不锈钢,牌号为 20Cr15Mn15Ni2N。

② 合金元素含量以化学元素符号及阿拉伯数字表示,表示方法同合金结构钢第二部分。钢中有意加入的铌、钛、锆、氮等合金元素,虽然含量很低,也应在牌号中标出。

2. 钢铁牌号统一数字代号体系

现行的国标 GB/T 221—2008《钢铁产品牌号表示方法》与 GB/T 17616—2013《钢铁及合金牌号统一数字代号体系》同时并用,两种表示方法均为有效,相互对照。统一数字代号有利于现代化数据处理设备进行存储和检索,便于生产、使用和管理。

统一数字代号由固定的 6 位符号组成,左边首位用大写的拉丁字母作前缀(一般不用"I"和"O"),后接 5 位阿拉伯数字,字母和数字之间应无间隙排列。每一个统一数字代号只适用于一个产品牌号,其结构形式如下:

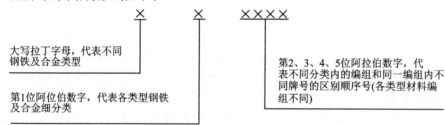

钢铁及合金的类型和每个类型产品牌号统一数字代号见表 4.5。

表 4.5 钢铁及合金的类型与统一数字代号

钢铁及合金的类型	英文名称	前缀字母	统一数字代号(ISC)
合金结构钢	Alloy structural steel	A	A××××
轴承钢	Bearing steel	B	B××××
铸铁、铸钢及铸造合金	Cast iron、cast steel and cast alloy	C	C××××
电工用钢和纯铁	Electrical steel and iron	E	E××××
铁合金和生铁	Ferro alloy and pig iron	F	F××××
耐蚀合金和高温合金	Heat resisting and corrosion resisting alloy	H	H××××
金属功能材料	Metallic functional materials	J	J××××
低合金钢	Low alloy steel	L	L××××
杂类材料	Miscellaneous materials	M	M××××
粉末及粉末冶金材料	Powders and powder metallurgy materials	P	P××××
快淬金属及合金	Quick quench metals and alloys	Q	Q××××
不锈钢和耐热钢	Stainless steel and heat resisting steel	S	S××××
工模具钢	Tool and mould steel	T	T××××
非合金钢	Unalloy steel	U	U××××
焊接用钢及合金	Steel and alloy for welding	W	W××××

前缀字母后的数字代表细分类和不同的编组及同一编组内不同牌号的全部顺序号。例如：A×××××为合金结构钢，第 1 位数字为 0～9，分别代表 Mn、MnMo 系钢，SiMn、SiMn-Mo 系钢，Cr、CrSi、CrMn、CrV、CrMnSi 系钢，CrMo、CrMoV 系钢，CrNi 系钢，CrNiMo、CrNiW 系钢，Ni、NiMo、NiCoMo、Mo、MoWV 系钢，B、MnB、SiMnB 系钢，W 系钢以及其他合金结构钢等。在工模具钢（T）细分类中，第 1 位数字为 0 时代表一般非合金工具钢，为 1 时代表专用非合金工具钢。后 4 位数字按照不同的要求制定。例如，T01080 表示一般非合金工具钢系一组牌号为 08 的优质碳素工具钢 T8Mn。

4.2　钢中的杂质元素与合金元素

4.2.1　钢中的常存杂质元素及其对性能的影响

炼钢过程中留存的硫、磷、锰、硅等元素，称为钢中的常存杂质，它们的含量虽然不多，但对钢的性能影响很大。

1. 硫、磷的影响

硫、磷都是炼铁时矿石及燃料中带来的有害杂质，在炼钢时未能全部除掉而残留于钢中。硫使钢在高温下产生脆性，称为热脆性。这是因为硫与铁形成化合物 FeS，FeS 与 Fe 形成低熔点（985 ℃）共晶体，分布在奥氏体晶界上。当钢在 1 000～1 200 ℃进行热加工时，由于晶界处共晶体熔化，导致钢开裂，这种现象称为热脆。为此，除严格控制钢中硫含量（$w_S <$ 0.040%）外，可在钢液中增加锰含量。锰和硫能形成有一定塑性、熔点高（1 620 ℃）的 MnS，以避免热脆。磷能全部溶于铁素体中，固溶强化及冷硬作用极强，与硫、锰联合作用可以改善钢的切削性。但磷使钢的塑性、韧性急剧下降，尤其在低温时更为严重，这种现象称为冷脆。生产中应严格控制磷含量，一般 $w_p <$ 0.040%。

2. 锰、硅的影响

硅、锰来自炼钢原料，硅和锰还可以作为脱氧剂残留在钢中，它们是钢中的有益元素。锰有较好的脱氧能力，可使钢中的 FeO 还原成铁，改善钢的质量；硅能与钢液中的 FeO 生成炉渣，消除 FeO 对钢质量的影响；锰和硅能溶于铁素体中产生固溶强化，提高钢的强度和硬度；锰能进入渗碳体代替部分铁原子，形成合金渗碳体。当锰、硅含量不高时，对钢性能影响不大。作为杂质元素，碳钢中锰、硅含量应分别控制在 0.8% 和 0.5% 以下。

4.2.2　合金元素在钢中的主要作用

1. 合金元素与碳的相互作用

合金元素按其与钢中碳的相互作用的情况，可将合金元素分为非碳化物形成元素和碳化物形成元素两大类。镍、钴、铜、硅、铝、氮、硼等属于非碳化物形成元素。铁、锰、铬、钼、钨、钒、铌、锆、钛等属于碳化物形成元素。

所有合金元素都能不同程度地溶入铁素体或奥氏体中形成合金铁素体或合金奥氏体，起到固溶强化作用，使其强度、硬度升高，塑性和韧性下降。图 4.1 所示为几种合金元素含量对铁素体硬度和韧性的影响。由图可见，锰、硅能显著提高铁素体的硬度，但当 $w_{Mn} > 1.5\%$、

$w_{Si} > 0.6\%$ 时,将明显降低其韧性。而铬和镍,在 $w_{Cr} \leqslant 2\%$、$w_{Ni} \leqslant 5\%$ 时,不仅能提高铁素体的硬度,还能提高其韧性。

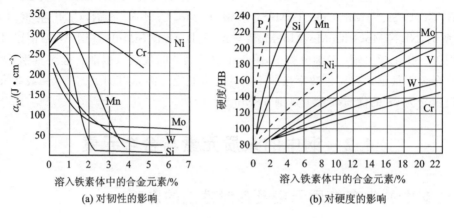

(a) 对韧性的影响   (b) 对硬度的影响

图 4.1　合金元素对铁素体力学性能的影响

当含量超过溶解度以后,碳化物形成元素以合金渗碳体或合金碳化物的形式存在。一些合金元素置换渗碳体中的部分铁原子形成合金渗碳体,如$(Fe,Mn)_3C$、$(Fe,Cr)_3C$ 等。合金渗碳体与 Fe_3C 的晶体结构相同,但比 Fe_3C 略稳定,硬度也略高,是一般低合金钢中碳化物的主要存在形式。一些强碳化物形成元素可以形成特殊碳化物,如 WC、VC、TiC、Mo_2C、$Cr_{23}C_6$、Fe_3W_3C、Cr_7C_3 等。

通常,碳化物越稳定,其硬度越高;碳化物颗粒越细小,对钢的强化效果越显著。高速钢制作的刀具因含有大量稳定性高的碳化物,故其硬度高,耐磨性好。

2. 合金元素对 Fe - Fe₃C 相图的影响

加入合金元素,可以改变 Fe - C 合金中基本相的存在范围。Mn、Ni、Co、C、N、B、Cu 等元素可使 A_3 向左下方移动,A_1 降低,扩大了奥氏体单相区,如图 4.2(a)所示。当钢中含有大量的这类元素时,可在室温形成单相奥氏体组织,称为奥氏体钢。

合金元素 Cr、Mo、W、V、Ti、Al、Si、Nb、Zr 等可使 A_3 向左上方移动,缩小了奥氏体单相区,如图 4.2(b) 所示。当钢中含有较多这类元素时,可在室温形成单相铁素体组织,称为铁素体钢。

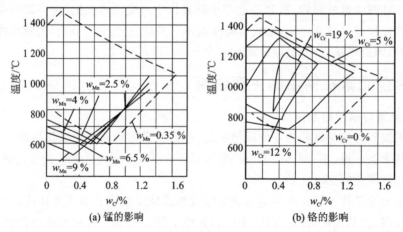

(a) 锰的影响   (b) 铬的影响

图 4.2　合金元素锰、铬对 Fe - Fe₃C 相图的影响

单相奥氏体和单相铁素体具有抗蚀、耐热等性能,是不锈钢、耐热钢中常见的组织。此外,随着合金元素含量增加,还能使 E、S 点左移,即降低 C 在奥氏体中的溶解度。

3. 合金元素对热处理的影响

（1）对钢加热时奥氏体化和过冷奥氏体转变的影响

除钴、镍外,大多数合金元素均使碳的扩散能力降低,尤其是强碳化物形成元素所形成的特殊碳化物,能阻碍碳的扩散。这种碳化物稳定性大,又难以分解,使奥氏体均匀化过程变得困难。因此,大多数合金钢为获得成分均匀的奥氏体,需提高加热温度和延长保温时间。

合金元素（除锰、磷外）均不同程度地阻碍奥氏体晶粒长大,强碳化物形成元素更为显著。它们形成的碳化物在高温下较稳定,且弥散质点分布在奥氏体晶界上,能阻碍奥氏体晶粒长大。因此,合金钢经热处理后的晶粒比相同含碳量的碳钢更细小,其性能较高。

固溶于奥氏体中的合金元素（除钴、铝外）能不同程度地阻碍碳的扩散,使奥氏体稳定性增加,C 曲线右移,提高淬透性。硅、镍、锰等合金元素虽使 C 曲线右移,但形状不变;铬、钨、钼等碳化物形成元素不但使 C 曲线右移,且使 C 曲线分离成两个"鼻尖"。

实践证明,只有合金元素完全溶于奥氏体中,才能提高钢的淬透性;反之,使钢的淬透性降低。另外,多种合金元素同时加入钢中,对提高淬透性的作用比单纯加入某一种合金元素（此元素含量与多种合金元素含量相等）更显著。因此,淬透性好的钢大多采用多元少量的合金化原则。

合金元素对 M_s 和 M_f 也有显著影响。大多数合金元素（除钴、铝外）均使 M_s 和 M_f 降低,其中锰使 M_s、M_f 下降最为显著,从而增加了淬火后钢中残留的奥氏体含量。

（2）对回火转变的影响

① 提高钢的耐回火性（回火稳定性）　耐回火性是指淬火钢在回火时抵抗软化的能力。大多数合金元素（尤其是强碳化物形成元素）对原子扩散起阻碍作用,延缓了马氏体分解。因此,在相同回火温度下,合金钢的硬度和强度比相同含碳量的碳钢高,即合金元素提高了钢的耐回火性。例如,9SiCr 钢和 T10 钢要求硬度相同时,9SiCr 钢要在较高温度下回火,并能提高塑性和韧性。

② 产生二次硬化　含有较多 Mo、Cr、W、V 等碳化物形成元素的合金钢,在 500～600 ℃回火时,将从马氏体中析出特殊合金碳化物。这类碳化物硬度高,颗粒细小,数量多,分散均匀,使钢回火后硬度有所提高,此现象称为二次硬化,如图 4.3 所示。二次硬化实质上是一种弥散强化。另外,某些合金钢在 500～600 ℃回火冷

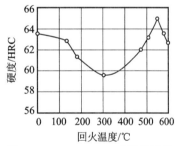

图 4.3　Mo、Cr、W、V 含量较高的高合金钢的硬度与回火温度关系曲线

却过程中,部分残留奥氏体将转变为马氏体或贝氏体,提高了钢的硬度。

4.3　结构钢

4.3.1　碳素结构钢

碳素结构钢冶炼简便,成本低,含碳量低,在热轧空冷状态下以板、带、棒及型钢的形式使用。其塑性高,焊接性好。这类钢的用量约占钢材总量的 70%,一般不进行热处理,对某些零件也可以进行正火、调质、渗碳等处理,以提高使用性能。碳素结构钢牌号和力学性能见表 4.6。

表 4.6　碳素结构钢牌号和力学性能（摘自 GB/T 700—2006）

牌号	统一数字代号	等级	脱氧方法	屈服强度 R_{eL}/MPa 厚度（或直径）/mm ≥						抗拉强度 R_m/MPa	伸长率 $A_{11.3}$/% 厚度（或直径） ≥					冲击试验（V形缺口） 温度/℃	能量（纵向）KV/J ≥
				≤16	>16~40	>40~60	>60~100	>100~150	>150~200		≤40	>40~60	>60~100	>100~150	>150~200		
Q195	U11952	—	F、Z	195	185	—	—	—	—	315~430	33	—	—	—	—	—	—
Q215	U12152	A	F、Z	215	205	195	185	175	165	335~450	31	30	29	27	26	—	—
	U12155	B														+20	27
Q235	U12352	A	F、Z	235	225	215	205	195	185	370~500	26	25	24	22	21	—	—
	U12355	B														+20	27
	U12358	C	Z													0	
	U12359	D	TZ													−20	
Q275	U12752	A	F、Z	275	265	255	245	235	225	410~540	22	21	20	18	17	—	—
	U12755	B	Z													+20	27
	U12758	C	Z													0	
	U12759	D	TZ													−20	

注：① 表中为镇静钢、特殊镇静钢牌号的统一数字代号，沸腾钢牌号的统一数字代号如下：Q195F－U11950；Q215AF－U12150、Q215BF－U12153；Q235AF－U12350、Q235BF－U12353；Q275AF－U12750。

② Q195 的屈服强度值仅供参考，不作交货条件。本类钢通常不进行热处理而直接使用，因此只考虑其力学性能和有害杂质含量，不考虑含碳量。

③ A、B 级钢为普通质量碳素钢；C、D 级钢为优质碳素钢。

　　Q195 和 Q215 具有较高的塑性、韧性和焊接性能,良好的压力加工性能,但强度较低,适用于制造地脚螺栓、犁铧、烟筒、屋面板、铆钉、低碳钢丝、薄板、焊管、拉杆、吊钩、支架、焊接结构等。Q235 具有良好的塑性、韧性、冷冲压性能和焊接性能,以及一定的强度、好的冷弯性能,广泛用于一般要求的零件和焊接结构,如受力不大的拉杆、连杆、销、轴、螺钉、螺母、套圈、支架、机座、建筑结构、桥梁等。Q255 具有较好的强度、塑性和韧性,较好的焊接性能和冷、热压力加工性能适用于制造要求强度不太高的零件,如螺栓、键、摇杆、轴、拉杆和钢结构用各种型钢、钢板等。Q275 具有较高的强度、较好的塑性和切削加工性能及一定的焊接性能。小型零件可以淬火强化。主要用于制造要求强度较高的零件,如齿轮、轴、链轮、键、螺栓、螺母、农机用型钢、输送链和链节等。

4.3.2　低合金高强度结构钢

　　低合金高强度结构钢是在低碳钢的基础上加入少量合金元素而形成的钢。钢中 $w_C <$ 0.2%,常加入的合金元素有硅、锰、钛、铌、钒等,其总含量 $w_{Me} < 3\%$。

　　钢中含碳量低是为了获得良好的塑性、焊接性和冷变形能力。合金元素硅、锰主要溶于铁素体中,起固溶强化的作用。钛、铌、钒等在钢中形成细小碳化物,起细化晶粒和弥散强化的作用,从而提高钢的强韧性。此外,合金元素能降低钢的共析含碳量,与相同含碳量的碳钢相比,低合金高强度结构钢中珠光体较多,且晶粒细小,故也可提高钢的强度。

　　低合金高强度结构钢大多在热轧、正火状态下供应,组织为铁素体加珠光体,使用时一般不再进行热处理。

　　低合金高强度结构钢的强度高、塑性和韧性好,焊接性和冷成形性良好,耐蚀性较好,韧脆转变温度低,成本低,适于冷成形和焊接。在某些情况下,用这类钢代替碳素结构钢,可大大减轻零件或构件的重量。例如,我国载重汽车的大梁采用 Q345(16Mn)钢后,使载重比由 1.05 提高到 1.25;又如,南京长江大桥采用 Q345 钢比用碳钢节约钢材 15% 以上。Q460 钢含有 Mo 和 B,正火后组织为贝氏体,强度高,焊接性、抗震性和抗低温性好,北京国家体育馆鸟巢的钢结构就是用 Q460 钢(最大厚度达 100 mm)"编织"而成。

　　低合金高强度结构钢广泛应用于桥梁、车辆、船舶、锅炉、高压容器、输油管以及低温下工作的构件。最常用的是 Q345 钢。常用低合金高强度结构钢力学性能和用途见表 4.7。

表 4.7　常用低合金高强度结构钢力学性能和用途(摘自 GB/T 1591—2008)

牌号	质量等级	R_m/MPa	R_{eL}/MPa (≥)	A/% (≥)	冲击试验		用途举例
					温度/℃	KV/J (≥)	
Q345	A	470~630	345	20	—	—	大型船舶、铁路车辆、桥梁、管道、锅炉、压力容器、石油储罐、水轮机涡壳、起重及矿山机械、电站设备、厂房钢架等承受动载荷的各种焊接结构。一般金属构件、零件
	B			20	20	34	
	C				0	34	
	D			21	−20	34	
	E				−40	34	

牌 号	质量等级	R_m/MPa	R_{eL}/MPa (≥)	A/% (≥)	冲击试验 温度/℃	冲击试验 KV/J (≥)	用途举例
Q390	A	490~650	390	20	—	—	中、高压锅炉汽包,中、高压石油化工容器,大型船舶、桥梁、车辆及其他承受高载荷的大型焊接结构件。承受动载荷的焊接结构件,如水轮机涡壳
	B				20	34	
	C				0	34	
	D				−20	34	
	E				−40	34	
Q420	A	520~680	420	19	—	—	大型船舶、桥梁、电站设备、起重机械、机车车辆、中压或高压锅炉及容器、大型焊接结构件,如北京国家游泳中心水立方的工程构件
	B				20	34	
	C				0	34	
	D				−20	34	
	E				−40	34	
Q460	C	550~720	460	17	0	34	厂房、一般建筑、高层钢结构建筑及各类工程机械,如矿山和各类工程施工用的钻机、电铲、电动轮翻斗车、矿用汽车、挖掘机、装载机、推土机、各类起重机、煤矿液压支架等机械设备及其他结构件,如北京中央电视台新楼的工程构件
	D				−20		
	E				−40		
Q500	C	610~770	500	17	0	55	
	D				−20	47	
	E				−40	31	
Q550	C	670~830	550	16	0	55	
	D				−20	47	
	E				−40	31	
Q620	C	710~880	620	15	0	55	
	D				−20	47	
	E				−40	31	
Q690	C	770~940	690	14	0	55	
	D				−20	47	
	E				−40	31	

4.3.3 优质碳素结构钢

这类钢中有害杂质元素硫、磷受到严格控制,非金属夹杂物含量较少,塑性和韧性较好,主要制作较重要的机械零件。此类钢按使用加工方法分为压力加工用钢(UP)和切削加工用钢(UC)。压力加工用钢包括热压力加工用钢(UHP)、顶锻用钢(UF)和冷拔坯料用钢(UCD)。常用优质碳素结构钢力学性能见表4.8。

表 4.8　优质碳素结构钢的力学性能(摘自 GB/T 699—2015)

牌号	统一数字代号	正火温度/℃	淬火温度/℃	回火温度/℃	力学性能(≥)					交货硬度/HBW(≤)	
					R_m/MPa	R_{eL}/MPa	A/%	Z/%	K/J	未热处理钢	退火钢
08	U20082	930	—	—	325	195	33	60	—	131	—
10	U20102	930	—	—	335	205	31	55		137	—
15	U20152	920	—	—	375	225	27	55		143	—
20	U20202	910	—	—	410	245	25	55		156	—
25	U20252	900	870	600	450	275	23	50	71	170	—
30	U20302	880	860	600	490	295	21	50	63	179	—
35	U20352	870	850	600	530	315	20	45	55	197	—
40	U20402	860	840	600	570	335	19	45	47	217	187
45	U20452	850	840	600	600	355	16	40	39	229	197
50	U20502	830	830	600	630	375	14	40	31	241	207
55	U20552	820	—	—	645	380	13	35	—	255	217
60	U20602	810	—	—	675	400	12	35	—	255	229
65	U20652	810	—	—	695	410	10	30	—	255	229
70	U20702	790	—	—	715	420	9	30	—	269	229
75	U20702	—	820	480	1080	880	7	30	—	285	241
80	U20802	—	820	480	1080	930	6	30	—	285	241
85	U20852	—	820	480	1130	980	6	30	—	302	255
15Mn	U21152	920	—	—	410	245	26	55		163	—
20Mn	U21202	910	—	—	450	275	24	50		197	—
25Mn	U21252	900	870	600	490	295	22	50	71	207	—
30Mn	U21302	880	860	600	540	315	20	45	63	217	187
35Mn	U21352	870	850	600	560	335	18	45	55	229	197
40Mn	U21402	860	840	600	590	355	17	45	47	229	207
45Mn	U21452	850	840	600	620	375	15	40	39	241	217
50Mn	U21502	830	830	600	645	390	13	40	31	255	217
60Mn	U21602	810	—	—	690	410	11	35	—	269	229
65Mn	U21652	830	—	—	735	430	9	30	—	285	229
70Mn	U21702	790	—	—	785	450	8	30	—	285	229

　　08 钢含碳量低,强度低,塑性好,一般为轧制薄板或钢带,适用于冲压件,如外壳、容器、罩子等。10 钢至 25 钢冷塑性变形能力和焊接性好,常用于制作受力不大、韧性要求高的冲压件和焊接件,如螺钉、螺母、杠杆、轴套和焊接容器等。这类钢经热处理(如渗碳、淬火)后,钢材表面具有高硬度,心部有一定的强度和韧性,常用于制作承受冲击载荷的零件,如齿轮、凸轮、销、摩擦片等。30 钢～55 钢、40Mn 钢、50Mn 钢经调质处理后,可获得良好的综合力学性能,主要用于制作齿轮、连杆、轴类、套筒等零件,其中 40 钢、45 钢应用广泛。60 钢～85 钢、60Mn 钢、65Mn 钢、70Mn 钢经热处理后,可获得较高的弹性极限、足够多的韧性和一定的强度,常用于制作弹性零件和易磨损的零件,如弹簧、弹簧垫圈、轧辊、犁镜等。

4.3.4　渗碳钢

1. 工作条件和性能要求

某些机械零件的齿轮、内燃机凸轮、活塞销等在工作时经常既承受强烈的摩擦磨损和交变应力的作用,又承受着较强烈的冲击载荷的作用,一般的低碳钢即使经渗碳处理也难以满足这样的工作条件.为此在低碳钢的基础上添加一些合金元素形成的合金渗碳钢,经渗碳和热处理后表面具有较高的硬度和耐磨性,心部则具有良好的塑性和韧性,同时达到了外硬内韧的效果,保证了比较重要的机械零件在复杂工作条件下的正常运行。

2. 化学成分

① C 含量 0.10%～0.25%,可保证心部有良好的塑性和韧性。

② 加入合金元素 Ni、Cr、Mn、B 等,作用是提高淬透性,强化铁素体,改善表面和心部的组织与性能。镍在提高心部强度的同时还能提高韧性和淬透性。

③ 加入微量的 Mo、W、V、Ti 等合金元素,能够形成稳定的合金碳化物,防止渗碳时晶粒长大,提高渗碳层的硬度和耐磨性。

3. 热处理特点

预先热处理一般采用正火工艺,渗碳后热处理一般是淬火加低温回火,或是渗碳后直接淬火。渗碳后工件表面碳的质量分数可达到 0.80%～1.05%,热处理后表面渗碳层的组织是回火马氏体＋合金碳化物＋残余奥氏体,硬度可达到 60～62 HRC。心部组织与钢的淬透性和零件的截面尺寸有关,全部淬透时为低碳回火马氏体＋铁素体,硬度为 40～48 HRC。未淬透时为索氏体＋铁素体,硬度为 25～40 HRC。

4. 常用渗碳钢

按淬透性的高低不同,合金渗碳钢可分为低、中、高淬透性钢三类。

(1) 低淬透性合金渗碳钢

常用的有 15Cr、20Cr、20Mn2、20MnV 等,这类钢碳和合金元素总的质量分数($w_{Me} < 2\%$)较低,淬透性较差,水淬临界直径约为 20～35 mm,心部强度偏低。通常用来制造截面尺寸较小、受冲击载荷较小的耐磨件,如活塞销、小齿轮、滑块等。这类钢渗碳时心部晶粒粗化倾向大,尤其是锰钢,因此当它们的性能要求较高时,常常采用渗碳后再在较低的温度下加热淬火。

(2) 中淬透性合金渗碳钢

常用的有 20CrMnTi、20CrMn、20CrMnMo、20MnVB 等。这类钢合金元素的质量分数($w_{Me} \leqslant 4\%$)较高,淬透性较好,油淬临界直径约为 25～60 mm,渗碳淬火后有较高的心部强度。可用来制作承受中等动载荷的耐磨件,如汽车变速齿轮、花键轴套、齿轮轴、联轴节等。这类钢含碳化物形成元素 Ti、V、Cr 等,渗碳时晶粒长大倾向较小,可采用渗碳后直接淬火工艺,提高了生产效率,并且节约了能源。

(3) 高淬透性合金渗碳钢

常用的有 18Cr2Ni4W、20Cr2Ni4 等。这类钢的合金元素的质量分数更高($w_{Me} \leqslant 7.5\%$),在铬、镍等多种合金元素共同作用下,淬透性很高,油淬临界直径大于 100 mm,淬火和低温回火后心部有很高的强度。这类钢主要用来制作承受重载和强烈磨损的零件,如内燃机车的牵引齿轮、柴油机的曲轴和连杆等。

常用渗碳钢的牌号、热处理、力学性能及用途,详见表 4.9。

表 4.9　常用渗碳钢的牌号、热处理、力学性能及用途（摘自 GB/T 699—2015 和 GB/T 3077—2015）

种类	牌号（统一数字代号）	热处理温度/℃			力学性能（≥）					退火硬度/HBW（≤）	用途举例
		一次淬火	二次淬火	回火	R_m/MPa	R_{eL}/MPa	A/%	Z/%	KV/J		
碳钢	15（U20152）	920空	—	—	375	255	27	55	—	—	导柱、活塞销等形状简单的小型渗碳件
	20（U20202）	900空	—	—	410	245	25	55	—	—	
低淬透性	20Mn2（A00202）	850水、油		200水、空	785	590	10	40	47	187	代替20Cr,小齿轮、小轴、活塞销、缸套等
	15Cr（A20152）	880水、油	780~820水、油	200水、空	735	490	11	45	55	179	活塞销、凸轮、机车小零件及心部韧性高的渗碳零件等
	20Cr（A20202）	880水、油	780~820水、油	200水、空	835	540	10	40	47	179	机床齿轮、齿轮轴、活塞销、凸轮、蜗杆等
	20MnV（A01202）	880水、油	—	200水、空	735	590	10	40	55	187	代替20Cr,也用作锅炉、高压容器、管道等
中淬透性	20CrMnTi（A26202）	880油	870油	200水、空	1 080	853	10	45	55	217	齿轮、齿轮轴、凸轮等,工艺性优良
	20MnVB（A73202）	860油	—	200水、空	1 080	885	10	45	55	207	代替20CrMnTi、20CrNi 等
	20MnTiB（A74202）	860油	—	200水、空	1 130	930	10	45	55	187	代替20CrMnTi
	20CrMnMo（A34202）	850油	—	200水、空	1 175	885	10	45	55	217	代替含镍较高的渗碳钢,大型齿轮、活塞销等
	12CrNi3（A42122）	860油	780油	200水、空	930	685	11	50	71	217	齿轮、凸轮州、油泵转子等截面稍大的渗碳零件
高淬透性	12Cr2Ni4（A43122）	860油	780油	200水、空	1 080	835	10	50	71	269	截面较大重要渗碳件,齿轮、蜗轮、蜗杆、方向接头叉等
	20Cr2Ni4（A43202）	860油	780油	200水、空	1 175	1 080	10	45	63	269	大型渗碳齿轮、轴、方向叉、蜗杆、飞机发动机齿轮等
	18Cr2Ni4W（A52182）	950空	850空	200水、空	1 175	835	10	45	78	269	大齿轮、传动轴、花键轴、曲轴等大截面重要渗碳钢

4.3.5 调质钢

1. 工作条件和性能要求

机械上的重要零件如汽车底盘半轴、高强度螺栓、连杆等大多工作在受力复杂、负荷较重的条件下,要求具有较高水平的综合力学性能,即要求较高的强度与良好的塑性与韧性相配合。但是不同的零件受力状况不同,其对性能要求的侧重也有所不同。整个截面受力都比较均匀的零件如只受单向拉、压、剪切的连杆,要求截面处处强度与韧性都要有良好的配合。截面受力不均匀的零件如表层受拉应力较大心部受拉应力较小的螺栓,则表层强度比心部就要要求高一些。

2. 化学成分

调质钢一般是中碳钢,钢中碳的质量分数在 0.30% 和 0.50% 之间,碳含量过低,强度、硬度得不到保证;碳含量过高,塑性、韧性不够,而且使用时也会发生脆断现象。合金调质钢的主加元素是铬、镍、硅、锰,它们的主要作用是提高淬透性,并能够溶入铁素体中使之强化,还能使韧性保持在较理想的水平。钒、钛、钼、钨等能细化晶粒,提高钢的回火稳定性。钼、钨还可以减轻和防止钢的第二类回火脆性,微量硼对 C 曲线有较大的影响,能明显提高淬透性。铝则可以加速钢的氮化过程。

3. 热处理特点

预先热处理采用退火或正火工艺,目的是改善锻造组织,细化晶粒,为最终热处理做组织上的准备。最终热处理是淬火+高温回火,淬火加热温度在 850 ℃ 左右,回火温度在 500~650 ℃ 之间。合金调质钢的淬透性较高,一般都在油中淬火,合金元素质量分数较高的钢甚至在空气中冷却也可以得到马氏体组织。为了避开第二类回火脆性发生区域,回火后通常进行快速冷却。

热处理组织是回火索氏体,某些零件除了要求良好的综合力学性能外,表面对耐磨性还有较高的要求,这样在调质处理后还可以进行表面淬火或氮化处理。

根据零件的实际要求,调质钢也可以在中、低温回火状态下使用,这时得到的组织是回火托氏体或回火马氏体。它们的强度高于调质状态下的回火索氏体,但冲击韧性值较低。

4. 常用调质钢

(1)低淬透性合金调质钢

多为锰钢、硅锰钢、铬钢、硼钢,如有 40Cr、40MnB、40MnVB 等。这类钢合金元素总的质量分数(ω_{Me}<2.5%)较低,淬透性不高,油淬临界直径约为 20~40 mm,常用来制作中等截面的零件如柴油机曲轴、连杆、螺栓等。

(2)中淬透性合金调质钢

多为铬锰钢、铬钼钢、镍铬钢,如 35CrMo、38CrMoAl、38CrSi、40CrNi 等。这类钢合金元素的质量分数较高,油淬临界直径大于 40~60 mm,常用来制作大截面、重负荷的重要零件如内燃机曲轴、变速箱主动轴等。

(3)高淬透性合金调质钢

多为铬镍钼钢、铬锰钼钢、铬镍钨钢,如 40CrNiMoA、40CrMnMo、25Crg Ni4WA 等。这类钢合金元素的质量分数最高,淬透性也很高,油淬临界直径大于 60~100 mm。铬和镍的适当配合,使此类钢的力学性能更加优异。主要用来制造截面尺寸更大、承受更重载荷的重要零件如汽轮机主轴、叶轮、航空发动机轴等。

常用调质钢的牌号、热处理、性能及用途,详见表 4.10。

表 4.10　常用调质钢的牌号、热处理、性能及用途(摘自 GB/T 699—2015 和 GB/T 3077—2015)

种类	牌号 (统一数字代号)	热处理		力学性能(≥)					退火硬度/ HBW (≤)	用途举例
		淬火 温度/℃	回火 温度/℃	R_m/ MPa	R_{eL}/ MPa	A/ %	Z/ %	KV/ J		
碳钢	45 (U20452)	840 水	600 水	600	335	16	40	39	197	形状简单、尺寸较小、中等韧性零件,如机床主轴、曲轴、齿轮等
	50 (A20502)	830 水	600 水	630	375	14	40	31	207	
低淬透性	40Cr (A20402)	850 油	520 水、油	980	785	9	45	47	207	应用广泛,如制作轴、曲轴、曲柄、汽车转向节、连杆、齿轮等
	45Mn2 (A00452)	840 油	550 水、油	885	735	10	45	47	217	截面 50 mm 以下代替 40Cr
	40MnB (A71402)	850 油	500 水、油	980	785	10	45	47	207	代替 40Cr
	40MnVB (A73402)	850 油	550 水、油	980	785	10	45	47	207	优于 40Cr,部分代替 40CrNi、42CrMo
	35SiMn (A10352)	900 水	570	885	735	10	45	47	229	代替 40Cr,但低温韧性稍差
中淬透性	40CrNi (A40402)	820 油	520 水、油	980	785	10	45	47	241	汽车、拖拉机、机床、柴油机等的齿轮、曲轴、连杆等
	40CrMn (A22402)	840 油	550 水、油	980	835	9	45	47	229	代替 40CrNi、42CrMo 作高速但冲击载荷不大的零件
	35CrMo (A30352)	850 油	550 水、油	980	835	12	45	63	229	代替 40CrNi 作大截面零件
	30CrMnSi (A24302)	880 油	520 水、油	1 080	885	10	45	39	229	高速载荷砂轮轴、齿轮、联轴器、离合器等高速重载零件
	38CrMoAl (A33382)	9400 水、油	640 水、油	980	835	14	50	71	229	高级氮化钢,制造精密磨床主轴、镗床镗杆、蜗杆、高压阀门等

种类	牌号（统一数字代号）	热处理		力学性能(≥)					退火硬度/HBW (≤)	用途举例
		淬火温度/℃	回火温度/℃	R_m/MPa	R_{eL}/MPa	A/%	Z/%	KV/J		
高淬透性	37CrNi3 (A42372)	820 油	500 水、油	1 130	980	10	50	47	269	活塞销、凸轮、轴、齿轮等高强度、韧性的重要零件
	40CrNiMo (A50402)	850 油	600 水、油	980	835	12	55	78	269	锻压机曲轴、锻造机偏心轴等大截面、受冲击载荷的高强度零件
	25Cr2Ni4W (A52252)	850 油	550 水	1 080	930	11	45	71	269	断面 200 mm 以下完全淬透的重要调质零件，也可作高级渗碳钢
	40CrMnMo (A34402)	850 油	600 水、油	980	785	10	45	63	217	部分代替 40CrNiMoA

4.3.6 弹簧钢

1. 工作条件和性能要求

弹簧是广泛应用于交通、机械、国防、仪表等行业及日常生活中的重要零件，主要工作在冲击、振动、扭转、弯曲等交变应力下，利用其较高的弹性变形能力来储存能量，以驱动某些装置或减缓震动和冲击作用。因此，弹簧必须有较高的弹性极限和强度，防止工作时产生塑性变形；弹簧还应有较高的疲劳强度和屈强比，避免疲劳破坏；弹簧还应具有较高的塑性和韧性，保证在承受冲击载荷条件下正常工作；弹簧还应具有较好的耐热性和耐腐蚀性，以便适应高温及腐蚀的工作环境；为了进一步提高弹簧的力学性能，它还应该具有较高的淬透性和较低的脱碳敏感性。

2. 化学成分

弹簧钢的碳质量分数在 0.40%～0.70% 之间，以保证其有较高弹性极限和疲劳强度。碳含量过低，强度不够，易产生塑性变形；碳含量过高，塑性和韧性会降低，耐冲击载荷能力下降。碳素钢制成的弹簧件力学性能较差，只能做一些工作在不太重要场合的小弹簧。

合金弹簧钢中的主加合金元素是硅和锰，主要是为了提高淬透性和屈强比，硅的作用比较明显，但是硅会使弹簧钢热处理表面脱碳倾向增大，锰则会使钢易于过热。铬、钒、钨的加入为的是在减少弹簧钢脱碳、过热倾向的同时，进一步提高其淬透性和强度，这些元素可以提高过冷奥氏体的稳定性，使大截面弹簧得以在油中淬火，降低其变形、开裂的几率。此外，钒还可以细化晶粒，钨、钼能防止第二类回火脆性，硼则有利于淬透性的进一步提高。

3. 热处理特点

根据弹簧的尺寸和加工方法不同，可分为热成形弹簧和冷成形弹簧两大类，它们的热处理工艺也不相同。

（1）热成形弹簧的热处理

直径或板厚大于 10～15 mm 的大型弹簧件，多用热轧钢丝或钢板制成。先把弹簧加热到高于正常淬火温度 50~80 ℃的条件下热卷成形,然后进行淬火+中温回火,获得具有良好弹性极限和疲劳强度的回火托氏体,硬度为 40~48 HRC。弹簧钢淬火加热应选用少、无氧化的设备如盐浴炉、保护气氛炉等,防止氧化脱碳。弹簧热处理后一般还要进行喷丸处理,目的是强化表面,使表面产生残余压应力,提高疲劳强度,延长使用寿命。

（2）冷成形弹簧的热处理

直径小于 8 mm 的小尺寸弹簧件,常用冷拔钢丝冷卷成形。根据拉拔工艺不同,冷成形弹簧可以只进行去应力处理或进行常规的弹簧热处理。冷拉钢丝制造工艺及后续热处理方法有以下三种:

① 铅浴处理冷拉钢丝　先将钢丝连续拉拔三次,使总变形量达到 50% 左右,然后加热到 Ac_3 以上温度使其奥氏体化,随后在 450~550 ℃的铅浴中等温,使奥氏体全部转化为索氏体组织,再多次冷拔至所需尺寸。这类弹簧钢丝的屈服强度可达 1 600 MPa 以上,而且在冷卷成形后不必再进行淬火处理,只要在 200~300 ℃退火消除应力即可。

② 油淬回火钢丝　先将钢丝冷拉到规定尺寸,再进行油淬回火。这类钢丝强度虽不如铅浴处理的冷拉钢丝,但是其性能均匀一致。在冷卷成形后,只要进行去应力回火处理,不再经过淬火回火处理了。

③ 退火状态钢丝　将钢丝冷拉到所需尺寸,再进行退火处理。软化后的钢丝冷卷成形后,需经过淬火+中温回火,以获得所需的力学性能。

4. 常用弹簧钢

合金弹簧钢根据合金元素不同主要有两大类:

① 硅、锰为主要合金元素的弹簧钢有 65Mn、60Si2Mn 等,常用来制作大截面的弹簧。

② 铬、钒、钨、钼等为主要合金元素的弹簧钢有 50CrVA、60Si2CrVA 等,碳化物形成元素铬、钒、钨、钼的加入,能细化晶粒,提高淬透性,提高塑性和韧性,降低过热敏感性,常用来制作在较高温度下使用的承受重载荷的弹簧。表 4.11 列举了常用弹簧钢的牌号、热处理、性能及用途。

表 4.11　常用弹簧钢的牌号、热处理、性能及用途（摘自 GB/T 1222—2016）

牌　号	统一数字代号	热处理		力学性能（≥）					用途举例
		淬火温度/℃	回火温度/℃	R_m/MPa	R_{eL}/MPa	断后伸长率		Z/%	
						A/%	$A_{11.3}$/%		
65	U20652	840（油）	500	980	785	—	9.0	35	多用于工作温度不高的小型弹簧或不太重要的较大尺寸弹簧及一般机械用的弹簧
70	U20702	830（油）	480	1 030	835	—	8.0	30	
80	U20802	820（油）	480	1 080	935	—	6.0	30	
85	U20852	820（油）	480	1 130	980	—	6.0	30	
65Mn	U21653	830（油）	540	980	785	—	8.0	30	各种小截面扁簧、弹簧发条、离合器弹簧片等
70Mn	U21702	—	—	785	450	8.0	—	30	
28SiMnB	A76282	900（水、油）	320	1 275	1 180	—	5.0	25	汽车钢板弹簧

牌　号	统一数字代号	热处理		力学性能(≥)					用途举例
		淬火温度/℃	回火温度/℃	R_m/MPa	R_{eL}/MPa	断后伸长率		Z/%	
						A/%	$A_{11.3}$/%		
40SiMnVBE	A77406	880(油)	320	1 800	1 680	9.0	—	40	重型,中、小型汽车的板簧,中型断面的板簧和螺旋弹簧
55SiMnVB	A77552	860(油)	460	1 375	1 225	—	5.0	30	
38Si2	A11383	880(水)	450	1 300	1 150	8.0	—	35	轨道扣件用弹条
60Si2Mn	A11603	870(油)	440	1 570	1 375	—	5.0	20	应用广泛,各种弹簧
55CrMn	A22553	840(油)	485	1 225	1 080	9.0	—	20	汽车稳定杆、较大规格的板簧、螺旋弹簧
60CrMn	A22603	840(油)	490	1 225	1 080	9.0	—	20	
60CrMnB	A22609	840(油)	490	1 225	1 080	9.0	—	20	厚钢板弹簧、汽车导向臂
60CrMnMo	A34603	860(油)	450	1 450	1 300	9.0	—	30	超大型弹簧
55SiCr	A21553	860(油)	450	1 450	1 300	6.0	—	25	汽车悬挂用螺旋弹簧、气门弹簧
60Si2Cr	A21603	870(油)	420	1 765	1 570	6.0	—	20	载荷大的重要弹簧
56Si2MnCr	A24563	860(油)	450	1 500	1 350	6.0	—	25	悬架弹簧、大型板簧
52SiCrMnNi	A45523	860(油)	450	1 450	1 300	6.0	—	35	载重卡车用稳定杆
55SiCrV	A28553	860(油)	400	1 650	1 600	5.0	—	35	汽车悬挂用螺旋弹簧
60Si2CrV	A28603	850(油)	410	1 860	1 665	6.0	—	20	高强度级别变截面弹簧
60Si2MnCrV	A28600	860(油)	400	1 700	1 650	5.0	—	30	大载荷汽车板簧
50CrV	A23503	850(油)	500	1 275	1 130	10.0	—	40	工作应力高、疲劳性能严的螺旋弹簧、汽车板簧、安全阀弹簧
51CrMnV	A25513	850(油)	450	1 350	1 200	6.0	—	30	
52CrMnMoV	A36523	860(油)	450	1 450	1 300	6.0	—	35	汽车板簧、导向臂
30W4Cr2V	A27303	1 075(油)	600	1 470	1 325	7.0	—	40	用作耐热弹簧,如锅炉安全阀弹簧、汽轮机主蒸汽阀弹簧

4.3.7　滚动轴承钢

用来制作各种滚动轴承零件如轴承内外套圈,滚动体(滚珠、滚柱、滚针等)的专用钢称为滚动轴承钢。

1. 工作条件和性能要求

滚动轴承在工作时,滚动体与套圈处于点或线接触方式,接触应力在 1 500～5 000 MPa以上。而且是周期性交变承载,每分钟的循环受力次数达上万次,经常会发生疲劳破坏使局部产生小块的剥落。除滚动摩擦外,滚动体和套圈还存在滑动摩擦,所以轴承的磨损失效也是十分常见的。因此,滚动轴承必须具有较高的淬透性、高且均匀的硬度和耐磨性、良好的韧性、弹性极限和接触疲劳强度,在大气及润滑介质下有良好的耐蚀性和尺寸稳定性。

2. 化学成分

通常所说的轴承钢是指高碳铬钢,含碳量为 0.95%～1.10%,以保证其获得高强度、高硬度和高耐磨性。

铬是滚动轴承钢的基本合金元素,其质量分数为 0.4%～1.5%。铬的主要作用是提高淬透性和回火稳定性。铬能与碳作用形成细小弥散分布的合金渗碳体 $(Fe,Cr)_3C$,可以使奥氏体晶粒细化,减轻钢的过热敏感性,提高耐磨性,并能使钢在淬火时得到细针状或隐晶马氏体,使钢在保持高强度的基础上增加韧性。但铬的含量不易过高,否则淬火后残余奥氏体的量会增加,碳化物呈不均匀分布,导致钢的硬度、疲劳强度和尺寸稳定性等降低。对大型轴承(如钢珠直径超过 30～50 mm 的滚动轴承)而言,还可以加入硅、锰、钒,进一步提高淬火强度、耐磨性和回火稳定性。

滚动轴承钢的接触疲劳强度等对杂质和非金属夹杂物的含量和分布比较敏感,因此,必须将硫、磷的质量分数分别控制在 0.02%S 和 0.02%P 之内,氧化物、硫化物、硅酸盐等非金属夹杂物含量和分布控制在规定的级别之内。

3. 热处理特点

滚动轴承的预先热处理采用球化退火,目的是得到细粒状珠光体组织,降低锻造后钢的硬度,使其不高于 210 HBW,提高切削加工性能,并为零件的最终热处理作组织上的准备。

滚动轴承钢的最终热处理一般是淬火+低温回火,淬火加热温度严格控制在 820～840 ℃ 之间,在 150～160 ℃ 之间回火。组织应为回火马氏体+细小粒状碳化物+少量残余奥氏体,硬度为 61～65 HRC。对尺寸性稳定要求很高的精密轴承,可在淬火后于 -60～-80 ℃ 范围内进行冷处理,消除应力和减少残余奥氏体的量,然后再进行回火和磨削加工。为了进一步稳定尺寸,最后采用低温时效处理,120～130 ℃ 保温 5～10 h。

4. 常用滚动轴承钢

(1) 高碳铬轴承钢

典型代表是 GCr15,使用量占轴承钢的绝大部分。由于淬透性不是很高,因此多用于制造中小型轴承。在铬轴承钢中加入 Mn、Si 可提高淬透性,如 GCr15SiMn 钢等,主要用于制造大型轴承;为了节约 Cr,可以加入 Mo、V,得到不含铬的轴承钢,如 GSiMnMoV、GSiMnMoVRE 钢等,其性能和用途与 GCr15 相近。高碳铬轴承钢也可用于制造精密量具、冷冲模、机床丝杠等耐磨件。

(2) 渗碳轴承钢

为了进一步提高耐磨性和耐冲击载荷,可采用渗碳轴承钢。其可用于制造轴承钢的渗碳钢,如 20Mn、20NiMo、12Cr2Ni4A、20Cr2Ni4A、20Cr2Mn2MoA 等,并发展了一些新钢种,如 G10CrNi3Mo、G20CrMo、G20Cr2Mn2Mo、G20CrNiMo、G20CrNi2Mo 及 G20Cr2Ni4 等。用渗碳轴承钢制造轴承,加工工艺性能好,可以采用冷冲压技术,提高材料的利用率,再经渗碳、淬火及回火处理后,在零件的表面形成有利的残余压应力,提高轴承的使用寿命。

(3) 高碳铬不锈轴承钢和高温轴承钢

对于在酸、碱、盐等腐蚀介质中使用的轴承,要求具有良好的化学稳定性,常可采用高碳高铬不锈钢制造,如 9Cr18 等。

  燃汽轮机、航空及航天工业用轴承的工作温度超过 300 ℃,因此对所用轴承的材料要求要有足够的高温硬度、高温强度、耐磨性、抗氧化性及一定的耐腐蚀性、良好的尺寸稳定性和高温下的寿命。

  常用的高温轴承钢有 Cr4Mo4V、Cr14Mo4、Cr15Mo4、GCr18Mo、W6Mo5Cr4V2 等。

  常用滚动轴承钢的牌号、热处理、性能及用途见表 4.12。

表 4.12 高碳铬轴承钢的牌号、热处理、性能及用途(摘自 GB/T 18254—2016)

牌　号	统一数字代号	热处理		回火后硬度/HBW	用途举例
		淬火温度/℃	回火温度/℃		
G8Cr15	B00151	830～850 水、油	160～180	179～207	轴承套圈、滚子,可代替 GCr15
GCr15	B00150	820～846 水、油	150～160	179～207	壁厚<12 mm、外径<250 mm 的套圈;直径 20～50 mm 的钢球;直径<22 mm 的滚子
GCr15SiMn	B01150	820～846 水、油	150～170	179～217	淬透性高,大型或特大型轴承的套圈和滚动体
GCr15SiMo	B03150	850～860 水、油	175～185	179～217	
GCr18Mo	B02180	850～865 水、油	160～220	179～207	轴承套圈和滚动体

4.3.8 超高强度钢

  超高强度钢一般是指室温抗拉强度超过 1 400 MPa、屈服强度大于 1 200 MPa 的高强度结构钢。

  超高强度钢除了要求其具有较高的抗拉强度外,还要求具有一定的塑性和韧性、尽可能小的缺口敏感性、高的疲劳强度、一定的抗蚀性和良好的工艺性能等。

1. 低合金超高强度钢

  低合金超高强度钢是由调质结构钢发展起来的,含碳量一般在 0.3%～0.5%之间,合金元素总含量小于 5%。其作用是保证钢的淬透性,提高马氏体的抗回火稳定性和抑制奥氏体晶粒长大,细化钢的显微组织。常用的合金元素有:镍、铬、硅、锰、钼、钒等。供货状态为淬火＋低温回火,显微组织为回火板条马氏体,具有较高的强度和韧性。如采用等温淬火工艺,可获得下贝氏体组织或下贝氏体与马氏体的混合组织,也可改善韧性。这类钢的合金元素含量低,成本低,生产工艺简单,广泛用于制造飞机大梁、起落架构件、发动机轴、高强度螺栓、固体火箭发动机壳体和化工高压容器等。此类钢常用牌号有 40CrNiMoA、30CrMnSiNi2A、35Cr2Mn2MoVA、45CrNiMoVA 、40CrNi2Si2MoVA(美 300M)等。常用低合金超高强度钢牌号、力学性能见表 4.13。

表 4.13　常用低合金超高强度钢的力学性能

牌　号	热处理工艺	力学性能（≥）				
		R_m/MPa	R_{eL}/MPa	A/%	Z/%	KV/J
30CrMnSiNi2	900 ℃油淬＋250 ℃回火	1 600	—	9	40	60
35Si2Mn2MoVA	920 ℃油淬＋250 ℃回火	1 700	—	9	40	50
4 130	860 ℃油淬＋205 ℃回火	1 550	1 340	11	38	—
4140	845 ℃油淬＋205 ℃回火	1 965	1 740	11	42	15
4 340	845 ℃油淬＋205 ℃回火	1 980	1 860	11	39	20
300M	860 ℃油淬＋260 ℃回火	2 050	1 670	8	32	24
D6AC	880 ℃油淬＋315 ℃回火	2 000	1 760	8	27	—
6 150	860 ℃油淬＋205 ℃回火	2 050	1 810	1	5	—
8640	830 ℃油淬＋205 ℃回火	1 810	1 670	8	26	11

2. 二次硬化型超高强度钢

这类钢是热作模具钢的改型钢,含碳量约 0.4%,合金元素总含量约 8%,具有较高的淬透性。一般零件经高温奥氏体化后,空冷即可获得马氏体组织,在 500～550 ℃回火时,由于碳化物沉淀产生二次硬化效应,而达到较高的强度。这类钢的特点是回火稳定性高,在 500 ℃左右条件下使用仍有较高的强度,一般用于制造飞机发动机零件。典型钢种有 4Cr5MoSiV(H11)钢、4Cr5MoV1Si(H13)钢和 16Ni10Co14Cr2Mo 钢。

3. 马氏体时效型超高强度钢

这类钢的含碳量小于 0.03%,镍约为 18%,钴为 8%。根据钼和钛含量不同,钢的屈服强度分别可达到 140、175 和 210 kgf/mm² 。当从 820～840 ℃固溶处理冷却到室温时,转变成微碳 Fe－Ni 马氏体组织,其韧性较 Fe－C 马氏体为高;通过 450～480 ℃时效,析出部分共格金属间化合物相(Ni₃Ti、Ni₃Mo),达到较高的强度。镍可使钢在高温下得到单相奥氏体,并在冷却到室温时转变为单相马氏体,从而具有较高的塑性;同时镍也是时效强化元素。钴能使钢的马氏体开始转变温度升高,避免形成大量残留奥氏体。这类钢的特点是强度高,韧性高,屈强比高,焊接性和成形性良好;加工硬化系数小,热处理工艺简单,尺寸稳定性好,常用于制造航空器、航天器构件和冷挤、冷冲模具等。典型钢种有 18Ni 马氏体时效钢。

4. 沉淀硬化超高强度不锈钢

PH 不锈钢,是在不锈钢的基础上发展起来的具有抗腐蚀性能的超高强度钢,合金元素总含量约为 22%～25%。分别为以 Cr13 型马氏体不锈钢发展而来的马氏体沉淀硬化不锈钢 05Cr17Ni4Cu4Nb (17－4PH 美国)和以 Cr18Ni9 钢为基础发展而来的奥氏体-马氏体沉淀硬化不锈钢 07Cr17Ni7Al(17－7PH 美国)。此类钢在形成马氏体基础上,经时效处理产生沉淀强化,从而得到超高强度,既具有 Cr18Ni9 钢优良的焊接性能,又具有马氏体钢的高强度。这类钢主要用于制造高应力耐腐蚀的化工设备零件、航空器结构件和高压容器等。

4.4　工具钢

用于制造刃具、模具、量具等工具的钢称为工具钢。本节主要讨论工具钢的工作条件、性能要求、成分特点及热处理特点等。

4.4.1 刃具钢

1. 工作条件及性能要求

刃具钢主要指制造车刀、铣刀、钻头等切削刀具的钢种。刀具的任务就是将钢材或坯料通过切割,加工成为工件。在切削时,刀具受到工件的压应力和弯曲应力,刃部与切屑之间发生相对摩擦,产生热量,使温度升高;切削速度愈大,温度愈高,有时可达 500～600 ℃;一般冲击作用较小。根据刀具工作条件,对刃具钢提出如下性能要求:

① 高硬度 只有刀具的硬度高于被切削材料的硬度时,才能顺利地进行切削。切削金属材料所用刀具的硬度,一般都在 60 HRC 以上。刃具钢的硬度主要取决于马氏体中的含碳量,因此,刃具钢的碳含量都较高,一般为 0.6%～1.5%。

② 高耐磨性 耐磨性实际上是反映一种抵抗磨损的能力,当磨损量超越所规定的尺寸公差范围时,刃部就丧失了切削能力,刀具不能继续使用。因此,耐磨性亦可被理解为抵抗尺寸公差损耗的能力;耐磨性的高低,直接影响着刀具的使用寿命,硬度愈高、其耐磨性愈好。在硬度基本相同情况下,碳化物的硬度、数量、颗粒大小、分布情况对耐磨性有很大影响。实践证明,一定数量的硬而细小的碳化物均匀分布在强而韧的金属基体中,可获得较为良好的耐磨性。

③ 高热硬性 所谓热硬性是指刃部受热升温时,刃具钢仍能维持高硬度(大于 60 HRC)的能力,热硬性的高低与回火稳定性和碳化物的弥散程度等因素有关。在刃具钢中加入 W、V、Nb 等,将显著提高钢的热硬性,如高速钢的热硬性可达 600 ℃左右。

此外,刃具钢还要求具有一定的强度、韧性和塑性,以免刃部在冲击、震动载荷作用下,突然发生折断或剥落。

2. 非合金工具钢

非合金工具钢的 $w_C=0.65\%～1.35\%$,一般需热处理后使用。这类钢经热处理后具有较高的硬度和耐磨性,主要用于制作低速切削刀具,及对热处理变形要求低的一般模具、低精度量具等。非合金工具钢见表 4.14。

表 4.14 非合金工具钢牌号、性能及用途(摘自 GB/T 1299—2014)

牌 号 (统一数字代号)	退火状态硬度/ HBW(≤)	淬火温度/ ℃	硬度/HRC (≥)	用途举例
T7(T00070)	187	800～820(水冷)	62	承受震动、冲击负荷,硬度适中有较好韧性的工具,如錾子、冲头、大锤等
T8(T00080)	187	780～800(水冷)	62	
T8Mn(T01080)	187	780～800(水冷)	62	性能与用途与 T8 相似,锰提高淬透性,制作截面较大的工具
T9(T00090)	192	760～780(水冷)	62	硬度高、韧性中等工具,如冲头、冲模、錾岩石用錾子
T10(T00100)	197	760～780(水冷)	62	耐磨性较高、不受剧烈运动、韧性中等、锋利刃口的工具,如刨刀、车刀、钻头、丝锥、拉丝模、冷冲模等
T11(T00110)	207	760～780(水冷)	62	
T12(T00120)	207	760～780(水冷)	62	不受冲击、高硬度的工具,如丝锥、锉刀、刮刀、铰刀、板牙、量具等
T13(T00130)	217	760～780(水冷)	62	

3. 低合金刃具钢

非合金工具钢价格低廉,加工性能好,经适当热处理后可获得较高的硬度和良好的耐磨性。但是其淬透性差,回火稳定性和红硬性不高,不能用作对性能有较高要求的刀具。为了克服非合金工具钢的不足之处,在其基础上加(3%～5%)Me 的合金元素就形成了低合金刃具钢。

(1)化学成分

低合金刃具钢碳的平均质量分数大都在 0.75%～1.5%之间,以保证获得较高的硬度和耐磨性。加入锰、硅、铬、钒、钨等合金元素,改善了钢的性能。锰、硅、铬主要作用是提高淬透性,硅还能提高回火稳定性,钨、钒等与碳形成细小弥散的合金碳化物,提高硬度和耐磨性,细化晶粒,进一步增加回火稳定性。

(2)热处理特点

低合金刃具钢的预先热处理是球化退火,目的是改善锻造组织和切削加工性能,最终热处理是淬火+低温回火。组织为回火马氏体+碳化物+少量残余奥氏体,具有较高的硬度和耐磨性。

(3)常用低合金刃具钢

常用的低合金刃具钢有 9SiCr、9Mn2V、CrWMn 等,其中以 9SiCr 钢应用为多。这类钢淬透性、耐磨性等明显高于非合金工具钢,而且变形量小,主要用于制造截面尺寸较大、几何形状较复杂、加工精度要求较高、切割速度不太高的板牙、丝锥、铰刀、搓丝板等。常用低合金刃具钢的牌号、成分、热处理及用途见表 4.15。

表 4.15　常用低合金刃具钢的化学成分、热处理及用途(摘自 GB/T 1299—2014)

牌　号 (统一数字代号)	淬火温度/℃	硬度/HRC (≥)	回火温度 /℃	退火硬度/HBW (≤)	用途举例
9SiCr (T31219)	820～860 (油冷)	62	180～200	197～241	板牙、丝锥、铰刀、钻头、搓丝板、冷冲模
8MnSi (T30108)	800～820 (油冷)	60	150～160	≤229	木工錾子、锯条、切削工具
Cr06 (T30200)	780～810 (水冷)	64	—	187～241	外科手术刀、剃刀、刮刀、刻刀、锉刀
Cr2 (T31200)	830～860 (油冷)	62	150～170	179～229	车刀、插刀、铰刀、钻套、量具、样板
9Cr2 (T31209)	820～850 (油冷)	62	—	179～217	木工工具、冷冲模、钢印
W (T30800)	800～830 (水冷)	62	130～140	187～229	低速切削硬度较高金属的刀具,如麻花钻、车刀

4. 高速钢

高速钢是一种高合金工具钢,含钨、钼、铬、钒等合金元素。高速钢优于其他工具钢的主要之处是其具有良好的红硬性,在切削零件刃部温度高达 600 ℃时,硬度仍不会明显降低。因此,高速钢刃具能以比低合金工具钢高得多的切削速度加工零件,故命名高速钢以示其特性,常用于车刀、铣刀、高速钻头等。

（1）化学成分

高速钢的碳平均质量分数较高，一般为 $0.70\%\sim1.50\%$。高碳一方面是保证与钨、钼等诸多合金元素形成大量的合金碳化物，阻碍奥氏体晶粒长大，提高回火稳定性；另一方面是在加热时使奥氏体含一定量的碳，淬火得到的马氏体有较高的硬度和耐磨性。

钨是使高速钢具有较高红硬性的主要元素，钨在钢中主要以 Fe_4W_2C 形式存在，加热时部分 Fe_4W_2C 溶入奥氏体中，淬火时存在于马氏体中，使钢的回火稳定性得以提高。当于 560 ℃回火时，钨会以弥散的特殊碳化物 W_2C 的形式出现，形成了"二次硬化"现象，对钢在高温下保持高硬度有较大的贡献。加热时部分未溶的 Fe_4W_2C 会阻碍奥氏体晶粒长大，降低过热敏感性和提高耐磨性。合金元素钼的作用与钨相似，一份钼可代替两份钨，而且钼还能提高韧性和消除第二类回火脆性。但是含钼较高的高速钢脱碳和过热敏感性较大。

铬在高速钢中的主要作用是提高淬透性、硬度和耐磨性。铬主要以 $Cr_{23}C_6$ 形式存在，这种碳化物在高速钢的正常淬火加热温度下，几乎全部溶解，对阻碍奥氏体晶粒长大不起作用，但是溶入奥氏体中会明显提高淬透性和回火稳定性。高速钢中铬含量一般都在 4% 左右，过高了会增加残余奥氏体量，过低淬透性则达不到要求。

钒的主要作用是细化晶粒，提高硬度和耐磨性。钒碳化物为 V_4C 或 VC，比钨、钼、铬碳化物都稳定，而且是细小弥散分布，加热时很难溶解，对奥氏体晶粒长大有很大的阻碍作用，并能有效地提高硬度和耐磨性。高温回火时也会产生"二次硬化"现象，但是提高红硬性的作用不如钨、钼明显。

（2）热处理特点

高速钢的碳及合金元素质量分数皆较高，属于莱氏体钢，铸态组织有粗大、鱼骨状的共晶碳化物，分布不均匀，会使强度下降，脆性增加，并且不能通过热处理来改变碳化物分布，只有通过锻造将其击碎，使其均匀分布。锻后必须缓冷。

高速钢因其化学成分的特点，其热处理具有淬火加热温度高、回火次数多等特点。下面以 W18Cr4V 钢制造盘形齿轮铣刀为例，说明其热处理工艺的选用和生产工艺路线的制定。

1）球化退火

高速钢锻造后的硬度很高，只有经过退火降低硬度才能进行切削加工。一般采用球化退火降低硬度，消除锻造应力，为淬火做组织上的准备。球化退火后组织由索氏体和均匀分布的合金碳化物所组成。

2）淬火＋回火

高速钢中含大量合金元素，导热性差。为避免在加热过程中产生变形和开裂，一般在 $800\sim840$ ℃之间预热，截面尺寸较大的零件可在 $500\sim650$ ℃之间进行一次预热。

合金元素只有溶入高速钢中才能有效地提高其红硬性。高速钢淬火加热温度对奥氏体成分有一定影响，所以，高速钢淬火温度都比较高，一般在 1 270 ℃时加热，但是温度也不可过高，否则奥氏体晶粒长大明显，残余奥氏体量也会增加。

高速钢淬透性高，一般采用油冷，截面尺寸小的刀具，在空气中即可淬硬。对于形状复杂、要求变形小的刀具，先将其淬火 $580\sim620$ ℃的中性盐浴中分级均温，然后再空冷，可防止变形、开裂。W18Cr4V 钢淬火组织是马氏体＋残余奥氏体＋粒状碳化物，其残余奥氏体量高达 30%。为了减少残余奥氏体，稳定组织，消除应力，提高红硬性，高速钢要进行多次回火。随回火温度提高，钢的硬度开始呈下降趋势，大于 300 ℃后，硬度反而随温度升高而提高，在 570 ℃ 左右达到最高值。这是因为温度升高，马氏体中析出了细小弥散的特殊碳化物 W_2C、VC 等，造成了第二相的弥散强化效应，此外由于部分碳及合金元素从残余奥氏体中析出，M 点升高，钢在回火冷时，部分残余奥氏体转变为马氏体，发生了"二次淬火"，使硬度升高。以上两个因素就是高速钢回火出现"二次硬化"的根本原因，当回火温度大于 560 ℃时，碳化物发生聚集长大，导致硬度下降。

高速钢淬火后要在 560 ℃回火 3 次是因为 1 次回火不能完全消除残余奥氏体，第 1 次回火后，残余奥氏体量由 30％降为 15％左右，第 2 次回火后还有 5％～7％，第 3 次回火后残余奥氏体减少为 1％～2％。而且，后 1 次回火可消除前 1 次回火时马氏体转变产生的内应力。W18Cr4V 钢淬火＋3 次回火后组织为回火马氏体＋碳化物＋少量残余奥氏体。

（3）常用高速钢

W18Cr4V 钢发展最早，应用广泛，热硬性高，过热和脱碳倾向小，但碳化物较粗大，韧性较差，主要用于制作中速切削刀具或结构复杂的低速切削刀具（如拉刀、齿轮刀具等）。W6Mo5Cr4V2 钢可作为 W18Cr4V 钢的替代品。两者相比，W6Mo5Cr4V2 钢由于钼的碳化物细小，故有较好的韧性。此外，因其钢中碳、钒含量较高，可提高钢的耐磨性。但此钢易脱碳和过热，热硬性略差，主要用于制作耐磨性和韧性配合较好的刀具，尤其适于制作热加工成形的薄刃刀具（如麻花钻头等）。

各种高速钢均有较高的热硬性（约 600 ℃）、耐磨性、淬透性和足够的韧性，其应用广泛，除制造刀具外，还可制造冷冲模、冷挤压模和要求耐磨性高的零件。常用高速钢的牌号、热处理及用途见表 4.16。

表 4.16　常用高速钢牌号、热处理及用途（摘自 GB/T 9943—2008）

牌　号 （统一数字代号）	淬火温度/ ℃	淬火介质	回火温度/ ℃	硬度/HRC（≥）	用途举例
W18Cr4V （T51841）	盐浴炉 1 250～1 270 箱式炉 1 260～1 280	油或盐浴	550～570	63	中速切削车刀、刨刀、钻头、铣刀
W6Mo5Cr4V2 （T66541）	盐浴炉 1 200～1 220 箱式炉 1 210～1 230		550～570	64	耐磨和韧性配合的中速切削刀具、丝锥、钻头
W2Mo9Cr4V2 （T62942）	盐浴炉 1 190～1 210 箱式炉 1 200～1 220		540～560	64	铣刀、丝锥、锯条、车刀、拉刀、冷冲模具
W6Mo5Cr4V2Al （T66546）	盐浴炉 1 200～1 220 箱式炉 1 230～1 240		550～570	65	切削难加工材料的车刀、镗刀、铣刀、钻头、拉刀、齿轮刀具
W9Mo3Cr4V （T69341）	盐浴炉 1 200～1 220 箱式炉 1 220～1 240		540～560	64	各种切削刀具和冷、热模具
W12Cr4V5Co5 （T71245）	盐浴炉 1 220～1 240 箱式炉 1 230～1 250		540～560	65	特殊耐磨刀具、螺纹梳刀、车刀、铣刀、刮刀、滚刀

4.4.2　模具钢

用作冷冲压模、热锻压模、挤压模、压铸模等模具的钢称为模具钢。根据性质和使用条件的不同，可分为冷作模具钢和热作模具钢两大类。

1. 冷作模具钢

冷作模具钢是用于在室温下对金属进行变形加工的模具，包括冷冲模、冷镦模、冷挤压模、拉丝模等。

（1）工作条件和性能要求

处于工作状态的冷作模具承受着强烈的冲击载荷和摩擦以及很大的压力和弯曲力的作用，主要的失效破坏形式包括磨损、变形和开裂等。因此，冷作模具钢要求具有较高的硬度和耐磨性，良好的韧性和疲劳强度；截面尺寸较大的模具还要求具有较高的淬透性；高精度模具则要求热处理变形小。

（2）化学成分

为保证获得高硬度和高耐磨性，冷作模具钢碳的质量分数较高，大多超过 1.0%，有的甚至高达 2.0%。铬是冷作模具钢中的主要合金元素，能提高淬透性，形成 Cr_7C_3 或 $(Cr,Fe)_7C_3$ 等碳化物，能明显提高钢的耐磨性。锰可以提高淬透性和强度，钨、钼、钒等与碳形成细小弥散的碳化物，除了进一步提高淬透性、耐磨性、细化晶粒外，还能提高回火稳定性、强度和韧性。

（3）热处理特点

冷作模具钢热处理的目的是最大限度地满足其性能要求，以便能正常工作。冲孔落料模的凸、凹模均要求硬度在 58~60 HRC 之内，要求具有较高的耐磨性、强度和韧性，较小的淬火变形。

这类钢合金元素含量较高，锻后空冷易出现马氏体组织，一般锻后都采用缓冷。钢中有莱氏体组织，可以通过锻造使其破碎，并均匀分布。锻后退火工艺与高速钢的等温退火工艺相似，退火后硬度小于 255 HBW，可进行机械加工。Cr12MoV 钢采用淬火＋回火工艺，淬火温度较低，低温回火后钢的耐磨性和韧性较高，组织为回火马氏体＋残余奥氏体＋合金碳化物，硬度为 58~60 HRC。如果要求模具具有较高的红硬性，能够在 400~450 ℃ 条件下工作，则要进行"二次硬化法"处理，将淬火加热温度提高到 1 100~1 150 ℃。此时，由于钢中出现了大量的残余奥氏体，硬度仅为 42~50 HRC，但是随后在 510~520 ℃ 的高温下 3 次回火，析出了细小弥散的合金碳化物且残余奥氏体转变为马氏体，产生"二次硬化"现象，硬度回升到 60~62 HRC，红硬性也较好，但是淬火加热温度较高，组织粗化会导致强度和韧性下降。

（4）常用冷作模具钢

按冷作模具钢使用条件，大部分刀具用钢都可以用作制造某些冷作模具。表 4.17 列举了部分冷作模具钢的成分、热处理、性能及用途。

表 4.17　冷作模具钢的成分、热处理、性能及用途（摘自 GB/T 1299—2014）

牌　号 （统一数字代号）	交货状态 硬度/HBW	淬火温度/ ℃	硬度/ HRC(≥)	用途举例
9Mn2V （T20019）	≤229	780~810（油冷）	62	较高硬度和耐磨性，用作各种精密量具、样板，小尺寸冲模及冷压模等
9CrWMn （T20299）	197~241	800~830（油冷）	62	制作截面不大而变形复杂的冷冲模

牌 号 (统一数字代号)	交货状态 硬度/HBW	淬火温度/℃	硬度/ HRC(≥)	用途举例
CrWMn (T21290)	207～255	800～830(油冷)	62	淬火要求变形很小、长而形状复杂的刀具,拉刀、长丝锥及形状复杂、高精度的冷冲模
MnCrWV (T20250)	≤255	790～820(油冷)	62	钢板冲裁模、剪切刀、落料模、量具和热固性塑料成型模等
Cr4W2MoV (T21320)	≤269	960～980(油冷) 1 020～1 040(油冷)	60	代替 Cr12MoV、Cr12,制作冷冲模、冷挤压模、搓丝板
6W6Mo5Cr4V (T21836)	≤269	1 180～1 200(油冷)	60	冲头、冷作凹模、冷挤压模、温挤压模、热剪切模
Cr12 (T21200)	217～269	950～1 000(油冷)	60	耐磨性高、尺寸较大模具、冷冲模、冲头、钻套、量规、螺纹滚丝模、拉丝模、冷切剪刀

2. 热作模具钢

热作模具钢是指用于制造在受热状态下对金属进行变形加工的模具,包括热锻模、热挤压模、热镦模、压铸模、高速锻模等。

(1)工作条件和性能要求

热作模具钢在工作时经常接触炽热的金属,型腔表面温度高达400～600 ℃。金属在巨大的压应力、张应力、弯曲应力和冲击载荷作用下,与型腔作相对运动时,会产生强烈的磨损;工作过程中还要反复受到冷却介质冷却和热态金属加热的交替作用,模具工作面出现热疲劳"龟裂纹"。因此,为使热作模具正常工作,要求模具用钢在较高的工作温度下具有良好的强韧性、较高的硬度、耐磨性、导热性、抗热疲劳能力,较高的淬透性和尺寸稳定性。

(2)化学成分

热作模具钢碳的质量分数一般保持在0.3%～0.6%之间,以获得所需的强度、硬度、耐磨性和韧性。碳含量过高,会导致韧性和导热性下降;碳含量过低,强度、硬度、耐磨性难以保证。

铬能提高淬透性和回火稳定性;镍除与铬共存时可提高淬透性外,还能提高综合力学性能;锰能提高淬透性和强度,但是有使韧性下降的趋势;钼、钨、钒等能产生二次硬化,提高红硬性、回火稳定性、抗热疲劳性、细化晶粒,钼和钨还能防止第二类回火脆性。

(3)热处理特点

热作模具钢热处理的目的主要是提高红硬性、抗热疲劳性和综合力学性能,最终热处理一般为淬火+高温(或中温)回火,以获得均匀的回火索氏体(或回火托氏体)。

常用热作模具钢的成分、热处理、性能及用途如表 4.18 所列。

表 4.18　常用热作模具钢的成分、热处理、性能及用途(摘自 GB/T 1299—2014)

牌　号	统一数字代号	交货状态(退火)硬度/HBW	淬火、回火温度/℃(冷却剂)	用途举例
5CrMnMo	T22345	197~241	820~850(油冷)	中、小型锻模
5CrNiMo	T22505	197~241	830~860(油冷)	大、中型锻模
4CrNi4Mo	T23504	≤285	840~870(油冷或空冷)	热作模具、塑料模具和部分冷作模具
4Cr5W2VSi	T23274	≤299	1 030~1 050(油冷或空冷)	高速锤用模具与冲头,热挤压模及芯棒,有色金属压铸模
3Cr2W8V	T23273	≤255	1 075~1 125(油冷)	压铸模、平锻机的凸模和凹模、镶块、铜合金挤压模
5Cr4W5Mo2V	T23325	≤269	1 100~1 150(油冷)	热作模具,可替代 3Cr2W8V
3Cr3Mo3VCo3	T23393	≤229	1 000~1 050(油冷)	热挤压模、温锻模和压铸模具

4.4.3　量具钢

用于制造卡尺、千分尺、样板、塞规、块规、螺旋测微仪等各种测量工具的钢被称为量具钢。

1. 工作条件和性能要求

量具在使用过程中始终与被测零件紧密接触并作相对移动,主要承受磨损破坏。因此,要求其具有较高的硬度和耐磨性,以保证测量精度;还要有耐轻微冲击、碰撞的能力;热处理变形要小,在存放和作用过程中要有极高的尺寸稳定性。

2. 化学成分

量具钢含碳的质量分数较高,一般在 0.90%~1.50% 之间,以保证良好的硬度和耐磨性。合金元素铬、钨、锰等提高了淬透性,降低了 M_s 点,使热应力和组织应力减小,减轻了淬火变形影响,还能形成合金碳化物提高硬度和耐磨性。

3. 热处理特点

主要目的是得到高硬度和高耐磨性,保持高的尺寸稳定性。所以量具钢应尽量采用在缓冷介质中淬火,并进行深冷处理以减少残余奥氏体量,然后低温回火消除应力,保证高硬度和高耐磨性。

4. 常用量具钢

我国目前没有专用的量具钢。

对于量块、量规等形状复杂、精度要求高的量具可用 CrWMn、GCr15、W18Cr4V 等钢制造。

对于样板、塞规等形状简单、尺寸小、精度要求不高的量具可用 60、65Mn 等钢制造。

对于在化工、煤矿、野外使用的对耐蚀性要求较高的量具可用 40Cr13(4Cr13)、95Cr18(9Cr18)等钢制造。

4.5　特殊性能钢

4.5.1　不锈钢

不锈钢是指某些在大气和一般介质中具有较高化学稳定性的钢。按化学成分不同,不锈钢可分为铬不锈钢、铬镍不锈钢(18-8 型)、铬锰不锈钢等。按金相组织特点则可分为马氏体不锈钢、铁素体不锈钢、奥氏体不锈钢及奥氏体-铁素体不锈钢 5 种类型。

1. 马氏体型不锈钢

常用的马氏体不锈钢有含碳量为 $0.1\%\sim0.40\%$ 的 Cr13 型和含碳量为 $0.8\%\sim1.0\%$ 的 Cr18 型。这类钢的淬透性很高,正火即可得到马氏体组织。典型钢号有 12Cr13(1Cr13)、20Cr13(2Cr13)30Cr13(3Cr13)、40Cr13(4Cr13)、95Cr18(9Cr18)等。马氏体不锈钢具有很好的力学性能,但其耐蚀性、塑性及焊接性稍差。12Cr13、20Cr13 采用淬火+高温回火工艺,类似调质钢,耐蚀性较好,且具有较好的力学性能,主要用作耐蚀结构件,如汽轮机叶片等;30Cr13、40Cr13、95Cr18 采用淬火+低温回火工艺,类似于工具钢,强度和耐磨性较高,但耐蚀性较低,主要用作防锈手术器械和刃具。

2. 铁素体型不锈钢

这类钢的成分特点是含铬量高($w_{Cr}>17\%$),含碳量低($w_C<0.15\%$)。在加热和冷却过程中没有或很少发生 $\alpha\rightarrow\gamma$ 转变,属于铁素体钢。这类钢在氧化性酸中具有良好的耐蚀性,同时具有较高的抗氧化性能。工业上常用的铁素体不锈钢牌号有 10Cr17(1Cr17)钢等。

3. 奥氏体型不锈钢

这类不锈钢的含碳量很低,其质量分数大多数在 0.1% 左右,$w_{Cr}=18\%$、$w_{Ni}=8\%\sim10\%$,具有稳定的奥氏体组织。在钢中加入 Ti 和 Nb,以防晶间腐蚀,如 12Cr18Ni9(1Cr18Ni9)。这类钢韧性高,具有良好的耐蚀性和高温强度、较好的抗氧化性、良好的压力加工性能和焊接性能;缺点是强度和硬度偏低,且不能热处理强化。其具有强烈的加工硬化能力,一般利用冷塑性变形进行强化,切削加工性较差。

4. 奥氏体-铁素体型双相不锈钢

这类不锈钢同时具有铁素体相与奥氏体相,且两相组织独立存在,含量都较大,一般认为最少相的含量应大于 15%。实际工程中应用的双相不锈钢多以奥氏体为基体并含有不少于 30% 的铁素体,最常见的是两相各占约 50% 的双相不锈钢。双相不锈钢兼有奥氏体和铁素体不锈钢的特点,与铁素体型不锈钢相比,其塑性、韧性更高,无室温脆性,耐晶间腐蚀性能和焊接性能均显著提高,同时还保持有铁素体不锈钢的 475 ℃脆性以及导热系数高,具有超塑性等特点。与奥氏体不锈钢相比,强度高且耐晶间腐蚀有明显提高。

5. 沉淀硬化型不锈钢

指在不锈钢化学成分的基础上添加不同类型、数量的强化元素,通过沉淀硬化过程,析出不同类型和数量的碳化物、氮化物、碳氮化物和金属间化合物,既提高钢的强度又保持足够的韧性的一类高强度不锈钢。按其组织形态可分为沉淀硬化半奥氏体型、沉淀硬化奥氏体型不锈钢和沉淀硬化马氏体型三类。

表 4.19 所列为常用不锈钢牌号、热处理、性能及用途。

表 4.19　常用不锈钢牌号、热处理、性能及用途（摘自 GB/T 20878—2007）

类别	统一数字代号	牌号（旧牌号）	热处理温度/℃（冷却剂）	力学性能（≥）						用途举例
				R_m/MPa	R_{eL}/MPa	A/%	Z/%	KV/J	硬度/HBW	
铁素体型	S11710	10Cr17(1Cr17)	退火 780~850（空冷或缓冷）	450	205	22	50		≤185	耐蚀性好，用于建筑装黄、家用电器和用具、食品、硝酸工厂设备
	S13091	008Cr30Mo2(00Cr30Mo2)	退火 900~1 050（快冷）	450	295	20	45		≤228	耐蚀性很好，用于耐有机酸、苛性碱设备
马氏体型	S41010	12Cr13(1Cr13)	退火 880~900（缓冷或约 750 快冷） 淬火 950~1 000（油冷）回火 700~750（快冷）	540	345	25	55	78	≤200	好的耐蚀性和切削加工性。用于一般零件和刀具、螺栓、螺母、生活用品
	S42030	30Cr13(3Cr13)	淬火 920~980（油冷）回火 600~750（快冷）	735	540	12	40	24	≤235	用于硬度较高的耐蚀耐磨刀具、量具、喷嘴、阀座、阀门、医疗器械
	S44070	68Cr17(7Cr17)	退火 800~920（缓冷） 淬火 1 010~1 070（油冷）回火 100~180（快冷）						54 HRC	强度、韧性、硬度较好、用于刀具、量具、轴承
	S44096	108Cr17(11Cr17)	淬火 1 010~1 070（油冷）回火 100~180（快冷）						58 HRC	不锈钢和耐热中硬度最高，用于喷嘴、轴承
奥氏体型	S30210	12Cr18Ni9(1Cr18Ni9)	固溶处理 1 050~1 150（快冷）	520	205	40	60		≤187	冷加工后强度高，用于建筑装材料和硝酸、化肥等化工设备零件
	S30458	06Cr19Ni10N(0Cr19Ni9N)	固溶处理 1 010~1 550（快冷）	649	275	35	50		≤217	应用最广，用于食品、化工、核能设备零件
	S30403	022Cr19Ni10(00Cr19Ni10)	固溶处理 1 050~1 150（快冷）	480	177	40	60		≤187	含碳量低，用于耐晶间腐蚀、焊后不热处理的零件

4.5.2　耐热钢

耐热钢是指在高温下具有热化学稳定性和热强性的钢。耐热钢一般分为抗氧化钢(或称热稳定性钢)和热强钢两类。

热化学稳定性是指抗氧化性,即钢在高温下对氧化作用的稳定性。抗氧化钢在高温下工作时承受的载荷不大,主要失效原因是高温氧化,例如工业炉窑的炉栅及炉底板等。为提高钢的抗氧化能力,向钢中加入铬、硅、铝等元素,使其在钢的表面形成一层致密的氧化膜(如 Cr_2O_3、SiO_2、Al_2O_3),保护金属在高温下不再继续被氧化。

热强性是指钢在高温下对外力的抵抗能力。热强钢在高温下工作时承受较大载荷,主要失效原因是高温强度不足导致高温致脆和蠕变开裂。高温(再结晶温度以上)下原子间结合力减弱,扩散加快,晶界强度下降,此时金属在恒定应力作用下,随时间的延长会产生缓慢的塑性变形,称此现象为蠕变。为提高高温强度,防止蠕变,可向钢中加入铬、钼、钨、镍等元素,以提高钢的再结晶温度,并产生固溶强化;或加入钛、铌、钒等元素,形成稳定且均匀分布的碳化物,产生弥散强化;或加入硼、锆等元素可净化晶界或填充晶界空位,使晶界强化,提高高温强度。

1. 珠光体耐热钢

这类钢属于低碳合金钢,工作温度在 $450\sim550\ ℃$ 时有较高的热强性。主要用于制造载荷较小的动力装置上的零部件,例如锅炉钢管或其他管道材料。

2. 马氏体耐热钢

这类钢通常是在 Cr13 型不锈钢的基础上加入一定量的钼、钨、钒等元素。钼、钨可提高再结晶温度,钒可提高高温强度,其抗氧化性及热强性均高于珠光体耐热钢。此类刚为保持在使用温度($<650\ ℃$)下钢的组织和性能稳定,需进行调质处理,组织为回火索氏体。常用于制作承载较大的零件,如汽轮机叶片、汽车阀门等。常用牌号有 12Cr13(1Cr13)钢和 14Cr11MoV(1Cr11MoV)钢。

3. 奥氏体耐热钢

这类钢含有较多的铬和镍。铬可提高钢的高温强度和抗氧化性,镍可促进形成稳定的奥氏体组织。此类钢工作温度为 $650\sim900\ ℃$,常用于制作锅炉和汽轮机零件。常见牌号为 45Cr14Ni14W2Mo 钢。

常用耐热钢牌号、热处理、力学性能及用途,见表 4.20。

表 4.20　常用耐热钢牌号、热处理、力学性能及用途(摘自 GB/T 1221—2007 和 GB/T 3077—2015)

类别	统一数字代号	牌号	热处理温度/℃	Rm/MPa	ReL/MPa	A/%	Z/%	KV/J	硬度/HBW	用途举例
马氏体型	S42020	20Cr13(2Cr13)	淬火 920~980(油) 回火 600~750(水)	635	440	20	50	63	≥192	淬火后硬度高,耐蚀性好,用于汽轮机叶片
	S45110	12Cr5Mo(1Cr5Mo)	淬火 900~950(油) 回火 600~700(空)	590	390	18	—	—	≤200	汽轮机气缸套、阀、活塞杆、紧固件、锅炉吊架、再热蒸汽管
	S48040	42Cr9Si2(4Cr9Si2)	淬火 1020~1040(油) 回火 700~800(油)	885	590	19	50	—	≤269	较高的热强性,用于<700℃内燃机进气阀或高载荷发动机排气阀
	S46010	14Cr11MoV(1Cr11MoV)	淬火 1050~1100(空) 回火 720~740(空)	685	490	16	55	47	≤200	较高热强性,组织稳定性和减震性,用于汽轮机叶片和导向叶片
	S47010	15Cr12WMoV(1Cr12WMoV)	淬火 1000~1050(油) 回火 680~700(空)	735	585	15	45	47	≤187	较高热强性,组织稳定性和减震性,用于汽轮机叶片、轮子、转盘和紧固件
奥氏体型	S31008	06Cr25Ni20(0Cr25Ni20)	固溶处理 1030~1100(快冷)	520	205	40	50	—	≤187	抗氧化钢,可承受 1035℃,加热炉用材料和汽车净化装置用材料
	S32168	06Cr18Ni11Ti(0Cr18Ni11Ti)	固溶处理 920~1150(快冷)	520	205	40	50	—	≤187	用于 400~900℃腐蚀介质的高温焊接件
	S32590	45Cr14Ni14W2Mo(4Cr14Ni14W2Mo)	固溶处理 820~850(快冷)	705	315	20	35	—	≤248	热强性较高,用于 500~600℃钢炉和汽轮机零件、内燃机重载荷排气阀
	S35750	26Cr18Mn12Si2N(3Cr18Mn12Si2N)	固溶处理 1100~1150(快冷)	685	390	35	45	—	≤248	较高热强性,有抗氧化性,抗渗碳性。用于抗硫炉构件、加热炉传送带、料盘、炉爪,使用温度 1000℃
铁素体型	S11348	06Cr13Al(0Cr13Al)	退火 780~830(空冷或缓冷)	410	175	20	60	—	183	燃气轮机、压缩机叶片,淬火台架、退火箱
	S11203	022Cr12(00Cr12)	退火 700~820(空冷或缓冷)	365	195	22	60	—	183	用于抗高温氧化的部件,如汽车排气阀净化装置、燃烧室、喷嘴
	S12550	16Cr25N(2Cr25N)	退火 780~880(快冷)	510	275	20	40	—	≤201	耐高温腐蚀性强,用于 1080℃以下抗高温氧化件,如燃烧室

4.5.3　耐磨钢

耐磨钢是指耐磨损性能强的钢铁材料。耐磨钢大体上可分为高锰耐磨钢和中低合金耐磨钢。

1. 高锰耐磨钢

高锰耐磨钢是指在巨大压力和强热冲击力作用下才能发生硬化的钢。这类钢的 $w_C=0.9\%\sim1.5\%$，以保证高的耐磨性；$w_{Mn}=11\%\sim14\%$，以形成单相奥氏体组织，获得良好韧性。由于高锰耐磨钢易冷变形强化，很难进行切削加工，因此大多数高锰耐磨钢件采用铸造成形。高锰耐磨钢铸态组织中存在许多碳化物，因此钢硬而脆。为改善组织以提高其韧性，常将铸件加热至 $1\,000\sim1\,100$ ℃，使碳化物全部溶入奥氏体中，然后水冷得到单相奥氏体组织，称此处理为水韧处理。铸件经水韧处理后，塑性、韧性良好。工作时，若受到强烈冲击、巨大压力或摩擦，则因表面塑性变形而产生明显的冷变形强化，同时还发生奥氏体向马氏体转变，使表面硬度和耐磨性大大提高，而心部仍保持奥氏体组织的良好韧性和塑性，有较高的抗冲击能力。

高锰耐磨钢主要用于制作受强烈冲击、巨大压力并要求耐磨的零件，如坦克、拖拉机的履带板、破碎机颚板、铁路道岔、挖掘机的铲齿、保险箱钢板、防弹板等。常用牌号有 ZG120Mn13 和 ZG120Mn13Cr2，经水韧处理后的力学性能及用途见表 4.21。

表 4.21　常用耐磨钢牌号、力学性能及用途（摘自 GB/T 5680—2010）

牌　号	力学性能（≥）					用途举例
	R_{eL}/MPa	R_m/MPa	$A/\%$	K/J	硬度/HBW	
ZG120Mn13	—	685	25	118	300	形状简单、以耐磨为主的低冲击铸件，如衬板、齿板、辊套、铲齿
ZG120Mn13Cr2	390	735	20	—	300	结构复杂、以韧性为主的高冲击铸件，如履带板、斗前壁、提梁

2. 中低合金耐磨钢

中低合金耐磨钢是指为满足特定的性能要求而有目的的加入其他元素的钢材，以应用于有一定冲击载荷的磨料磨损工况条件。耐磨钢中加入合金元素的主要目的在于提高淬透性、强度、韧度和耐磨性。合金元素对金属耐磨性的影响主要通过影响显微组织和硬质相的多少，从而影响合金钢的耐磨性。一般情况下，随着合金含量的增加，合金的耐磨性增加，但是合金元素的含量比较高时，合金钢的耐磨性呈下降趋势。这是因为不同的合金元素有着不同的影响。最常用的添加元素是 Mo、Cr、Mn、Ni、和 Si 等。当 Cr 含量增加时，合金钢的高温耐磨性和低温耐磨性都会增加，但是合金增加到一定量时（以 20% 为例），Cr 在合金钢中倾向于以脆性相 δ，使合金钢的耐磨性降低。

低合金耐磨钢由于合金含量低，综合性能良好，生产灵活方便等优点被广泛应用于工作条件恶劣，要求强度高、耐磨性好的工程、采矿、建筑、农业、水泥、港口、电力以及冶金机械产品上，如推土机、装载机、挖掘机、自卸车、球磨机及各种矿山机械、抓斗、堆取料机、输料弯曲结构等。常用牌号有南钢研制的 NM360～NM600 系列。

4.6 铸 铁

4.6.1 铸铁的分类

铸铁中碳以游离碳化物(渗碳体)或石墨(G)的形式存在。根据碳在铸铁中的存在形式,铸铁可分为以下几种。

1. 白口铸铁

这种铸铁中的碳主要以游离碳化物形式析出,断口呈银白色。大量硬而脆的渗碳体使白口铸铁硬度高,脆性大,难于切削加工。工业上很少直接用此类铸铁来制造零件,主要用作炼钢原料、可锻铸铁毛坯及不需切削加工,但要求硬度高、耐磨性好的零件,如轧辊、犁铧及球磨机的磨球等。

2. 灰口铸铁

这种铸铁中的碳全部或大部分以石墨形式析出,断口呈暗灰色。按石墨形态不同,灰口铸铁又分为灰铸铁、球墨铸铁、可锻铸铁和蠕墨铸铁。此类铸铁尤其是灰铸铁,在工业上应用广泛,主要用于机械制造、冶金、石油化工、交通和国防等部门。按重量统计,在汽车、拖拉机中铸铁件占 $50\% \sim 70\%$,机床中占 $60\% \sim 90\%$。

3. 麻口铸铁

这种铸铁中的碳部分以石墨形式存在,部分以自由渗碳体形式存在,断口呈黑白相间的麻点。这类铸铁硬脆性较大,工业上很少应用。

此外,为满足某些特殊性能要求,向铸铁中加入一种或多种合金元素(铬、铜、铝、硼等)而得到合金铸铁,如耐磨铸铁、耐热铸铁、耐蚀铸铁等。

4.6.2 铸铁的石墨化及影响因素

1. 铸铁的石墨化

石墨(G)的结构如图 4.4 所示。碳原子呈层状排列,同一层晶面上碳原子间距较小(0.142 nm),结合力强;层与层之间距离较远(0.304 nm),结合力较弱。石墨受力时,容易沿层面间滑移,其强度、塑性和韧性极低,接近于零,硬度仅为 3 HBW。

石墨的存在形态(形状、数量、大小及分布)是决定铸铁组织和性能的关键。铸铁中碳原子以石墨形式析出的过程称为石墨化。

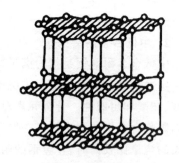

图 4.4 石墨的晶体结构

在高温下长时间加热时渗碳体能分解为铁和石墨($Fe_3C \rightarrow 3Fe + C(G)$),即渗碳体为亚稳定相,游离态的石墨为稳定相。描述铁碳合金的结晶过程有亚稳定平衡的 $Fe-Fe_3C$ 相图和稳定平衡的 $Fe-C(G)$ 相图两种。将两者叠合在一起,便形成铁碳合金双重相图,如图 4.5 所示。图中实线表示 $Fe-Fe_3C$ 相图,部分实线加上虚线表示 $Fe-C(G)$ 相图。根据合金的成分和结晶条件不同,铁碳合金的石墨化可以全部或部分地按照其中的一种相图进行。

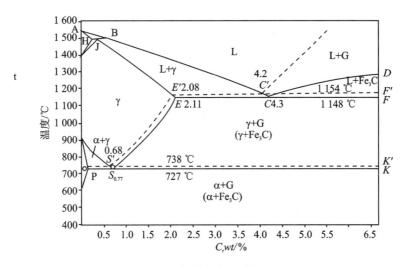

图 4.5　铁碳合金双重相图

按 Fe-C(G)相图,液态铸铁在冷却过程中,碳原子除少量固溶于铁素体外,其余都以石墨形式析出,石墨化分为如下两个阶段:第一阶段石墨化包括从液相直接析出的一次石墨、1 154 ℃共晶反应结晶出的共晶石墨,以及在铸铁凝固过程中一次渗碳体和共晶渗碳体在高温分解而形成的石墨;第二阶段石墨化包括 1 154~738 ℃温度范围内沿 E′S′线析出的二次石墨、共析石墨以及二次渗碳体、共析渗碳体分解形成的石墨。

铸铁在高温冷却过程中,原子扩散能力较强,故第一阶段石墨化容易进行,凝固后至共析转变前的组织为 A+G。第二阶段石墨化在较低温度下进行,低温时碳原子扩散能力较差,石墨化过程难以进行。铸铁最终组织取决于石墨化程度,以下三种情况均可获得灰口铸铁:石墨化在两个阶段均能充分进行,形成 F+G 的组织;第一阶段石墨化充分进行,第二阶段石墨化部分进行,形成 F+P+G 组织;第一阶段石墨化充分进行,第二阶段石墨化未进行,形成 P+G组织。

第一阶段石墨化部分进行,第二阶段石墨化未进行,形成 Ld′+P+G 组织,获得麻口铸铁;两个阶段石墨化均未进行,形成 Ld′组织,获得白口铸铁。

2. 影响石墨化的因素

(1) 化学成分的影响

按对石墨化的作用,可分为促进石墨化的元素(C、Si、Al、Cu、Ni、Co、P 等)和阻碍石墨化的元素(Cr、W、Mo、V、Mn、S 等)两大类。C 和 Si 是强烈促进石墨化的元素;S 是强烈阻碍石墨化的元素,而且还降低铁液的流动性和促进高温铸件开裂;适量的 Mn 既有利于珠光体基体形成,又能消除 S 的有害作用;P 是一个促进石墨化不太强的元素,能提高铁液的流动性,但当其质量分数超过奥氏体或铁素铁的溶解度时,会形成硬而脆的磷共晶,使铸铁强度降低,脆性增大。总之,生产中,C、Si、Mn 为调节组织元素,P 是控制使用元素,S 属于限制元素。

(2) 石墨化温度的影响

石墨化过程需要碳、铁原子的扩散,石墨化温度越低,原子扩散越困难,因而石墨化进程越慢,或者停止。尤其是第二阶段石墨化的温度较低,常常石墨化不充分。

(3) 冷却速度的影响

一定成分的铸铁,石墨化程度取决于冷却速度。冷却速度越慢,越利于碳原子的扩散,促使石墨化进行。冷却速度越快,析出渗碳体的可能性就越大。这是由于渗碳体的 w_C（6.69%）比石墨（100%）更接近于合金的 w_C（2.5%~4.0%）。影响铸铁冷却速度的因素主要有浇注温度、铸件壁厚、铸型材料等。当其他条件相同时,提高浇注温度,可使铸型温度升高,冷却速度减慢;铸件壁厚越大,冷却速度越慢;铸型材料导热性越差,冷却速度越慢。

4.6.3 常用铸铁

1. 普通灰铸铁

普通灰铸铁俗称灰铸铁,简称灰铁。其生产工艺简单,铸造性能优良,在生产中应用最为广泛,约占铸铁总量的80%。

（1）灰铸铁的成分、组织和性能

灰铸铁的化学成分一般为 $w_C=2.7\%\sim3.6\%$，$w_{Si}=1.0\%\sim2.2\%$，$w_{Mn}=0.5\%\sim1.3\%$，$w_S<0.15\%$，$w_P<0.3\%$。灰铸铁的组织可看成是碳钢的基体加片状石墨。按基体组织不同分为铁素体基体灰铸铁、铁素体-珠光体基体灰铸铁、珠光体基体灰铸铁。其显微组织如图4.6所示。

(a) 铁素体基体　　(b) 铁素体-珠光体基体　　(c) 珠光体基体

图 4.6　灰铸铁的显微组织

灰铸铁的性能取决于基体的组织和石墨的形态。灰铸铁的组织相当于在钢的基体上分布着片状石墨,因此,其基体的强度和硬度不低于相应的钢。石墨的强度、塑性、韧性极低,在铸铁中相当于裂缝和孔洞,破坏了基体金属的连续性,同时很容易造成应力集中。因此,灰铸铁的抗拉强度、塑性及韧性都明显低于碳钢。石墨片数量越多、尺寸越大、分布越不均匀,对基体的割裂作用越严重。但是石墨片很细,尤其相互连接时,也会使承载面积显著下降。因此,石墨片长度应以0.03~0.25 mm为宜。石墨的存在,使灰铸铁的铸造性能、减摩性、减振性和切削加工性都高于碳钢,缺口敏感性也较低。灰铸铁的硬度和抗压强度主要取决于基体组织,而与石墨的存在基本无关。因此,灰铸铁的抗压强度约为抗拉强度3~4倍。

（2）灰铸铁的牌号及用途

灰铸铁的牌号由"HT"（"灰铁"汉语拼音字首）和其后一组数字组成,数字表示用 $\phi30$ mm试棒试验时得到的最小抗拉强度值（MPa）。常用灰铸铁的牌号、性能及用途见表4.22。

表 4.22　灰铸铁的牌号、不同壁厚铸件的力学性能和用途(摘自 GB/T 9439—2010)

铸铁类别	牌号	铸件壁厚/mm	R_m/MPa($\geqslant$)		硬度/HBW	用途举例
			单铸试棒	附铸试棒或试块		
铁素体灰铸铁	HT100	5～40	100	—	≤170	承受载荷小、对摩擦和磨损无特殊要求的不重要零件,如防护罩、盖、油盘、手轮、支架、底板、重锤、小手柄、下水管
铁素体-珠光体灰铸铁	HT150	5～10	150	—	125～205	承受中等载荷的零件,如机座、支架、箱体、刀架、床身、轴承座、工作台、带轮、端盖、泵体、阀体、管道、飞轮、电动机座
		10～20		—		
		20～40		120		
		40～80		110		
		80～150		100		
		150～300		90		
珠光体灰铸铁	HT200	5～10	200	—	150～230	承受较大载荷和要求一定的气密性或耐蚀性等较重要的零件,如气缸、齿轮、机座、飞轮、床身、汽缸体、气缸套、活塞环、齿轮箱、刹车轮、联轴器盘、中等压力阀体
		10～20		—		
		20～40		170		
		40～80		150		
		80～150		140		
		150～300		130		
	HT225	5～10	225	—	170～240	
		10～20		—		
		20～40		190		
		40～80		170		
		80～150		155		
		150～300		145		
	HT250	5～10	250	—	180～250	
		10～20		—		
		20～40		210		
		40～80		190		
		80～150		170		
		150～300		160		
	HT275	10～20	275	—	190～260	
		20～40		230		
		40～80		205		
		80～150		190		
		150～300		175		

铸铁类别	牌号	铸件壁厚/mm	R_m/MPa(≥) 单铸试棒	R_m/MPa(≥) 附铸试棒或试块	硬度/HBW	用途举例
珠光体灰铸铁	HT300	10~20	300	—	200~275	承受高载荷、耐磨和高气密性的重要零件,如重型机床、剪床、压力机、自动车床的床身、机座、机架、高压液压件、活塞环、受力较大的齿轮、凸轮、衬套、大型发动机的曲轴、汽缸体、缸套、气缸盖
		20~40		250		
		40~80		220		
		80~150		210		
		150~300		190		
	HT350	10~20	350	—	220~290	
		20~40		290		
		40~80		260		
		80~150		230		
		150~300		210		

从表 4.22 可以看出,灰铸铁的强度与铸件的壁厚有关,铸件壁厚增加则强度降低,这主要是由于壁厚增加使冷却速度降低,造成基体组织中铁素体增多而珠光体减少的缘故。因此,设计铸件时,应根据铸件受力处的主要壁厚或平均壁厚选择铸铁牌号。

（3）灰铸铁的孕育处理

为提高灰铸铁的力学性能,常采用孕育处理,即在浇注前向铁液中加入少量孕育剂以改变铁液的结晶条件,获得细小、均匀分布的片状石墨和细小的珠光体组织的方法,称为孕育处理。经孕育处理后的铸铁称为孕育铸铁。常用的孕育剂为 $w_{Si}=75\%$ 的硅钙合金或 $w_{Si}=60\%\sim65\%$,$w_{Ca}=40\%\sim35\%$ 的硅钙合金。

孕育处理时,孕育剂及它们的氧化物使石墨片均匀细化,并使铸铁的结晶过程几乎在全部铁液中同时进行,避免铸件边缘及薄壁处出现白口组织,使铸铁各个部位截面上的组织与性能均匀一致,提高了铸铁的强度、塑性和韧性,同时也降低了灰铸铁的断面敏感性。表 4.22 中的HT250、HT300、HT350 均属于孕育铸铁,常用于制造力学性能要求较高,截面尺寸变化较大的大型铸件,如汽缸、曲轴、凸轮、机床床身等。

（4）灰铸铁的热处理

灰铸铁的热处理只能改变灰铸铁的基体组织,不能改变石墨的形状、数量、大小和分布,因此对提高灰铸铁的力学性能作用不大。灰铸铁的热处理常用于消除铸件的内应力和稳定尺寸,消除铸件的白口组织,改善切削加工性能,提高铸件表面硬度和耐磨性等。

1）时效处理

形状复杂、厚薄不均的铸件在冷却过程中,由于各部位冷却速度不同,形成内应力,既削弱了铸件的强度,又使得在随后的切削加工中,因应力的重新分布而引起变形,甚至开裂。因此,铸件在成形后都需要进行时效处理,尤其对一些大型、复杂或加工精度较高的铸件(如机床床身、柴油机汽缸等),在铸造后、切削加工前,甚至在粗加工后都要进行一次时效退火处理。

传统的时效处理一般有自然时效和人工时效二种。自然时效是将铸件长期放置在室温下以消除其内应力的方法;人工时效是将铸件重新加热到 530~620 ℃,经长时间保温 2~6 h

后,在炉内缓慢冷却至 200 ℃ 以下出炉空冷的方法。经时效退火后可消除 90% 以上的内应力。时效退火温度越高,铸件残余应力消除越显著,铸件尺寸稳定性越好。但随着时效温度的提高,时效后铸件力学性能会有所下降。

振动时效是目前生产中用来消除内应力的一种新方法。它是用振动时效设备,按照振动时效技术国家标准,使金属工件在半小时内,进行近十万次较大振幅的低频亚共振振动,使之产生微观塑性变形,从而降低和均匀化残余应力,防止工件在使用过程中变形。由于振动时效所需时间短(半小时),成本低(一度电),效果好,而且能随时随地多次进行,既不降低硬度和强度,又无烟尘环境污染和氧化皮,所以广泛用于铸件、焊件和机加工件的时效处理,被誉为理想的无成本时效技术。

2) 石墨化退火

石墨化退火一般是将铸件以 70~100 ℃/h 的速度加热至 850~900 ℃,保温 2~5 h(取决于铸件壁厚),然后炉冷至 400~500 ℃ 后空冷。目的是消除灰铸铁件表层和薄壁处在浇注时产生的白口组织。

3) 表面淬火

有些铸件,如机床导轨、缸体内壁等,表面需要高的硬度和耐磨性,可进行表面淬火处理。常用的方法有高频表面淬火,火焰表面淬火和激光加热表面淬火。淬火前铸件需进行正火处理,以保证获得大于 65% 以上的珠光体组织;淬火后表面硬度可达 50~55 HRC。

2. 球墨铸铁

球墨铸铁是铁液经球化处理,使石墨大部分或全部呈球状,有时少量为团絮状的铸铁。由于石墨呈球状,对基体的割裂作用最小,故铸铁的力学性能得到改善。

生产中常用稀土镁合金作球化剂,对铁液进行球化处理,但镁和稀土元素都强烈阻碍石墨化,使铁液的白口倾向显著增大。为提高铁液的石墨化能力,避免产生白口,并使石墨球细小,形状圆整,分布均匀,在球化处理的同时还需进行孕育处理。常用的孕育剂为 $w_{Si}=75\%$ 的硅铁合金。

(1) 球墨铸铁的成分、组织和性能

对球墨铸铁的成分要求比灰铸铁严格,其成分为 $w_C=3.6\%\sim3.9\%$,$w_{Si}=2.2\%\sim2.8\%$,$w_{Mn}=0.6\%\sim0.8\%$,$w_S<0.07\%$,$w_P<0.1\%$,$w_{RE}=0.02\%\sim0.04\%$,$w_{Mg}=0.03\%\sim0.05\%$。

按基体组织不同,常用的球墨铸铁有铁素体球墨铸铁、铁素体-珠光体球墨铸铁、珠光体球墨铸铁和贝氏球墨铸铁(经等温淬火获得),其显微组织如图 4.7 所示。

在石墨球的数量、形状、大小及分布一定的条件下,珠光体球墨铸铁的抗拉强度比铁素体球墨铸铁高 50% 以上,而铁素体球墨铸铁的伸长率是珠光体球墨铸铁的 3~5 倍。铁素体-珠光体基体的球墨铸铁性能介于二者之间。经热处理后以马氏体为基体的球墨铸铁具有较高的硬度和强度,但韧性很低;以下贝氏体为基体的球墨铸铁具有优良的综合力学性能。石墨球越细小,分布越均匀,越能充分发挥基体组织的作用。

球墨铸铁金属基体强度的利用率可高达 70%~90%,而普通灰铸铁仅为 30%~50%。同其他铸铁相比,球墨铸铁强度、塑性、韧性高,屈服强度也很高。屈强比可达 0.7~0.8,比钢约

(a) 铁素体基体   (b) 铁素体-珠光体基体   (c) 珠光体基体

图 4.7　球墨铸铁的显微组织

高一倍,疲劳强度可接近一般的中碳钢,耐磨性优于非合金钢,铸造性能优于铸钢,加工性能几乎可与灰铸铁媲美。因此,球墨铸铁在工农业生产中得到越来越广泛的应用,但其熔炼工艺和铸造工艺要求较高。

（2）球墨铸铁的牌号及用途

球墨铸铁牌号由"QT"（"球铁"汉语拼音字首）和其后的两组数字组成,两组数字分别表示最低抗拉强度（MPa）和最低伸长率（%）。例如,QT600-3 表示 $R_m \geqslant 600$ MPa,$A \geqslant 3\%$ 球墨铸铁。

球墨铸铁应用广泛,可代替铸钢、锻钢和可锻铸铁制造一些受力复杂、性能要求高的重要零件。例如用珠光体球墨铸铁代替 45 钢和 35CrMo 钢制造拖拉机曲轴、连杆、凸轮轴、齿轮及蜗杆等;用铁素体球墨铸铁制造阀门、机座和汽车后桥壳等。用铁素体球墨铸铁生产自来水及煤气管道,可比灰铸铁管承受更高的压力,比钢管具有更高的耐蚀能力。常用球墨铸铁的牌号、力学性能和用途见表 4.23。

表 4.23　球墨铸铁的牌号、力学性能和用途（摘自 GB/T 1348—2009）

牌　号	基体组织	$R_m/$ MPa	$R_{p0.2}/$ MPa	$A/\%$	硬度/HBW	用途举例
		$\geqslant$				
QT350-22L	铁素体	350	220	22	≤160	承受冲击、震动的零件,如汽车和拖拉机的轮毂、驱动桥壳、差速器壳、拨叉、农机具零件、中动低压阀门,上、下水及输气管道,压缩机的高、低压气缸,电动机机壳、齿轮箱、飞轮壳
QT350-22R		350	220	22	≤160	
QT350-22		350	220	22	≤160	
QT400-18L		400	240	18	120～175	
QT400-18		400	250	18	120～175	
QT400-15		400	250	15	120～180	
QT450-10		450	310	10	160～210	

牌　号	基体组织	R_m/MPa	$R_{p0.2}$/MPa	A/%	硬度/HBW	用途举例
		≥				
QT500-7	铁素体+珠光体	500	320	7	170~230	机器座架、传动轴、飞轮、电动机架、内燃机的机油泵齿轮、铁路机车车辆轴瓦
QT550-5		550	350	5	180~250	载荷大、受力复杂的零件,如汽车和拖拉机的曲轴、连杆、凸轮轴、气缸套,部分磨床、铣床、车床的主轴,机床蜗杆、蜗轮,轧钢机轧辊、大齿轮,小型水轮机主轴,汽缸体,桥式起重机大、小滚轮
QT600-3		600	370	3	190~270	
QT700-2	珠光体	700	420	2	225~305	
QT800-2	珠光体或索氏体	800	480	2	245~335	
QT900-2	回火马氏体或马氏体+索氏体	900	600	2	280~360	高强度齿轮,如汽车后桥螺旋锥齿轮、大减速器齿轮,内燃机曲轴、凸轮轴

注:字母"L"表示该牌号有低温(-20 ℃或-40 ℃)下的冲击性能要求;字母"R"表示该牌号有室温下的冲击性能要求。

(3) 球墨铸铁的热处理

球状石墨对基体割裂作用小,故球墨铸铁的热处理与钢相似,可进行热处理强化。但其含碳、硅、锰量较多,热处理时需要较高的加热温度和较长的保温时间,淬透性比碳钢好。球墨铸铁常用的热处理方法有以下几种:

1) 退　火

① 去应力退火　球墨铸铁的铸造内应力比灰铸铁约大两倍,为消除应力,对于不再进行其他热处理的球墨铸铁铸件,都要进行去应力退火。其方法是将铸件加热到500~600 ℃,保温2~8 h后缓冷。

② 石墨化退火　石墨化退火的目的是为了使铸态组织中的自由渗碳体和珠光体中的共析渗碳体分解,获得高塑性铁素体基体的球墨铸铁,消除铸造应力,改善其加工性能。

当铸态组织为 F+P+Fe₃C+G 时,则进行高温退火,其工艺曲线和组织变化如图4.8所示。也可采用高温石墨化两段退火工艺,其工艺曲线如图4.9所示。

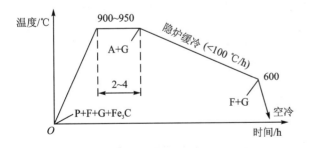

图 4.8　球墨铸铁高温石墨化退火工艺曲线

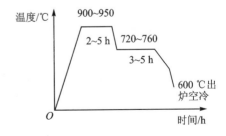

图 4.9　高温石墨化两段退火工艺

当铸态组织为 F+P+G 时,则进行低温退火,其工艺曲线如图4.10所示。

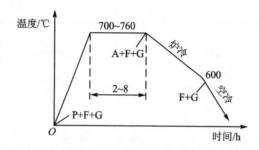

图 4.10　球墨铸铁低温石墨化退火工艺曲线

2）正　火

正火可分为高温和低温正火两种。

高温正火是将铸件加热至共析温度以上，一般为 880～920 ℃，保温 1～3 h，然后空冷，使其在共析温度范围内快速冷却，以获得珠光体球墨铸铁，如图 4.11 所示。对厚壁铸件，应采用风冷，甚至喷雾冷却，以保证获得珠光体球墨铸铁。若铸态组织中有自由渗碳体存在，那么正火温度应提高至 950～980 ℃，使自由渗碳体在高温下全部溶入奥氏体，如图 4.12 所示。

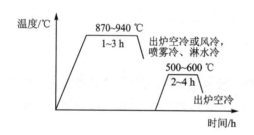

图 4.11　无渗碳体时的正火工艺

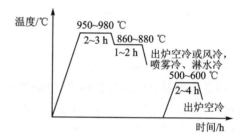

图 4.12　有渗碳体时的正火工艺

低温正火是将铸件加热至 840～860 ℃，保温 1～4 h，出炉空冷，获得珠光体＋铁素体基体的球墨铸铁。

球墨铸铁的导热性较差，正火后铸件内应力较大，因此，正火后应进行一次消除应力退火（常称回火）。

3）等温淬火

对于形状复杂，热处理易变性或开裂，要求强度高，塑性和韧性好的零件，如齿轮、曲轴、凸轮轴等，需采用贝氏体等温淬火。其方法是将铸件加热至 860～920 ℃（奥氏体区），适当保温（热透），迅速放入 250～350 ℃的盐浴炉中进行 0.5～1.5 h 的等温处理，然后取出空冷，使过冷奥氏体转变为下贝氏体。等温淬火后的组织为下贝氏体和球状石墨。等温淬火后不再回火。等温盐浴的冷却能力有限，一般只适用于截面尺寸不大的零件。

经等温淬火后，球墨铸铁的抗拉强度可达 1 200～1 500 MPa，硬度为 38～50 HRC，韧性为 $K=24～64$ J。

4）调质处理

对于受力复杂、要求综合力学性能较高的球墨铸铁件，如柴油机曲轴、连杆等，可采用调质处理。其方法是将铸件加热到 860～920 ℃，保温后油冷，然后在 550～620 ℃高温下回火 2～6 h，获得回火索氏体和球状石墨组织。这种组织的铸件强度高，塑性和韧性比经正火后的珠光体球墨铸铁好。调质处理只适合小尺寸铸件,尺寸过大时,因淬不透,调质效果不好。

3. 可锻铸铁

可锻铸铁是将白口铸铁通过石墨化或氧化脱碳退火处理,改变其金相组织或成分而获得具有较高韧性的铸铁,其石墨呈团絮状。

(1)可锻铸铁的成分、组织和性能

可锻铸铁中碳、硅含量较低,成分要求较严,一般为 $w_C=2.2\%\sim2.8\%$,$w_{Si}=1.2\%\sim2.0\%$,$w_{Mn}=0.4\%\sim1.2\%$,$w_S<0.1\%$,$w_P<0.2\%$。按金相组织和性能不同,可锻铸铁有两种类型:

① 铁素体基体的可锻铸铁(又称为黑心可锻铸铁)和珠光体基体的可锻铸铁　这种类型的铸铁可通过对白口铸件采取不同的退火工艺而获得,其工艺曲线如图 4.13 所示。按图中曲线①的冷却方式进行冷却,将获得铁素体基体的可锻铸铁;按曲线②的冷却方式进行冷却,将得到珠光体基体的可锻铸铁。

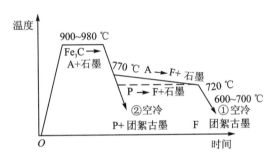

图 4.13　可锻铸铁的石墨化退火工艺

② 白心可锻铸铁　白心可锻铸铁是将白口铸铁放在氧化性介质中退火而得到的。这种铸铁在生产中很少使用,原因是白心可锻铸铁从表层到心部组织不均匀,其力学性能较差,而且要求较高的热处理温度和较长的热处理时间。

(2)可锻铸铁的性能、牌号及用途

由于可锻铸铁中石墨为团絮状,与灰铸铁相比,可锻铸铁有较好的强度和塑性,特别是低温冲击性能较好;与球墨铸铁相比,具有成本低、质量稳定、铁液处理简便和利于组织生产的特点;可锻铸铁的耐磨性和减振性优于普通碳钢;切削性能与灰铸铁接近,适于制作形状复杂的薄壁中小型零件和工作中受到振动而强韧性要求又较高的零件。

常用两种可锻铸铁的牌号由"KTH＋数字-数字"或"KTZ＋数字-数字"组成。"KTH"、"KTZ"分别代表"黑心可锻铸铁"和"珠光体可锻铸铁",符号后的第一组数字表示最低抗拉强度(MPa),第二组数字表示最低伸长率(%)。

可锻铸铁因其较高的强度、塑性和冲击韧度而得名,实际上并不能锻造。常用可锻铸铁的牌号、性能及用途见表 4.24。

表 4.24　黑心可锻铸铁和珠光体可锻铸铁的牌号、力学性能及用途(摘自 GB/T 9440—2010)

种 类	牌 号	试样直径 d/mm	R_m/MPa ≥	$R_{p0.2}$/MPa ≥	A/% ≥	硬度/HBW	用途举例
黑心可锻铸铁	KTH275-05	12 或 15	275	—	5	≤150	弯头,三通管件,中、低压阀门
	KTH300-06		300	—	6		
	KTH330-08		330	—	8		扳手、犁刀、犁柱、车轮壳
	KTH350-10		350	200	10		汽车,拖拉机前、后轮壳,减速器壳,转向节壳,制动器及铁道零件
	KTH370-12		370	—	12		
珠光体可锻铸铁	KTZ450-06		450	270	6	150~200	载荷较高和耐磨损零件,如曲轴、凸轮轴、连杆、齿轮、活塞环、轴套、耙片、万向接头、棘轮、扳手、传动链条
	KTZ500-05		500	300	5	165~215	
	KTZ550-04		550	340	4	180~230	
	KTZ600-03		600	390	3	195~245	
	KTZ650-02		650	430	2	210~260	
	KTZ700-02		700	530	2	240~290	
	KTZ800-01		800	600	1	270~320	

4. 蠕墨铸铁

蠕墨铸铁中的碳主要以蠕虫状石墨形态存在。其石墨的形态介于片状石墨和球状石墨之间,形状与片状石墨类似,但片短而厚,端部圆滑。

（1）蠕墨铸铁的成分、组织及性能

蠕墨铸铁是在含 $w_C = 3.5\% \sim 3.9\%$ 、$w_{Si} = 2.2\% \sim 2.8\%$、$w_{Mn} = 0.4\% \sim 0.8\%$、$w_S < 0.1\%$,$w_P < 0.1\%$的铁液中,加入适量的蠕化剂并经孕育处理后而获得的,有铁素体、珠光体、铁素体+珠光体三种基体组织的蠕墨铸铁。

由于蠕墨铸铁中的石墨大部分呈蠕虫状,间有少量球状,所以其组织和性能介于相同基体组织的球墨铸铁和灰铸铁之间。强度、韧性、疲劳强度、耐磨性及耐热疲劳性比灰铸铁高,断面敏感性也小,但塑性、韧性均比球墨铸铁低。蠕墨铸铁的铸造性、减振性、导热性及切削加工性优于球墨铸铁,抗拉强度接近于球墨铸铁。在相同的蠕化率下,随基体中珠光体量增加,铁素体量减少,则强度增加而塑性降低。

（2）蠕墨铸铁的牌号及用途

蠕墨铸铁的牌号由"RuT+数字",组成。其中"RuT"表示蠕墨铸铁,数字表示最小抗拉强度值(MPa)。蠕墨铸铁的牌号、性能及用途见表 4.25。

表 4.25　蠕墨铸铁的牌号、性能及用途(摘自 GB/T 26655—2011)

主要基体组织	牌 号	R_m/MPa ≥	$R_{p0.2}$/MPa ≥	A/% ≥	硬度/HBW	用途举例
铁素体	RuT300	300	210	2	140~210	增压器废气进气壳体、汽车底盘零件、排气管、变速箱体、液压件、纺织机、农机零件、钢锭模,大功率的轮船、机车、汽车和固定式内燃机缸盖

主要基体组织	牌号	R_m/MPa	$R_{p0.2}$/MPa	A/%	硬度/HBW	用途举例
		≥				
铁素体＋珠光体	RuT350	350	245	1.5	160~220	机床底座,托架和联轴器,大功率的轮船、机车、汽车和固定式内燃机缸盖,钢锭模,铝锭模,焦化炉炉门、门框、保护板、桥管、阀体、装煤孔盖和孔座,变速箱体,液压件
	RuT400	400	280	1.0	180~240	内燃机缸体、缸盖,机床底座、托架、联轴器,载重卡车和机车车辆制动盘,泵壳,液压件,钢锭模,铝锭模,玻璃模具
珠光体	RuT450	450	315	1.0	220~250	汽车内燃机缸体和缸盖,气缸套,载重卡车制动盘,泵壳,液压件,玻璃模具,活塞环
	RuT500	500	350	0.5	220~260	高载荷内燃机缸体,气缸套

（3）蠕墨铸铁的热处理

蠕墨铸铁的热处理主要是为了调整其基体组织,以获得不同的力学性能要求。

① 正火　蠕墨铸铁正火的目的是增加珠光体量,提高强度和耐磨性。

② 退火　蠕墨铸铁的退火是为了获得 85% 以上的铁素体基体或消除薄壁处的自由渗碳体。

5. 合金铸铁

合金铸铁是指在铸铁熔炼时有意加入一些合金元素,从而改善其物理、化学和力学性能或获得某些特殊性能的铸铁,如耐热、耐磨、耐蚀铸铁等。

（1）耐磨铸铁

耐磨铸铁是指不易磨损的铸铁。按其工作条件大致可分为在有润滑条件下工作的减摩铸铁（如机床导轨、气缸套、环和轴承等）和在无润滑、受磨料磨损条件下工作的抗磨铸铁（如犁铧、轧辊及球磨机零件等）。

① 减摩铸铁　减摩铸铁在工作时,要求磨损少,摩擦系数小,导热性及加工工艺性好。常用的减摩铸铁有珠光体基体的灰铸铁和高磷铸铁。

② 抗磨铸铁　抗磨铸铁用于在无润滑的干摩擦条件下工作的铸件,要求具有均匀高硬度的组织,常用的抗磨铸铁有冷硬铸铁、抗磨白口铸铁和中锰球墨铸铁。

（2）耐热铸铁

耐热铸铁是指可以在高温下使用,其抗氧化性或抗生长性能符合使用要求的铸铁。生长是指由于氧化性气体沿石墨片边界和裂纹渗入铸铁内部造成的氧化,以及因 Fe_3C 分解而发生的石墨化引起铸件体积膨胀。

为提高耐热性,可向铸铁中加入铝、硅、铬等元素,使铸件表面形成一层致密的 Al_2O_3、SiO_2、Cr_2O_3 等氧化膜,保护内层不被氧化。

耐热铸铁的种类很多,如硅系、铝系、铬系、硅铝系等。我国目前广泛采用的是硅系和硅铝系耐热铸铁。如高硅耐热铸铁（$w_{Si}=4\%\sim6\%$）具有很好的耐热性,其基体为单一的铁素体组织。硅对铁素体有固溶强化作用,在 700 ℃ 以下工作的铸铁件大多选用此种材料。而用

$w_{Si}=3.8\%\sim5.0\%$、$w_{Mo}=0.5\%\sim1.2\%$ 的耐热球墨铸铁制作的汽车发动机排气管、蜗轮增压器等,可在 $600\sim800$ ℃之间长期使用。

耐热铸铁的牌号由"RT+元素符号+数字"组成。其中"RT"是"热铁"汉语拼音字首,元素符号后的数字是以名义百分数表示的该元素的质量分数。如 RTSi5 表示的是 $w_{Si}\approx5\%$ 的耐热铸铁。若牌号中有"Q",则表示球墨铸铁。

耐热铸铁主要用于制造加热炉炉底板、炉条、烟道挡板、换热器,以及粉末冶金用的坩埚及钢锭模等。

（3）耐蚀铸铁

耐蚀铸铁是指能耐化学、电化学腐蚀的铸铁。在铸铁中加入 Si、Al、Cr、Mo、Ni、Cu 等合金元素后,在铸件表面形成连续的、牢固的、致密的保护膜,并可提高铸铁基体的电极电位,还可使铸铁得到单相铁素体或奥氏体基体,显著提高其耐蚀性。

耐蚀铸铁广泛应用于石油化工、造船等工业中,用来制作经常在大气、海水及酸、碱、盐等介质中工作的管道、阀门、泵类、容器等零件。但各类耐蚀铸铁都有一定的适用范围,必须根据腐蚀介质、工况条件合理选用。

4.7　高温合金

高温合金通常是以第Ⅷ族元素(铁、钴、镍等)为基,加入大量强化元素而形成的一类合金。它是为了满足各种高温使用条件下的现代航空航天技术的要求而发展起来的,先进的航空航天发动机一直是显示高温合金生命力最活跃的领域。高温合金还广泛地应用于工业燃气涡轮机、核反应堆、潜艇、火力发电厂和石油化工设备上。

根据生产工艺,高温合金分为变形高温合金和铸造高温合金两种。变形高温合金的牌号以"GH"后接四位阿拉伯数字表示。G、H 相应为"高、合"汉语拼音字首,第 1 位数字 1 表示固溶强化型铁基合金,2 表示时效强化型铁基合金,3 表示固溶强化型镍基合金,4 表示时效强化型镍基合金,6 表示钴基合金。铸造高温合金用 K 表示,后接 3 位数字。第 1 位数字 1 表示时效强化型铁基合金,4 表示时效强化型镍基合金,6 表示钴基合金。第 1 位数字后的数字均为顺序号。

4.7.1　镍基高温合金

1. 化学成分

镍基高温合金是以镍为基体(含量一般大于 50%) 在 $650\sim1\,000$ ℃范围内具有较高的强度和良好的抗氧化、抗燃气腐蚀能力的高温合金。镍基合金是高温合金中应用最广、高温强度最高的一类合金。其主要原因,一是镍基合金中可以溶解较多合金元素,且能保持较好的组织稳定性;二是可以形成共格有序的 A_3B 型金属间化合物 $Ni_3(Al,Ti)$ 相作为强化相,使合金得到有效的强化,获得比铁基高温合金和钴基高温合金更高的高温强度;三是含铬的镍基合金具有比铁基高温合金更好的抗氧化和抗燃气腐蚀能力。镍基合金含有十多种元素,其中 Cr 主要起抗氧化和抗腐蚀作用,其他元素主要起强化作用。根据它们强化作用的方式可分为固溶强化元素,如钨、钼、钴、铬和钒等;沉淀强化元素,如铝、钛、铌和钽;晶界强化元素,如硼、锆、镁和稀土元素等。

2. 典型镍基高温合金

GH3030 合金的主要成分是 Cr20Ni80Ti,具有优良的热稳定性和热疲劳性能,且冷压和焊接性能良好,常用作燃烧室联焰管、引燃管等。GH3039 合金的主要成分是 Cr20Ni75Mo2AlTiNb,常用作在 900 ℃ 以下工作的火焰筒及加力燃烧室等冷压焊接零件。GH3044 合金的主要成分是 Cr25Ni60W15Ti,用作 950~1 100 ℃ 工作的燃烧室、鱼鳞片内腹板等冷压焊接件。GH3128 是我国自主研制的合金,是目前用于制造 950 ℃ 以下长期工作的火焰筒、加力燃烧室、导向叶片等较好的材料。

4.7.2　其他高温合金

1. 钴基高温合金

钴基高温合金是高温合金中的一种,它是以钴作为主要成分,且含有相当数量的镍、铬、钨和少量的钼、铌、钽、钛、镧等合金元素,偶而也含有铁的一类合金。根据合金中成分不同,它们可以制成焊丝,其粉末用于硬面堆焊,热喷涂、喷焊等工艺,也可以制成铸锻件和粉末冶金件。

钴基高温合金的典型牌号有 Hayness188、Haynes25(L - 605)、Alloy S - 816、UMCo - 50、MP - 159、FSX - 414、X - 40 和 Stellite6B 等,中国相应牌号有 GH5188(GH188)、GH159、GH605、K640 和 DZ40M 等。与其他高温合金不同,钴基高温合金不是由与基体牢固结合的有序沉淀相来强化,而是由已被固溶强化的奥氏体 fcc 基体和基体中分布的少量碳化物组成。铸造钴基高温合金是要在很大程度上依靠碳化物强化。纯钴晶体在 417 ℃ 以下为密排六方晶体结构,在更高温度下会转变为面心立方晶格。为了避免钴基高温合金在使用时发生这种转变,实际上所有钴基高温合金由镍合金化,以便在室温到熔点温度范围内使组织稳定化。钴基高温合金具有平坦的断裂应力-温度关系,但在 1 000 ℃ 以上却能显示出比其他高温下更具优异的抗热腐蚀性能。

2. 铸造高温合金

铸造高温合金是用母合金锭重熔后,直接铸造成零件的一类高温合金。由于没有后续的变形加工,合金的设计可以集中考虑其优化使用性能。所以铸造高温合金往往含有更高的合金化元素含量。这是一类在高温及氧化腐蚀环境中性能优异的金属结构材料,广泛用于军工和民用多领域的复杂零件上。长期以来,为满足各种特殊使用要求,某高温材料所铸造高温合金研究室已研发出了一系列铸造高温合金。例如等轴晶合金:K213、KK418B、K423A、K424、K4169、K497、K4537、K4648 等,以及先进的单晶合金 DD402。这些合金适用于 650~1 100 ℃ 范围内的不同温度,其中 K4169 还可用于液氮、液氧的低温环境,且已成功地应用于制造飞机和火箭发动机的导向叶片、涡轮工作叶片、整铸导向器、整铸涡轮、整铸扩压器机匣、尾喷口调节片等关键部件和多种民用高温、耐蚀零件上。

粉末高温合金,其首先生产表面不受氧化的细合金粉末(0.5 μm 以下),然后将粉末装入密封罐,以热挤压实成坯料,再进行锻造或轧制,最后加工成零件。

高温复合材料,是在镍基合金的基础上,嵌入大量的钨、钼、铌等金属丝,以增强其强度。例如,美国是在 W25Cr15Ti2Al2 镍基合金中,加入占体积 7% 的 ϕ0.4 mm 的钨丝;试验的持久强度极限为 1 200 ℃ 下经过 100 h 使金属不发生断裂的最大应力(为 100 MPa)。

4.8　铁合金与高温合金在航空领域的应用

4.8.1　铁合金材料在航空领域的应用

过去几年中,航空装备发展取得了很大的进步,比如歼击机、大型运输机、舰载机、武装直升机等先进机型都陆续飞上天空,超大的机身、更快的速度、远海作战环境等,都对航空材料特别是超高强度钢的发展提出了更高要求。长寿命、高可靠性、轻量化等是航空装备发展的一贯原则,也更明确地直接体现在航空超高强度钢的性能要求上。

超高强度钢是当前强度最高的金属结构材料,其强度水平挑战强韧化理论,追求"极限强度"。航空超高强度钢,代表了一个国家的冶金最高水平。超高强度钢在航空、航天、高铁、风电、汽轮机、燃气轮机等高端装备制造领域有着特殊的价值,用以制造的关键构件直接决定着机械装备的服役行为和发展水平,是飞机和航空发动机等航空装备主承力关键构件的首选材料。航空工业中,超高强度钢主要用作起落架、传动齿轮、主轴承和对接螺栓等关键构件。大家都明白起落架对飞机和乘员安全的保障作用,高性能传动齿轮是直升机传动系统的核心构件,主轴承决定着航空发动机的服役寿命和可靠性,对接螺栓直接关系飞机安全。航空超高强度钢的研究发展难度很大,但却是航空发达国家的竞争热点。其中,起落架钢代表了一个国家超高强度钢的最高水平。

美国于 20 世纪 50 年代研制出 300M 超高强度钢,60 年代开始用于飞机起落架;90 年代研制出 Aermet 100 超高强度钢;21 世纪初研制出适用于航母舰载机起落架用的 S53 超高强度不锈钢。20 世纪 50 年代,美国用了 10 年时间将客机用涡轮喷气发动机主轴承寿命提高到 30 000 h,支持了发动机定寿,但齿轮轴承钢仍不能满足使用要求。对接螺栓的强度虽已达到 1 800 MPa 以上,但却尚无一个较理想的超高强度钢。我国的飞机、发动机都已发展到了世界先进水平,但是这些关键构件达到长寿命、高可靠、结构减重和经济可承受性还有很大差距。

起落架主承力件采用 1 580～1 760 MPa 级超高强度钢 30CRMnSiNi2A、4330M、4340等,采用焊接方法制造。苏联的苏-27 等系列飞机起落架采用 30CRMnSiNi2A 钢;法国的"幻影"、"协和号"等飞机起落架采用 35NCD16 钢;美国现役各型飞机 90% 以上的起落架采用 300M 钢制造;我国最初研制了无 Ni 少 Cr 型抗拉强度 1 860 MPa 的低合金超高强度钢 40CrMnSiMoVA(GC-4),而后研制了 300M 钢,并将其用于飞机起落架的制造。因 300M 钢在所有低合金超高强度钢中,裂纹扩展速率小且断裂韧度高,所以截至目前,以 F-15、F-16、F-18A/B/C/D 型为代表的大部分军、民用飞机起落架仍旧采用 300M 钢。

飞机起落架用的超高强度钢正朝着更高强度级别方向发展,若能将现在的 1 900 MPa 级提高到 2 200 MPa 级以上,则起落架的减重效果更为明显。舰载机在整个寿命周期内都处于海洋环境(高温、高湿、高盐)。除了 F-18 和 F-14 舰载机起落架发生过腐蚀断裂外,EA-6B"徘徊者"电子战斗机也发生过起落架腐蚀问题。因此,超高强度不锈钢可以作为下一代舰载飞机起落架的备选材料。随着纯洁冶炼及成分精确控制技术的提高,以非真空冶炼方式低成本冶炼出的超高强度钢,可以降低飞机制造的成本,这类超高强度钢可以用于制造下沉速度较低或使用寿命较低的飞机起落架,如民用飞机、大型无人机等。

4.8.2　高温合金在航空领域的应用

高温合金是为满足航空发动机热部件对材料的苛刻要求而开始研制的。我国航空发动机是 1955 年问世的，1956 年就开始了最简单的镍基高温合金 GH3030 试制。1958 年前后，为适应航空工业发展的需要，在仿制国外高温合金的同时，开始研制中国的高温合金。现在，在我国研制(包括仿制)的高温合金中，有些已达到国外同类合金水平。

下面简要讲述高温合金在航空涡轮发动机上的应用。在航空涡轮发动机上，高温合金主要用于燃烧室、导向叶片、涡轮叶片和涡轮轮盘等四大类零部件，如图 4.14 所示。

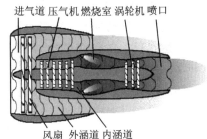

进气道　压气机 燃烧室 涡轮机 喷口

风扇　外涵道 内涵道

图 4.14　航空发动机结构示意图

1. 燃烧室用高温合金

燃油雾化、油气混合、点火、燃烧等过程都是在燃烧室(也称火焰筒)内进行的，因此，燃烧室是发动机各部件中温度最高的区域。燃烧室内的燃气温度达到 1 500～2 000 ℃时，壁部合金材料承受的温度可达 800～900 ℃以上，局部处可达 1 100 ℃。用在燃烧室的合金除承受急冷急热的热应力和燃气的冲击外，还承受其他载荷。因此，燃烧室材料的工作特点是温度高、热应力大而机械应力小，其常用易变性、可焊接的高温合金材料，如采用新型镍基和钴基高温合金板材制造。为了防止燃气冲刷、热腐蚀和隔热，常需喷涂防护层，而弥散强化合金不需涂层，即可用于制造耐 1 200 ℃的燃烧室。燃烧室用的材料均可用于制造加力燃烧室和尾喷管。

用于燃烧室的高温合金代表性牌号有 GH1140、GH3030、GH3039、GH3333、GH3018、GH3022、GH3128、GH3170。板材合金除了固溶强化的外，在用于温度较低、应力较大的部件时也采用固溶加时效强化的合金。

2. 导向器用高温合金

导向器也称导向叶片，是涡轮发动机上受热冲击最大的零件之一。其失效方式通常为由热应力引起的扭曲、温度剧烈变化引起的热疲劳裂纹以及局部的烧伤。用作导向器的合金大多数采用熔模铸造产生。这样，合金中可以加入较多的 W、Mo、Nb、Al、Ti 等固溶强化和时效强化元素。有些导向叶片则采用时效强化的合金板材焊接而成。目前，先进航空发动机多采用空心铸造叶片，其冷却效果好，可以提高合金的使用温度。国内导向叶片合金的使用温度可达 1 000～1 050 ℃，代表性精密铸造合金有 K214、K323、K406、K417、K403、K409、K418、K423B 等。

导向叶片合金除了采用普通精密铸造工艺生产外，还可采用定向凝固工艺生产出定向合金和单晶合金。定向合金晶界与应力方向一致，单晶合金无晶界存在，其均使合金的持久强度、热疲劳性大大提高，使用温度提高，并且有较好的薄壁性能。该类合金有 DZ3、DZ5、DZ22、DD3、DD402 等。

3. 涡轮叶片用高温合金

涡轮叶片是航空发动机上最关键的构件之一，又是最重要的转动部件。涡轮叶片的工作条件最为恶劣，除工作环境温度较高外，转动时还承受很大的离心力、振动力、气流的冲刷力等的作用。制造涡轮叶片和涡轮转盘的材料是影响发动机性能的重要材料。

用作制造航空发动机涡轮叶片的材料有时效强化型镍基变形高温合金,目前普通精铸、定向铸造和单晶精铸叶片合金也得到了广泛的应用。用作涡轮叶片合金的典型牌号有:变形合金 GH4033、GH4037、GH4049、GH4118、GH4220 等;铸造合金 K403、K417、K418、K405、DZ3、DZ22 等。

随着燃气涡轮的进口温度的提高,普通精铸涡轮叶片已不能满足航空发动机的需要,先进航空发动机逐渐采用了单晶涡轮叶片,合金的使用温度可提高到 1 100~1 150 ℃,使航空发动机的性能得到了进一步的提高,如 DD402、DD3、DD6 单晶合金已在部分应用。

4. 涡轮盘用高温合金

涡轮盘是航空发动机上很重要的转动部件,在其四大类部件中所占质量最大(大型涡轮盘的单件质量达几百千克)。工作时,涡轮盘的温差相当大,产生的盘件径向热应力也很大。涡轮正常转动时带动涡轮叶片高速旋转,承受最大的离心力;齿部分所受的应力更为复杂,既有拉应力,又有扭曲应力等。

每当发动机在启动和停车的过程中,都构成一次大应力低周疲劳。用作涡轮盘的合金绝大多数是屈服强度很高的、晶粒细小的 Fe 基或镍基高温合金。典型合金有 GH2132、GH2135、GH2901、GH4761 等,其使用温度可达 650~700 ℃。此外,有些机种选用高温镍基合金,如 GH4033A、GH4698,使用温度可达 700~750 ℃。

高温合金的变形抗力比普通钢大得多,而且变形温度范围很小。随着航空发动机性能的不断提高,用作涡轮盘的合金元素也在增多,随之而来的合金偏析会加重,变形抗力会增大,使采用常规的冶金工艺来生产涡轮盘已经变得越来越困难。因此,现代新型的发动机都采用粉末涡轮盘,即采用粉末冶金工艺生产涡轮盘。粉末涡轮盘合金具有组织均匀、晶粒细小、强度高、塑性好等优点,是现代先进航空发动机上使用的理想材料。此外,还开发了利用喷涂成型工艺生产涡轮盘——喷射盘,其成本更低,并有一定的性能优势。

总之,随着飞机发动机性能的不断提高,其使用温度也越来越高。现代试验性发动机的涡轮进口温度已达 1 650 ℃,有的要求达到 1 930 ℃。而镍基高温合金的极限使用温度是 1 200 ℃左右,各国的研究者都在致力于开发新的高温合金材料和新的制造工艺。现正在研制定向单晶、定向共晶、钨丝增强镍基合金和陶瓷材料,以及弥散强化镍基合金和新型粉末涡轮盘合金,以适应更先进发动机的涡轮叶片和涡轮盘的需要。

本章小结

本章介绍了工业用钢的分类、牌号的表示方法,杂质元素对钢性能的影响,合金元素对钢的作用;并对各类钢、铸铁、高温合金性能和用途做了比较详尽的阐述。

习题与思考题

一、名词解释

钢;高温合金;石墨化;灰铸铁;可锻铸铁;球墨铸铁;蠕墨铸铁。

二、填空题

1. Ni、Mn、C、N、Cu 等元素能_____ Fe－Fe$_3$C 相图的 γ 区,使临界点 A_1 _____,

A_3 _____。

2. 含 Cr、Mn 的合金结构钢淬火后在 $550 \sim 600 \ ℃$ 回火后,将出现第_____类回火脆性。

3. 滚动轴承钢预先热处理球化退火的目的在于_____,以利切削加工,并为零件的最终热处理做_____准备。

4. 按化学成分分类,就含碳量而言,渗碳钢属_____钢,调质钢属_____钢,轴承钢属_____钢。

5. 含 W、Mo、V、Cr 等元素的高合金钢,在回火的冷却过程中,残余奥氏体转变为_____,淬火钢的硬度_____,这种现象称为_____。

6. 根据组织分类,40Cr13 属于_____不锈钢;10Cr17 属于_____不锈钢;06Cr18Ni11Ti 属于_____不锈钢。

7. 二次硬化效应产生的原因,一是_____,二是_____。

8. 低合金钢按主要质量等级可分为_____、_____和_____三大类。

9. 铸铁是含碳量_____的铁碳合金。当这些碳以渗碳体的形式存在时,该铸铁称为_____,以片状石墨的形态存在的,称为_____。

10. 根据铸铁中石墨的形态,铸铁又可分为_____铸铁、_____铸铁、_____铸铁和_____铸铁。

三、选择题

1. 汽车变速箱齿轮应选用( )材料。

A. 20Mn2B　　　　B. Crl2　　　　C. T12　　　　D. W18Cr4V

2. 制造手用锯条应当选用( )。

A. T12 钢经淬火和低温回火　　　　B. Cr12MoV 钢经淬火低温回火

C. 65 钢淬火后中温回火

3. 二次硬化属于( )。

A. 固溶强化　　　B. 细晶强化　　　C. 位错强化　　　D. 第二相强化

4. 20CrMnTi 钢根据其组织和机械性能,在工业上主要作为一种( )使用。

A. 合金渗碳钢　　　B. 合金弹簧钢　　　C. 合金调质钢　　　D. 滚动轴承钢

5. 除( )元素外,其他合金元素溶于奥氏体后,均能增加过冷奥氏体的稳定性。

A. Co　　　　B. Cr　　　　C. Mn　　　　D. Ti

6. 优质非合金钢的含硫量应控制在( )范围内。

A. $0.06\% \sim 0.05\%$　　　　　　　B. $0.05\% \sim 0.040\%$

C. $0.040\% \sim 0.020\%$　　　　　　D. $0.020\% \sim 0.025\%$

7. 关于非合金钢的分类,下列叙述不正确的是( )。

A. 按质量等级可分为普通、优质和特殊质量 3 类

B. 按组织可分为 F、P、P+Fe_3C 3 类

C. 按成分可分为亚共析钢、共析钢、过共析钢 3 类

D. 按冶炼方法可分为转炉、平炉和电炉 3 类

8. 关于优质碳素结构钢,正确的叙述是( )。

A. S、P 含量比普碳钢多而质优　　　B. 钢号数字是含碳量的一千倍

C. 可附加符号 A 表示特级优质　　　　　　　D. 含碳量越高,强度硬度越大

9. 有关 45 钢,正确的叙述是( )。

A. 含碳量为 4.5% 　　B. 优质钢 　　　　C. 低碳钢 　　　　D. 过共析钢

10. 铸钢 ZG270 - 500。其中"270"和"500"分别表示材料的( )。

A. 冲击韧性和延伸率　　　　　　　　　　B. 屈服极限的冲击韧性

C. 强度极限的断面收缩率　　　　　　　　D. 屈服极限和强度极限

11. 碳素工具钢的数字表示钢中平均含碳量的( )。

A. 十倍 　　　　　　B. 百倍 　　　　　C. 千倍 　　　　　D. 万倍

12. 锅炉钢的标志符号是( )。

A. g 　　　　　　　　B. G 　　　　　　C. R 　　　　　　D. r

13. 滚动轴承的含碳量一般为( )。

A. <0.6% 　　　　　B. >0.6% 　　　　C. <1.0% 　　　　D. 1.0%左右

14. 常用的低合金刃具钢是( )。

A. T8 　　　　　　　B. 9SiCr 　　　　　C. W18Cr4V 　　　D. GCrl5

15. 不锈钢中的主要加入的合金元素是( )。

A. Mn 　　　　　　　B. Si 　　　　　　C. Cr 　　　　　　D. V

16. 耐热钢包括抗氧化钢和( )。

A. 热强钢 　　　　　B. 不锈钢 　　　　C. 高速钢 　　　　D. 锅炉钢

17. 下列牌号中为奥氏体不锈钢的是( )。

A. 12Cr13 　　　　　B. 06Cr13 　　　　C. 07Crl8Ni9Ti 　　D. 40Cr13

18. 下列材料中属于铸钢牌号的是( )。

A. GGrl5 　　　　　B. ZG230 - 450 　　C. 20 　　　　　　D. HT250

四、判断题

1. 要提高奥氏体不锈钢的强度,只能采用冷塑性变形予以强化。( )

2. 低碳钢或高碳钢为便于进行机械加工,可预先进行球化退火。( )

3. 以调质钢制造的工件,要获得具有良好综合力学性能的 $S_回$ 组织,其前提是淬火工序必须获得奥氏体组织。( )

4. 20CrMnTi 钢的淬透性及淬硬性均比 T10 钢要好。( )

5. 如以含碳量为 1.2% 的碳素工具钢代替 20CrMnTi 钢制造汽车齿轮,不必渗碳而只要淬火加低温回火即可满足齿轮表硬心韧的性能要求。( )

6. 优质碳素结构钢的牌号用两位数字来表示,如 45 钢,该数字表示钢的 1/10 最低抗拉强度值。( )

7. 钢中的含硫量增加,其钢的热脆性增加。( )

8. 铸铁中碳存在的形式不同,则其性能也不同。( )

9. 球墨铸铁可以通过热处理改变其基体组织,从而改善其性能。( )

10. 可锻铸铁比灰口铸铁的塑性好,因此可以进行锻压加工。( )

11. 可锻铸铁只适用于薄壁铸件。( )

12. 白口铸铁件的硬度适中,易于进行切削加工。( )

13. 从灰口铸铁的牌号上可看出它的硬度和冲击韧性值。( )

五、综合题

1. 钢中常存杂质元素对钢的性能有哪些影响？钢中加入合金元素的主要作用是什么？

2. 解释下列钢的牌号含义、类别及热处理方法：20CrMnMo，06Cr19Ni10，60Si2Mn，G8Cr15，35Si2Mn2MoVA，T8Mn，9Cr2，W18Cr4V，CrWMn，4CrNi4Mo，008Cr30Mo2，20Cr13，ZG100Mn13Cr2。

3. 今有 W18Cr4V 钢制铣刀，试制定其加工工艺路线，说明热加工工序的目的，淬火温度为什么要高达 1 280 ℃？淬火后为什么要进行三次高温回火？能不能用一次长时间回火代替？

4. 什么叫铸铁的石墨化，其影响因素有哪些？

5. 何谓灰口铸铁，灰口铸铁有哪几种类型？

6. 简述高温合金在航空发动机上的应用。

7. 分析超高强度钢在飞机结构中的应用。

第5章 有色金属及其合金

有色金属是指除钢铁材料以外的金属及其合金,又称非铁材料。它们的种类很多,虽然产量和使用量不及钢铁材料多,但由于有色金属具有许多优良的特性,使其在国民经济中占有十分重要的地位。铝、钛、镁等金属具有密度小、比强度高、比刚度大等特点,广泛应用于航空航天领域;而银、铜、铝等有色金属导电性、导热性优良,是电气工业和仪表工业不可缺少的材料;镍、钨、钼、铌等是制造高温零件及电真空元件的理想材料。本章主要介绍铝、铜、钛、镁及其合金等非铁材料。

5.1 铝及铝合金

5.1.1 工业纯铝

铝是一种具有银白色光泽的金属,熔点为 660 ℃,密度为 2.7 g/cm³,约为纯铜密度的1/3。其导电性、导热性仅次于银和铜而居第 3 位,约为纯铜电导率的 62%,可用来制造导线、电缆等各种导电制品和散热元件。铝在大气和淡水中的抗腐蚀性能好(因为其表面易形成致密的氧化铝膜,能阻止内部金属的进一步氧化),与浓硝酸、有机酸及食品基本不起反应。但其氧化膜在碱和盐溶液的耐蚀性低,在热硝酸和硫酸中也极易溶解。

铝呈面心立方结构,强度低,塑性高,可进行各种冷、热加工,能轧制成很薄的铝箔和冷拔成极细的丝,焊接性能良好。工业纯铝不能热处理强化,可通过冷变形提高强度,唯一的热处理形式是退火。退火板材的 $R_m = 80 \sim 100$ MPa,$R_{eL} = 30 \sim 50$ MPa,$A = 35\% \sim 40\%$。

5.1.2 铝合金的牌号与分类

1. 铝及铝合金的牌号

按 GB/T 16474—2011 规定,变形铝及铝合金可采用国标规定的 4 位字符体系牌号或直接引用国际 4 位数字体系牌号。4 位字符体系中,第 1、3、4 位为阿拉伯数字,第 2 位为英文大写字母(C、I、L、N、O、P、Q、Z 字母除外)。牌号的第 1 位数字表示铝及铝合金的组别,如表 5.1 所列。除改型合金外,铝合金组别按主要合金元素(6×××系按 Mg_2Si)来确定。主要合金元素指极限含量算术平均值为最大的合金元素。当有一个以上的合金元素极限含量算术平均值同为最大时,应按 Cu、Mn、Si、Mg、Mg_2Si、Zn、其他元素的顺序来确定合金组别。牌号的第 2 位字母表示原始纯铝或铝合金的改型情况,最后 2 位数字用以标识同一组中不同的铝合金或表示铝的纯度。

表 5.1 铝及铝合金的组别

组　别	牌号系列
纯铝(铝含量不小于 99.00%)	1×××
以铜为主要合金元素的铝合金	2×××
以锰为主要合金元素的铝合金	3×××

续表 5.1

组　别	牌号系列
以硅为主要合金元素的铝合金	4×××
以镁为主要合金元素的铝合金	5×××
以镁和硅为主要合金元素并以 Mg₂Si 相为强化相铝合金	6×××
以锌为主要合金元素的铝合金	7×××
以其他为主要合金元素的铝合金	8×××
备用合金组	9×××

铝含量不低于 99.00％时为纯铝,其牌号用 1××× 系列表示。牌号的最后 2 位数字表示最低铝百分含量。当最低铝百分含量精确到 0.01％时,牌号的最后 2 位数字就是最低铝百分含量中小数点后面的 2 位。牌号第 2 位的字母表示原始纯铝的改型情况。如果第 2 位字母为 A,则表示原始纯铝;如果为 B～Y 的其他字母,则表示为原始纯铝的改型,与原始纯铝相比,其元素含量略有改变。

变形铝合金的牌号用 2×××～8××× 系列表示。牌号的最后 2 位数字没有特殊意义,仅用来区分同一组不同的铝合金。牌号的第 2 位字母表示原始合金的改型情况。如果牌号第 2 位字母是 A,则表示原始合金;如果是 B～Y 的其他字母,则表示为原始合金的改型合金。变形铝合金的旧牌号采用汉语拼音字母加顺序号表示,防锈铝合金、硬铝合金、超硬铝合金、锻铝合金牌号分别为"LF"(防锈)、"LY"(硬铝)、"LC"(超硬)、"LD"(锻铝)。新牌号按 GB/T 16474—2011 规定执行。变形铝合金的新旧牌号对照表见表 5.2。

表 5.2　变形铝合金的新旧牌号对照

旧牌号	新牌号	旧牌号	新牌号	旧牌号	新牌号
LF21	3A21	LY10	2A10	LD2	6A02
LF2	5A02	LY11	2A11	LD5	2A50
LF3	5A03	LY12	2A12	LD6	2B50
LF6	5A06	LY16	2A16	LD7	2A70
LY1	2A01	LC3	7A03	LD8	2A80
LY2	2A02	LC4	7A04	LD9	2A90
LY6	2A06	LC9	7A09	LD10	2A14

根据 GB/T 1173—2013 规定,铸造铝合金代号是由表示铸铝的汉语拼音字母"ZL"及其后面的 3 个阿拉伯数字组成。ZL 后面第 1 位数字表示合金的系列,其中 1、2、3、4 分别表示铝硅、铝铜、铝镁、铝锌系列合金,ZL 后面第 2、3 位数字表示合金的顺序号。优质合金在其代号后附加字母"A"。

2. 铝合金的分类

纯铝的承载性能不高,不宜作承受较大载荷的结构材料,为了提高铝的力学性能,在纯铝中加入硅、铜、镁、锰等合金元素配制成铝合金。铝合金不仅保持了纯铝的熔点低、密度小、导热性良好、耐大气腐蚀及良好的塑性、韧性和低温性能,而且由于合金化,还使铝合金大都可以实现热处理强化。铝在合金化时,常加入的合金元素有 Cu、Mg、Zn、Mn 和 RE(稀土元素)等,这些元素与铝均能形成固态下有限互溶的共晶相图,如图 5.1 所示。

（1）变形铝合金

位于相图（图 5.1）中 D 点以左成分的合金,加热时能形成单相固溶体 α,其塑性较高,适用于压力加工,故称为变形铝合金。变形铝合金又分为两类:凡在 F 点以左成分的合金,其固溶体成分不随温度变化,故不能进行时效强化,称之为不能热处理强化的铝合金;凡在 F 点和 D 点之间的合金,其固溶体的成分将随温度的变化而变化,故可进行时效强化,称之为能热处理强化的铝合金。铝合金的热处理工艺有退火、淬火和时效。

（2）铸造合金

位于相图（图 5.1）中 D 点以右成分的合金,由于有共晶组织存在,其流动性较好,其高温强度也较高,可以防止热裂现象,故适于铸造,称之为铸造铝合金。

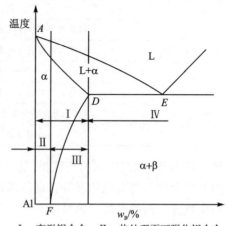

Ⅰ—变形铝合金; Ⅱ—热处理不可强化铝合金;
Ⅲ—热处理可强化铝合金; Ⅳ—铸造铝合金

图 5.1　铝合金分类示意图

5.1.3　变形铝合金

1. 铝合金的强化

（1）固溶强化

纯铝中加入合金元素,形成铝基固溶体,造成晶格畸变,阻碍了位错的运动,起到固溶强化的作用。根据合金化的一般规律,形成无限固溶体或高浓度的固溶体型合金时,不仅能获得较高的强度,而且还能保持良好的塑性,且压力加工性能优良。Al－Cu、Al－Mg、Al－Si、Al－Zn、Al－Mn 等二元合金,一般都能形成有限固溶体,并且均有较大的极限溶解度,因此具有较大的固溶强化效果。

（2）时效强化

可热处理强化的铝合金,当它加热到 α 相区时,在保温后在水中快冷。由于快速冷却,溶质原子难以析出,从而得到过饱和的 α 固溶体。此时,合金的强度、硬度并没有明显升高,这种热处理称为固溶处理。固溶处理后的铝合金,由于其过饱和 α 固溶体是不稳定的,在一定温度下,随着时间的延长,将析出第二相而使合金的强度、硬度显著升高,这一过程称为时效强化。室温下的时效称为自然时效,加热条件下的时效称为人工时效。

铝合金时效强化的效果与加热温度和保温时间有关,如图 5.2 所示。若人工时效的温度过高（或时间过长）,反而使合金软化,这种现象称为过时效。

（3）过剩相强化

如果铝中加入合金元素的数量超过了极限溶解度,则在固溶处理加热时,会有一部分不能溶入固溶体的第二相出现,称为过剩相。在铝合金中,这些过剩相通常是硬而脆的金属间化合物。它们在合金中阻碍位错运动,使合金强化,这称为过剩相强化。在生产中常常采用这种方式来强化铸造铝合金和耐热铝合金。过剩相数量越多,分布越弥散,则强化效果越好。但过剩相过多,则会使强度和塑性都降低;过剩相成分结构越复杂,熔点越高,则高温热稳定性越好。

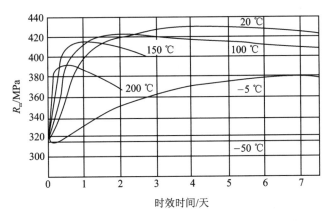

图 5.2 $w_{Cu}=4\%$ 的铝合金在不同温度下的时效曲线

（4）细化组织强化及变质处理

许多铝合金组织都是由 α 固溶体和过剩相组成的。若能细化铝合金组织中的 α 固溶体和过剩相，就可使合金得到强化。

由于铸造铝合金组织比较粗大，所以实际生产中常常利用变质处理的方法来细化合金组织。变质处理是在浇注前在熔融的铝合金中加入占合金重量 2%～3% 的变质剂，以增加结晶核心，使组织细化。经过变质处理的铝合金可得到细小均匀的共晶体和初生 α 固溶体组织，从而显著地提高了铝合金的强度及塑性。

2. 常用的变形铝合金

根据性能与用途，变性铝合金可分为防锈铝合金、硬铝合金、超硬铝合金及锻铝合金。表 5.3 列出了常用变形铝合金的牌号、力学性能及用途。

表 5.3   变形铝合金的牌号、力学性能及用途

类　　别	牌　号	半成品种类	产品状态	力学性能		用　　途
				R_m/MPa	A/%	
防锈铝合金	5A02	冷轧板材	O	167～226	16～18	适用于在液体中工作的中等强度的焊接件、冷冲压件和容器、骨架零件等
		热轧板材	H112	117～157	6～7	
		挤压板材	O	小于 226	10	
	3A21	冷轧板材	O	98～147	18～20	适用于要求高的可塑性和良好的焊接性、在液体或气体介质中工作的低载荷零件
		热轧板材	H112	108～118	12～15	
		挤制厚壁管材	H112	小于 167	—	
硬铝合金	2A11	冷轧板材	O	226～235	12	适用于要求中等强度的零件和构件、冲压的连接部件、空气螺旋桨叶片、局部镦粗的零件等
		挤压棒材	T4	353～373	10～12	
		拉挤制管材	O	245	10	
	2A12	冷轧板材	T4	407～427	10～13	用量最大，适用于要求高载荷的零件和构件
		挤压棒材	T4	255～275	8～12	
		拉挤制管材	O	245	10	
	2B11	铆钉线材	T4	J225	—	主要用作铆钉材料

类 别	牌 号	半成品种类	产品状态	力学性能		用 途
				R_m/MPa	A/%	
超硬铝合金	7A03	铆钉线材	T6	J284	—	适用于受力结构的铆钉
	7A34 7A09	挤压棒材	T6	490～510	5～7	适用于飞机大梁等承力构件和高载荷零件
		冷轧板材	O	240	10	
		热轧板材	T6	490	3～6	
锻铝合金	2A50	挤压棒材	T6	353	12	适用于形状复杂和中等强度的锻件和冲压件
	2A70	挤压棒材	T6	353	8	
	2A80	挤压棒材	T6	441～432	8～10	
	2A14	热轧板材	T6	432	5	适用于高负荷和形状简单的锻件和模锻件

（1）防锈铝合金

这类合金主要指铝-锰或铝-镁系合金,其特点是有很高的耐蚀性,故称为防锈铝合金。这类合金还有良好的塑性和焊接性能,但强度较低,切削加工性能较差,只能通过冷加工变形才能使其强化。常见牌号有 3A21、5A30 等。

（2）硬铝铝合金

这类合金是铝-铜-镁系合金,是一种应用较广的可热处理强化的铝合金,加入铜、镁使之形成强化相,通过淬火时效可显著提高强度,R_m 可达 420 MPa,其比强度与高强度钢相近,故名硬铝。硬铝的耐蚀性远比纯铝差,更不耐海水腐蚀,尤其是硬铝中的铜会导致其抗蚀性剧烈下降。为此,需加入适量的锰。对硬铝板材还可采用表面包一层纯铝或包覆铝,以增加其耐蚀性,但在热处理后强度稍低。

➢ 2A01(铆钉硬铝)　有很好的塑性,大量用来制造铆钉。飞机上常用的铆钉材料为 2A10,它比 2A01 含铜量稍高,含镁量更低,塑性好,且孕育期长,还有较高的剪切强度。

➢ 2A11(标准硬铝)　既有相当高的硬度,又有足够的塑性,退火状态可进行冷弯、卷边、冲压。时效处理后又可大大提高其强度,常用来制形状较复杂、载荷较低的结构零件,在仪器制造中也有广泛应用。

➢ 2A12(高强度硬铝)　经淬火自然时效后可获得高强度,因而是目前最重要的飞机结构材料,广泛用于制造飞机翼肋、翼架、隔框、蒙皮等构件。2A12 硬铝还可用来制造 200 ℃以下工作的机械零件。

（3）超硬铝合金

这类合金是铝-铜-镁-锌系合金。超硬铝时效强化效果最好,强度最高,R_m 可达 600 MPa,其比强度已相当于超高强度钢(一般指 $R_m > 1\,400$ MPa 的钢),故名超硬铝。但耐蚀性较差,一般要包覆铝以提高耐蚀性。另外,耐热性也较差,工作温度超过 120 ℃就会软化。

目前应用最广的超硬铝合金是 7A04。常用于来制造要求屈服强度高的飞机结构件,如机翼蒙皮、桁条、隔框等,甚至可代替部分高强度钢制造飞机的起落架、大梁、机翼等。但其缺点是应力腐蚀倾向大,缺口敏感性大。

（4）锻　铝

这类合金大多数是铝-铜-镁-硅系合金。其力学性能与硬铝相近，但热塑性及耐蚀性较高，更适于锻造，故名锻铝。其中 6061 是最典型的代表，具有广泛的应用。

由于其热塑性好，所以锻铝主要用作航空及仪表工业中各种形状复杂、要求比强度较高的锻件或模锻件，如各种叶轮、框架、支杆等。因锻铝的自然时效速率较慢，强化效果较低，故一般均采用淬火和人工时效。

5.1.4　铸造铝合金

对于制造铝合金，除了要求必要的力学性能和耐蚀外，还应具有良好的铸造性能。在铸造铝合金中，铸造性能和力学性能配合最佳的是 Al - Si 合金，又称硅铝明。

1. 铝-硅系

又称为硅铝明，其特点是铸造性能好，线收缩小，流动性好，热裂倾向小，具有较高的抗蚀性和足够的强度。这类合金最常见的是 ZL102，硅含量 $w_{Si}=10\%\sim13\%$，相当于共晶成分，铸造后几乎全部为（α+Si）共晶体组织。它的最大优点是铸造性能好，但强度低，铸件致密度不高，经过变质处理后可提高合金的力学性能。该合金不能进行热处理强化，主要在退火状态下使用。为了提高铝-硅系合金的强度，满足较大负荷零件的要求，可在该合金成分基础上加入铜、锰、镁、镍等元素，组成复杂硅铝明。这些元素通过固溶化实现合金强化，并能使合金通过时效处理进行强化。这类合金经过淬火和自然时效后，强度极限可提高到 $200\sim260$ MPa，适用于强度和硬度要求较高的零件，如铸造内燃机活塞，因此也叫活塞材料。

2. 铝-铜系

这类合金 $w_{Cu}=4\%\sim14\%$。由于铜在铝中有较大的溶解度，且随温度的改变而改变，因此这类合金可以通过时效强化提高强度，并且时效强化的效果能够保持到较高温度，使合金具有较高的热强性。例如，ZL201 是铸铝强度最高的铝合金，在 300 ℃ 以下仍然保持较高强度、铸造性能，但抗蚀性差，用于 300 ℃ 以下工作形状简单的铸件，如活塞、增压器的导风叶轮。

3. 铝-镁系

该类合金的特点是密度小、强度高，比其他铸造铝合金的耐蚀性要好。但铸造性能不如铝硅合金好，流动性差，线收缩率大，铸造工艺复杂。它一般多用于制造承受冲击载荷、耐海水腐蚀、外型不太复杂便于铸造的零件，如舰船零件。常用的有 ZL301 和 ZL303 两种，其中应用最广的是 ZL301。

4. 铝-锌系

这类合金铸造性能很好、流动性好、易充满铸型，但密度较大、耐蚀性差。由于在铸造条件下锌原子很难从过饱和固溶体中析出，因而合金铸造冷却时能够自行淬火，经自然时效后就有较高的强度。该合金可以在不经热处理的铸态下直接使用，常用于汽车、拖拉机发动机的零件。常用的有 ZL401、ZL402。

常见铸造铝合金的牌号、代号、机械性能及用途见表 5.4。

表 5.4 铸造铝合金的牌号、代号、机械性能及用途

类 别	牌 号	代 号	铸造方法	合金状态	力学性能(≥)			用 途
					R_m/MPa	A/%	硬度/HB	
铝硅合金	ZAlSi7Mg	ZL101	S、R、K	T5	195	2	60	形状复杂的零件,如飞机、仪器零件、抽水机壳体
			SB、RB、KB	T5	195	2	60	
			SB、RB、KB	T6	225	1	70	
	ZAlSi9Mg	ZL104	J、JB	T6	225	2	70	形状复杂工作温度为 200 ℃以下的零件,如电动机壳体、汽缸体
			SB、RB、KB	T6	235	2	70	
	ZAlSi5Cu1Mg	ZL105	S、R、K	T5	195	1	70	250 ℃以下工作的承受中等载荷的零件,如中小型发动机汽缸头、机匣、油泵壳体
			J	T5	235	0.5	70	
			S、R、K	T6	225	0.5	70	
铝铜合金	ZAlCu5Mn	ZL201	S、J、R、K	T4	295	8	70	工作温度在 175~300 ℃的零件,如内燃机汽缸头、活塞
			S、J、R、K	T5	335	4	90	
	ZAlCu4	ZL203	S、R、K	T5	215	3	70	需有高强度、高塑性的零件以及工作温度不超过 200 ℃并要求切削性能好的小零件
			J	T5	230	3	70	
铝镁合金	ZAlMg10	ZL301	S、J、R	T4	280	10	60	大气或海水中工作的零件,承受冲击载荷、外形不太复杂的零件,如舰船配件、氨用泵体等
铝锌合金	ZAlZn11Si7	ZL401	S、R、K	T1	195	2	80	压力铸造零件,工作温度不超过 200 ℃的结构形状复杂的汽车、飞机零件
			J	T1	245	1.5	90	

注:S——砂型铸造,J——金属型铸造,R——熔模铸造,K——壳型铸造,B——变质处理。

5.1.5 铝合金在飞机中的应用

铝合金在飞机上的应用广泛,表 5.5、表 5.6、表 5.7 简单地列出了铝合金在不同型号飞机上的应用。

1. 铝合金在 MD - 82 飞机上的应用

铝合金在 MD - 82 飞机上的应用见表 5.5。

表 5.5 铝合金在 MD - 82 飞机上的应用

典型结构	零 件	合金牌号及状态	典型结构	零 件	合金牌号及状态
主起落架	安装接头	7075 - T73 锻件	水平尾翼	蒙皮	7075 - T73
机身	蒙皮	2014 - T6、2024 - T351		肋腹板梁腹板	7075 - T6
	长桁、框	7075 - T6		梁缘条	7075 - T73

典型结构	零件	合金牌号及状态	典型结构	零件	合金牌号及状态
机翼	上蒙皮	7075 - T76	垂直尾翼	蒙皮	2014 - T6 7075 - T6 7075 - T73
	下蒙皮	2024 - T3		肋腹板 长桁	2014 - T6
	上下翼面 长桁	7075 - T6			
	梁腹板 翼勒腹板 翼勒缘条	7075 - T6		梁腹 板肋	7075 - T6

2. 铝合金在波音 707/727/737/747 飞机上的应用

铝合金在波音 707/727/737/747 飞机上的应用见表 5.6。

表 5.6　铝合金在波音 707/727/737/747 飞机上的应用

典型结构	零件	合金牌号及状态	典型结构	零件	合金牌号及状态
机身与 机翼	隔框、紧固件	7075 - T73 锻件	水平尾翼	上表面	2024 - T3
机身	蒙皮	2024 - T3		下表面	7075 - T6
	长桁	7075 - T6			
机翼	上蒙皮、 长桁、弦梁	7178 - T6 7075 - T6	垂直尾翼	蒙皮	7075 - T6
	下蒙皮、 长桁、弦梁	2024 - T3		长桁	7075 - T6

3. 铝合金在波音 737/757/767 飞机上的应用

铝合金在波音 737/757/767 飞机上的应用见表 5.7。

表 5.7　铝合金在波音 737/757/767 飞机上的应用

典型结构	零件	合金牌号及状态	典型结构	零件	合金牌号及状态
机翼	上蒙皮	7150 - T651 板材	机身及机翼	隔框 紧固件	7075 - T73、7050 - T736 7175 - T736
	长桁	7150 - T6511 挤压件	水平尾翼	蒙皮 长桁	7075 - T6
	下蒙皮	2324 - T39			
	长桁 弦梁	2224 - T3511 挤压件	垂直尾翼	蒙皮 长桁	7075 - T6

注：T6——固溶热处理后人工时效,冷作产生的影响不大;T3——固溶热处理后冷作硬化和时效强化;T73——固溶热处理和过时效,适用于 7×××。

5.2 铜及铜合金

铜是最古老的金属,我国有丰富的铜资源,也是最早使用铜合金的国家,在有色金属材料中,其用量仅次于铝及铝合金。

5.2.1 工业纯铜

纯铜外观呈紫色,故俗称紫铜,它的相对密度为 8.96 g/cm^3,熔点为 1 083.4 ℃。纯铜的导电性和导热性优良,仅次于银,而居于第 2 位。纯铜具有面心立方晶格,强度不高,硬度很低,塑性极好,并有良好的低温韧性,可以进行冷、热压力加工。纯铜具有很好的化学稳定性,在大气、淡水及冷凝水中均有优良的抗蚀性。但在海水中的抗蚀性较差,易被腐蚀。纯铜在含有 CO_2 的湿空气中,表面将产生碱性碳酸盐的绿色薄膜,又称铜绿。工业纯铜一般指纯度高于 99.70% 的工业用金属铜。纯铜中的杂质主要有铅、铋、氧、硫、砷等,它们都将降低纯铜的导电性。纯铜主要用作导电、导热及兼有耐蚀性的器材,如电线、电缆、电刷、防磁器械、化工用传热或深冷设备等。纯铜是配制铜合金的原料,铜合金具有比纯铜高的强度及耐蚀性,是电气仪表、化工、造船、航空、机械等工业中的重要材料。

加工铜及铜合金的牌号和化学成分应符合 GB/T 5231—2012 标准,等同采用美国 ASTM 标准中的铜及铜合金标准,其代号等同采用美国 ASTM 牌号。无氧铜是在碳和还原性气体保护下进行熔炼和铸造的,不含有氧化亚铜和任何脱氧剂残留物。无氧铜的具体牌号、代号及氧含量见表 5.8。

表 5.8　无氧铜牌号、代号及氧含量(质量百分数)
%

牌　号	代　号	Cu+Ag(最小值)	O
TU00	C10100	99.99	0.000 5
TU0	T10130	99.97	0.001
TU1	T10150	99.97	0.002
TU2	T10180	99.95	0.003
TU3	C10200	99.95	0.001 0

5.2.2 铜合金

1. 铜合金的分类及牌号

(1)铜合金的分类

① 按化学成分　铜合金可分为高铜合金、黄铜、青铜及白铜(铜镍合金)四大类,黄铜按化学成分分为普通黄铜和特殊黄铜。在机器制造业中,应用较广的是黄铜和青铜。

② 按生产方法　铜合金可分为加工铜合金和铸造铜合金两类。

(2)铜合金牌号命名方法

根据 GB/T 29091—2012,铜及铜合金的牌号和代号表示方法如下:

① 铜和高铜合金牌号命名方法

高以"T+顺序号"命名,如铜含量≥99.90%的二号黄铜表示为 T2;铜合金以"T+第一主添加元素化学符号＋各添加元素含量(数字间以"-"隔开)"命名。例如,银含量为 0.08％～0.12％,磷含量为 0.004％～0.012％的银铜表示为 TAg0.1-0.01。

②　黄铜的命名方法

普通黄铜以"H＋铜含量"命名,例如,铜含量为 63.5％～68.0％的普通黄铜表示为 H65。特殊黄铜以"H＋第二主加元素的化学符号＋铜含量＋除锌以外的各添加元素含量(数字间以"-"隔开)命名。例如,铅含量为 0.8％～1.9％,铜含量为 57.0％～60.0％的铅黄铜表示为 HPb59-1。

③　青铜的命名方法

青铜以"Q＋第一主添加元素的化学符号＋各添加元素的含量(数字间以"-"隔开)"命名。例如,锡含量为 6.0％～7.0％,磷含量为 0.10％～0.25％的锡磷青铜表示为 QSn6.5-0.1。

④　白铜的命名方法

普通白铜以"B＋镍含量"命名。

复杂黄铜以"B＋第二主添加元素化学符号＋镍含量＋各添加元素含量(数字间以"-"隔开)"命名。

⑤　铸造铜及铜合金牌号命名方法

在加工铜及铜合金牌号的命名方法的基础上,牌号的最前冠以"铸造"一词汉语拼音的第一个大写字母"Z"。

2. 黄　铜

黄铜含锌量一般控制在 47％以内,超过这个含量黄铜的性能会变脆而没有使用价值。黄铜具有良好的力学性能,易加工成形,并对大气、海水有相当好的抗蚀能力,而且价格比较低。

以铜为基体金属,主要由铜和锌组成的合金,称为黄铜。黄铜可含有或不含有其他合金元素。不含其他合金元素的黄铜称为简单黄铜(或称普通黄铜);含有其他合金元素的黄铜称为复杂黄铜(或称特殊黄铜),或依据第二合金元素命名,如镍黄铜、铅黄铜、锡黄铜、铝黄铜、锰黄铜、铁黄铜、硅黄铜等。当含有其他合金元素时,锌含量应占优势,超过其他任一合金元素;镍含量不超过 6.5％;锡含量不超过 3.0％;其他合金元素含量不做规定。

普通黄铜主要供压力加工用。单相黄铜(α黄铜)塑性好,可进行冷、热加工,并具有良好的焊接性能。其中 H70、H68 称为三七黄铜,常用作弹壳,故又称弹壳黄铜。两相黄铜(α＋β黄铜)的强度比单相黄铜高,在室温下塑性较差,只宜进行热轧或热冲压成型。常用的有 H62、H59 等,可用作散热器及机械、电器零件。

黄铜的耐蚀性与纯铜相近,在大气和淡水中是稳定的,对海水的耐蚀性稍差。黄铜的主要腐蚀形式是"脱锌"和"季裂"。所谓脱锌是指黄铜在酸性或盐类溶液中,锌优先溶解而受到腐蚀。工件表面残存一层多孔(海绵状)的纯铜。季裂是指黄铜产品因存在残余内应力,在潮湿大气中,特别是含氨盐的大气中受到腐蚀而产生破裂的现象。

在普通黄铜基础上,加入锡、铅、铝、锰、硅、铁等合金元素构成三元、四元、甚至五元合金,即为特殊黄铜。锡黄铜加入锡主要用于提高黄铜的耐蚀性,广泛用于船舶零件。铝黄铜加入铝主要用于提高黄铜的强度、硬度和耐磨性。铅黄铜加入铅主要用于提高黄铜的切削加工性和耐磨性。锰黄铜加入锰主要用于提高黄铜的力学性能和耐热性,同时也提高在海水、氯化物和过热蒸汽中的耐蚀性。硅黄铜加入硅主要用于提高黄铜的力学性能和耐磨性,同时也提高铸造性能和耐蚀性。

常用黄铜的牌号、主要特性及用途如表 5.9 所列。

表 5.9　黄铜的牌号、主要特性及用途

类　别	牌　号	主要特性	用　途
普通黄铜	H95	强度比紫铜高,导热、导电性好,在大气和淡水中有高的耐蚀性,且有良好的塑性,易于冷、热压力加工,易于焊接、锻造和镀锡,无应力腐蚀破裂倾向	在一般机械制造中用作导管、冷凝管、散热器管、散热片、汽车水箱带以及导电零件等
	H68	有良好的塑性和较高的强度,切削加工性能好,易焊接,但在冷作硬化状态下有季裂倾向	用于复杂的冷冲件和深冲件,如散热器外壳、导管、波纹管、弹壳、垫片、雷管等
	H62	有良好的力学性能,热态下塑性好,冷态下塑性也可以,切削性好,易焊接,耐蚀性好,但在冷作硬化状态下有季裂倾向	用于的受力零件,如销钉、铆钉、垫圈、螺母、导管、气压表弹簧、筛网、散热器零件等
特殊黄铜	HSn62-1	在海水中有高的耐蚀性,有良好的力学性能,冷加工时有冷脆性,只适用于热压加工,切削性好,易焊接,但有季裂倾向	用作海水或汽油接触的船舶零件或其他零件
	HSi80-3	力学性能,工艺性能及耐蚀性能良好,比普通黄铜具有较高的抗季裂性	在海水中工作的船用零件、阀件及泵等
	HMn58-2	在海水和过热蒸汽、氯化物中有高的耐蚀性,但有季裂倾向;力学性能良好,导热导电性低,易于在热态下进行压力加工,冷态下压力加工性尚可	用于腐蚀条件下工作的重要零件和弱电流工业用零件
	HPb59-1	切削性好,有良好的力学性能,能承受冷、热压力加工,易焊接,对一般腐蚀有良好的稳定性,但有季裂倾向	适于以热冲压和切削加工制作的各种结构零件,如螺钉、垫圈、垫片、衬套、螺母、喷嘴等
	HA177-2	有高的强度和硬度,塑性良好,可在热态冷态下进行压力加工,对海水及盐水有良好的耐蚀性,并耐冲击腐蚀,但有脱锌及季裂倾向	在船舶和海滨热电站中用作冷凝管以及其他耐蚀零件
铸造黄铜	ZCuZn40Mn3Fe1	有高的力学性能,良好的铸造性能和可切削性能,在空气、淡水和海水中耐蚀性较好,有季裂倾向	轮廓不复杂的重要零件,海轮上在300 ℃以下工作的管配件、螺旋桨等大型铸件
	ZCuZn25Al6Fe3Mn3	有很高的力学性能,铸造性能良好,耐蚀性较好,有季裂倾向,可以焊接	适用高强、耐磨零件,如螺母、螺杆、耐磨板、滑块和蜗轮、衬套等

3. 青　铜

以铜为基体金属,以除锌和镍以外的其他元素为主添加元素的合金,称为青铜。根据主添加元素不同,可分为锡青铜(或称铜锡合金,包括铜锡、铜锡磷、铜锡铅合金等)、铝青铜(或称铜铝合金)、铬青铜(或称铜铬合金)、锰青铜(或称铜锰合金)、硅青铜(或称铜硅合金)等。青铜中可含有或不含有主添加元素以外的其他合金元素。当含有其他合金元素时,主添加元素含量应占优势,超过其他任一合金元素。硅青铜中,镍含量可大于硅含量,但不应大于 5%。锡青铜中,当锡含量在 3.0% 以上时,锌含量可等于或大于锡含量,但不应大于 10%。

（1）锡青铜

锡含量小于 8% 的锡青铜称为压力加工锡青铜,锡含量大于 10% 的锡青铜称为铸造锡青铜。锡对锡青铜的力学性能影响如图 5.3 所示。

在实用锡青铜的成分范围内,合金的液相线与固相线之间温度间隔大,这就使得锡青铜在铸造性能上具有流动性差,偏析倾向大及易形成分散缩孔等特点。锡青铜铸造因易形成分散缩孔而收缩率小,能够获得完全符合铸模形状的铸件,适合铸造形状复杂的零件,但铸件的致密程度较低,若制成容器在高压下易漏水。

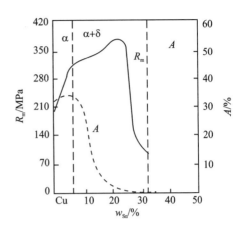

图 5.3 含锡量与铸造锡青铜力学性能关系曲线

锡青铜在大气、海水、淡水以及水蒸气中抗蚀性比纯铜和黄铜好,但在盐酸、硫酸及氨水中的抗蚀性较差。

锡青铜中还可以加入其他合金元素以改善性能。例如,加入锌可以提高流动性,并可以通过固溶强化作用提高合金强度。加入铅可以使合金的组织中存在软而细小的黑灰色铅夹杂物,提高锡青铜的耐磨性和切削加工性。加入磷,可以提高合金的流动性,并生成 Cu_3P 硬质点,提高合金的耐磨性。

（2）铝青铜

铝青铜是以铝为主加元素的铜合金,一般铝含量为 5%～10%。铝青铜的力学性能受铝含量影响很大（见图 5.4）。铝青铜的力学性能和耐磨性均高于黄铜和锡青铜,它的结晶温度范围小,不易产生化学成分偏析,而且流动性好,分散缩孔倾向小,易获得致密铸件,但收缩率大,铸造时应在工艺上采取相应的措施。铝青铜的耐蚀性优良,在大气、海水、碳酸及大多数有机酸中具有比黄铜和锡青铜更高的耐蚀性。

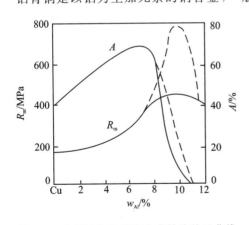

图 5.4 含铝量与铝青铜力学性能关系曲线

为了进一步提高铝青铜的强度和耐蚀性,可添加适量的铁、锰、镍元素。铝青铜可制造齿轮、轴套、蜗轮等高强度、耐磨的零件以及弹簧和其他耐蚀元件。

常用青铜的牌号、主要特性和用途如表 5.10 所列。

表 5.10　常用青铜的牌号、主要特性和用途

类　别	牌　号	主要特性	用　途
锡青铜	QSn4-3	耐磨性和弹性高,抗磁性良好,冷热加工性能好;在硬态下,可切削性好,易焊接,在大气、淡水和海水中耐蚀性好	用于制作弹簧及其他弹性元件、化工设备上的耐蚀零件、及耐磨零件、抗磁零件和造纸工业用的刮刀
	QSn6.5-0.1	有高的强度、弹性、耐磨性和抗磁性,冷热加工性能好,可焊接,可切削性良好,在大气、淡水中耐蚀	用于制作弹簧和导电性好的弹簧接触片,精密仪器中的耐磨零件和抗磁零件,如齿轮、电刷盒、振动片、接触器等
	QSn4-4-4	有高的减摩性和良好的可加工性,易于焊接,在大气、淡水中具有良好耐蚀性,只能在冷态下进行加工,因含铅,热加工时易引起热脆	用于制作在摩擦条件下工作的轴承、卷边轴套、衬套、圆盘以及衬套的内垫等
铝青铜	QAl5	有较高的强度、弹性和耐磨性,在大气、淡水、海水和某些酸中耐蚀性高,可电焊、气焊,不易钎焊,冷热加工性能好	重要用途的弹簧和弹性元件
	QAl10-4-4	强度高,耐热性能好,减摩性良好,在大气、淡水和海水中抗蚀性很好,热态下压力加工良好,可热处理强化,可焊接,不易钎焊,可切削性尚好	高强度耐磨件及500℃以下工作的零件
硅青铜	QSi1-3	具有高的强度,相当好的耐磨性,能热处理强化,淬火回火后强度和硬度大大提高,在大气、淡水和海水中有较高的耐蚀性,焊接性和切削性良好	用于制造在300℃以下,润滑不良、单位压力不大的工作条件下的摩擦零件,如发动机排气和进气门的导向套,以及在腐蚀介质中工作的结构零件
	QSi3-1	有高的强度、弹性和耐磨性,塑性好,低温下仍不变脆,焊接性能好;在大气、淡水和海水中的耐蚀性高,冷热加工性能好,不能热处理强化	用于制作在腐蚀介质中工作的各种零件,弹簧和弹簧零件,以及蜗杆、蜗轮齿轮、轴套、制动销和杆类耐磨零件
铸造青铜	ZCuSn10P1	硬度和耐磨性都很高,有较好的铸造性能和切削加工性能,在大气和淡水中有良好的耐蚀性	可用于制造重荷载、高速度和较高温度下受强烈摩擦的零件,如连杆衬套、齿轮、蜗轮等
	ZCuSn5Pb5Zn5	耐磨性和耐蚀性好,易加工,铸造性能和气密性较好	用于较高负荷,中等滑动速度下工作的耐磨耐腐蚀零件,如轴瓦、衬套、缸套、活塞离合器、泵件压盖以及蜗轮等
	ZCuAl10Fe3	耐磨性和耐蚀性能好,可以焊接,不易钎焊,大型铸件自700℃空冷可以防止变脆	用于要求强度高、耐磨、耐蚀的重要铸件,如轴套、螺母、蜗轮以及250℃以下工作的管配件
	ZCuPb30	有良好的自润滑性能,易切削,铸造性能差,易产生比重偏析	用于要求高滑动速度的双金属轴瓦,减磨零件等

4. 高铜合金

以铜为基体金属,加入一种或几种微量元素以获得某些预定特性的合金。用于冷、热压力加工的高铜,铜含量一般在 96.0%～99.3% 范围内。用于铸造的高铜,铜含量一般大于 94%。

以铍为主添加合金元素形成的铜合金称为铍铜(原国家标准称为铍青铜)。铍铜中铍含量一般为 0.2%～2.1%,属加工高铜合金。它是铜合金中性能最好的高级有弹性材料,具有高强度、高硬度、高导电性、高弹性、耐磨、耐疲劳、抗腐蚀性及弹性滞后小等特点。典型牌号TBe2(旧牌号 QBe2)。铍铜可以进行淬火时效强化,淬火后得到单相 α 固溶体组织,塑性好,可以进行冷变形和切削加工,制成零件后再进行人工时效处理,获得很高的强度和硬度,超过其他所有的铜合金。常用来制造各种精密仪表的弹性元件及有特殊要求的耐磨件,此外,还可用于制作各种转向开关、接触件、焊接用电极、防爆工具和精密模具等。主要的不足是铍的价格昂贵,在一定程度上限制了它的使用。

5.3　钛及钛合金

钛在地壳中的蕴藏量十分丰富,仅次于铝、铁、镁,居金属元素中的第四位,钛合金具有密度小、耐蚀性好、耐热性好、比刚度和比强度高、焊接性能好等特点,在航天航空、化工、导弹、舰艇等方面广泛应用。但由于钛在高温时异常活泼,因此,钛及其合金的熔炼、浇铸、焊接和热处理等都要在真空或惰性气体中进行,加工条件严格,成本较高,使它的应用受到限制。

5.3.1　钛及钛合金的性能

钛是银白色金属,密度为 4.5 g/cm³,比强度高,熔点为 1 668 ℃,纯钛具有同素异构转变,在 882 ℃ 以下为密排六方晶格结构的 α-Ti;在 882 ℃ 以上直到熔点时为体心立方晶格结构的 β-Ti。工业纯钛和一般纯金属不同,它具有相当高的强度,可以直接用于制造航空产品,常用来制造 350 ℃ 以下工作的飞机构件,如超声速飞机的蒙皮、构架等。钛的力学性能与其纯度有很大关系,微量杂质即能使钛的塑性、韧性急剧降低。氢、氧、氟对钛来说都是有害杂质元素。

钛合金比强度高,其强度一般可达 1 200 MPa,和调质结构钢相近,这是它作为航空材料的主要原因。由于钛的熔点高,再结晶温度也高,因而具有较高的热强度。能在 600 ℃ 以下长期工作,可向 800～900 ℃ 高温发展,可与耐热钢相媲美。钛在常温下表面极易形成氧化物和氮化物组成的致密钝化膜,因此钛在许多介质中具有优良的耐蚀性。钛在潮湿大气、海水、氧化性酸(硫酸、硝酸等)和大多氨、有机酸中,其耐蚀性相当于或超过不锈钢。但是钛及钛合金的硬度较低、耐磨性较差。

钛及钛合金的主要缺点是切削加工性能差,冷压加工性能差,且钛的化学活性大,在高温下易和许多元素反应,给冶炼和热加工带来一定的难度。

5.3.2　钛合金的分类及应用

1. 钛合金的分类

钛合金分为三类,即 α 型钛合金、β 型钛合金、α-β 型钛合金。根据 GB/T 3620.1—2016标准规定,钛及钛合金牌号的命名采用注册制,牌号命名前应进行牌号注册。牌号的第 1 位用大写字母"T"表示钛及钛合金;第 2 位表示合金的类型,A 表示工业纯钛、α 型和近 α 型合金,B 表示 β 型和近 β 型合金,C 表示 α-β 型合金;牌号中的数字表示注册的序号。

(1) α 型钛合金

α 型钛合金的组织为 α 固溶体,主要加入的合金元素是铝和锡。α 型钛合金不能热处理强化,只能通过冷变形加工来提高室温强度。通过不同的退火工艺可得到不同的显微组织。常用的牌号有 TA6、TA7。

α 型钛合金具有良好的强度和韧性,在高温下组织稳定,抗氧化能力强,热强性较好,它的室温强度低于 β 型钛合金和 α-β 型钛合金,但在 500~600 ℃的强度较另外两者高,焊接性能也好,并可利用高温锻造的方法进行热成形加工,用于飞机上受力不大的板材或管材结构件。

美国钛合金 TA7(Ti-5AL-2.5Sn)为全 α 型钛合金,用于制造 500 ℃以下长期工作的零件,如超声速飞机中的涡轮机匣;由于其在低温下仍然有优良的力学性能,而被用于阿波罗宇宙飞船装载火箭燃料的氮和氢增压气体、液氢压力容器以及结构管道等。

(2) β 型钛合金

β 型钛合金的组织为 β 固溶体,加入的合金元素主要有铝、钼、钒、铬等。退火状态的 β 型钛合金的焊接和压力加工性能好,但性能不稳定,耐热性不高,且冶炼过程复杂。工业用的 β 型钛合金均要经过淬火+时效处理。在时效状态下,合金的组织为 β 相中弥散分布细小的 α 相颗粒。具有较好的强度和一定的断裂韧性。常用的牌号有 TB2、TB6。

> TB2(Ti-5Mo-5V-8Cr-3Al) 常用于 250 ℃以下长期工作或 350 ℃以下短时工作的零件,可用于压气机叶片、轴、轮盘等重载荷旋转件、成形性好的飞机构件或紧固件。

> TB6(Ti-10V-2Fe-3Al) 退火状态下有很好的加工性和韧性,通常固溶强化和时效后使用,是一种弹簧材料,有很好的弹性。TB6 比 TC4(Ti-6Al-4V)有更好的强度,具有低温锻造及精密模锻特性。该材料已应用作波音 777 飞机的锻件。

(3) α-β 型钛合金

α-β 型钛合金的组织由 α 固溶体和 β 固溶体两相构成,其合金元素主要有铝、钒等。它兼有 α 型钛合金和 β 型钛合金的优点,有良好的高温性能和韧性,并可热处理强化。这类合金生产工艺简单,可以通过改变成分和选择热处理工艺参数,在很大范围内改变合金的性能。因此,α-β 型钛合金应用很广泛,其中牌号为 TC4(Ti-6Al-4V)的应用最多,该合金具有良好的综合力学性能,组织稳定性也高,既可用于低温结构件,也可用于高温结构件。常用来制造飞机发动机压气机盘、叶片以及飞机构件等,例如,用于 MD-82 机身尾段吊挂处蒙皮(退火状态)、肋(退火状态)、后梁(退火状态),B737-700 水平尾翼与机身连接的接头,B747 主起落支撑梁模锻件等。

2. 钛合金的应用

由于钛合金的比强度高,其用途几乎全部在航空工业。超声速飞机如协和式以及军用战斗机的机身都使用钛合金。但钛并没有达到最初人们的期望,钛的最高使用温度只有 500 ℃,高温下它与氧和氮发生作用。没有保护涂层时,不能用于喷气发动机。随着操作温度的提高,钛合金会逐渐失去强度。钛的熔点也不比超合金高。

在航空工业的带动下,钛在民用领域也开始应用。同铝和铬一样,钛是一种钝化金属。在空气中会形成一层二氧化钛膜,对内部起保护作用。在医学上钛被用来制造植入物与假肢,化学工业中用于与海水接触的设备,在汽车工业中也开始应用。阻碍钛应用最大的障碍是价格,按质量它比铝贵 5 倍,这一障碍恐怕永远不会消失。表 5.11 列出了钛合金在航空航天领域应用的部分情况。

表 5.11　钛合金在航空航天领域的应用

应用领域		材料的使用特点	应用部位
航空工业	喷气式发动机	在 500 ℃ 以下具有高的屈服强度/密度比和疲劳强度/密度比,良好的热稳定性,优异的抗大气腐蚀性能,可减轻结构质量	在 500 ℃ 以下的部位使用:压气盘、静叶盘、动叶盘、机壳、燃烧室外壳、排气机构外壳、中心体、喷气管等
	机身	在 300 ℃ 以下,比强度高	防火壁、蒙皮、大梁、起落架、翼肋、隔框、紧固件、导管、舱门、拉杆等
火箭、导弹、宇宙飞船工业		在常温及超低温下,比强度高并具有足够的韧性及塑性	高压容器、燃料储箱、火箭发动机及导弹壳体、飞船船舱蒙皮及结构骨架、主起落架、登月舱等

5.4　镁及镁合金

镁是地球上储藏最丰富的轻金属元素之一。我国是世界上著名的产镁大国,镁是重要的合金元素,世界上镁的最大消费领域是作铝合金添加元素。镁合金是实际应用中最轻的金属结构材料,但与铝合金和钛合金相比,镁合金的应用很有限,主要是镁合金的耐蚀性较差,高温强度、蠕变性能较低,限制了镁合金在高温(150～350 ℃)场合的应用。

5.4.1　纯　镁

镁为银白色金属,具有密排六方晶格,熔点为 648.9 ℃,密度为 1.74 g/cm³,为铝密度的2/3,是一种轻金属,具有延展性。镁的耐蚀性很差,在潮湿大气、淡水、海水及绝大多数酸、盐溶液中易受腐蚀。镁在空气中虽然也能形成氧化膜,但这种氧化膜疏松多孔,不像铝氧化膜那样致密,对镁基体没有明显保护作用。镁的力学性能很低,尤其塑性要比铝低得多。

纯镁牌号以 Mg 加数字的形式表示,Mg 后面的数字表示 Mg 的质量分数。Mg99.95,Mg99.50(旧牌号 Mg1),Mg99.00(旧牌号 Mg2)。

5.4.2　镁合金

1. 镁合金的性能

镁合金是以镁为基体加入其他合金元素组成的合金。其特点是比强度高于铝合金和钢,比刚度与铝合金、超高强度钢相当;减振性好,弹性模量小,可作飞机起落架轮毂材料;塑性差,不宜作冲压零件;切削性很好;抗腐蚀性差,应注意防止电化学腐蚀。

2. 镁合金的分类与牌号

按成形工艺,镁合金可分为变形镁合金和铸造镁合金两种。根据 GB/T 5153—2003 标准规定,变形镁合金的牌号以英文字母加数字再加英文字母的形式表示。前面的英文字母是其最主要的合金组成元素代号,其后的数字表示其最主要的合金组成元素的大致含量,最后面的英文字母为标识代号,用以标识具体组成元素相异或元素含量有微小差别的合金。如

AZ91D,A 表示 Al 含量大致为 9%,Z 表示 Zn 含量小于 1%,D 为标识代号。变形镁合金的新、旧牌号对照表见表 5.12。

表 5.12　变形镁合金的新、旧牌号对照表

新牌号	旧牌号
M2M	MB1
AZ40M	MB2
AZ41M	MB3
AZ61M	MB5
AZ62M	MB6
AZ80M	MB7
ME20M	MB8
ZK61M	MB15

根据 GB/T 19078—2016 标准规定,铸造镁合金牌号以 2 个英文字母加 2 个数字再加 1 个英文字母的形式表示。第 1 位英文字母表示镁合金锭中名义质量分数最高的合金组成元素代号,第 2 位英文字母表示镁合金锭中名义质量分数次高的合金组成元素代号。第 1 位数字表示镁合金锭中名义质量分数最高的合金组成元素的大致含量,第 2 位数字表示镁合金锭中名义质量分数次高的合金组成元素的大致含量。最后面的英文字母为标识代号,用以标识具体组成元素相异或元素含量有微小差别的合金锭。如 AM20S,A 表示 Al 含量大致为 2%,M 表示 Mn 含量小于 1%,S 为标识代号。铸造镁合金的新、旧牌号和代号对照表见表 5.13。

表 5.13　铸造镁合金的新、旧牌号和代号对照表

新牌号	旧牌号	旧代号
ZK51A	ZMgZn5Zr	ZM1
ZE41A	ZMgZn4RE1Zr	ZM2
EZ30M	ZMgRE3ZnZr	ZM3
EZ33A	ZMgRE3Zn2Zr	ZM4
AZ91B	ZMgAl8Zn	ZM5
EZ30Z	ZMgRE2ZnZr	ZM6
ZQ81M	ZMgZn8AgZr	ZM7
AZ91S	ZMgAl10Zn	ZM10
VW103Z	EW103Z	—
VQ132Z	EQ132Z	—
WV115Z	WE115Z	—

3. 变形镁合金

航空工业应用较多的变形镁合金是 ZK61M,属于 Mg - Zn - Zr 系合金,屈服强度是 250 MPa,是镁合金中最高的。ZK61M 是可热处理强化的高强度变形镁合金,热挤压后人工时效(160～170 ℃,10～24 h)状态下使用,主要用于热挤压制品及模锻件。

该合金室温强度高,室温抗拉强度、屈服强度、塑性、韧性均优于其他镁合金,综合性能好。

其具有良好的热塑性变形能力(热加工变形后在空气中冷却,相当于淬火)、切削性、耐腐蚀性能,但焊接性能较差。其可用于制造 150 ℃温度下工作的受力构件,是生产和应用历史较久的合金之一,在国内外广泛用于宇航的结构材料。表 5.14 列出了飞机上常用的变形镁合金。

表 5.14　变形镁合金在飞机上的应用

牌　号	制品形式、状态	主要性能	应　用
M2M	锻件、模锻件,热锻状态,不可热处理强化	热塑性好,应力腐蚀倾向小	航空发动机零件
AZ41M	板材,退火状态,不可热处理强化	中等室温强度,有应力腐蚀倾向	导弹蒙皮、壁板及飞机内部零部件
ME20M	板材,退火状态,不可热处理强化	力学性能有改善,没有应力腐蚀倾向	飞机的蒙皮、壁板、汽油和滑油系统的附件
ZK61M	挤压件,模锻件,人工时效,可热处理强化	室温强度高,综合性能好	可制造承受一定载荷的翼肋、座舱滑轨、机身长桁及操作系统的摇臂、支座等受理机构,工作温度不超过 150 ℃

4. 铸造镁合金

ZK51A 属于 Mg-Zn-Zr 系合金,是铸造镁合金中抗拉强度和屈服强度最高的一种合金。其抗蚀性良好,但铸造工艺性能差。在 ZK51A 基础上加一些稀土元素(Re)可得到 ZE41A、EZ30M、EZ33A、AZ91B、EZ30Z,使铸造性能得以改善,但强度、塑性下降,适合铸造在 170～200 ℃下工作的发动机机匣、整流舱、电机壳体等零部件。

AZ91B 属于 Mg-Al-Zn 系合金,含铝量较高,能热处理强化(淬火＋人工时效)。其具有较高的比强度和良好的铸造性能,可以焊接。该合金应用广泛,可用于制造飞机发动机、仪表等承受较高载荷的结构体或壳体等。表 5.15 列出了飞机上常用的铸造镁合金。

表 5.15　铸造镁合金在飞机上的应用

牌　号	制品形式、状态	主要性能	应　用
ZK51A	铸件、人工时效	拉伸强度、屈服强度高,塑性好,有热裂倾向	飞机机轮铸件、形状简单的各种飞机受力构件
ZE41A	铸件、人工时效	有较高的强度,中等塑性,高温蠕变强度、瞬时强度、疲劳强度突出	飞机、发动机、导弹的各种铸件,也可用在 170～200 ℃下长期工作的零件
EZ33A	铸件、人工时效(200～250 ℃,5～12 h)	室温强度低,200～250 ℃具有良好的持久和抗蠕变性能	高温下要求高气密性的铸件、150～250 ℃长期工作的发动机、附件和仪表等壳体、机匣零件
AZ91B	铸件、人工时效或固溶处理	高的流动性,热裂倾向性小,固溶处理:较高的拉伸强度、塑性和中等屈服强度。人工时效:塑性降低,屈服强度提高	使用最广泛,飞机的框、翼肋、油箱隔板、导弹和副油箱的挂架及各种支臂、支座、轮毂等,发动机的进气机匣、附件机匣和附件和仪表的各种壳体

5.4.3 镁合金的应用

镁合金作为目前密度最小的金属结构材料之一，广泛应用于航空、航天工业中。镁合金的特点是可满足航空航天等高科技领域对轻质材料吸噪、减振、防辐射的要求，可大大改善飞行器的气体动力学性能并明显减轻了结构质量。从20世纪40年代开始，镁合金首先在航空航天部门得到了应用。

在国外，B-36重型轰炸机每架用了4 086 kg镁合金薄板；喷气式歼击机"洛克希德F-80"的机翼采用的镁板，使结构零件的数量从47 758个减少到16 050个；"德热来奈"飞船的起动火箭"大力神"曾使用了600 kg变形镁合金；"季斯卡维列尔"卫星中使用了675 kg的变形镁合金；直径约1 m的"维热尔"火箭壳体是用镁合金挤压管材制造的。

我国在歼击机、轰炸机、直升机、运输机、民用机、机载雷达、地空导弹、运载火箭、人造卫星、飞船上均选用了大量的镁合金构件。一个型号的飞机最多选用了300~400项镁合金构件，一个零件的质量最大的近300 kg，一个构件的尺寸最大达3 m多。

随着镁合金生产技术和性能的改进，镁合金在航空、航天领域上的应用会有上升的趋势。其在航空、航天方面用作飞机的起落架、舱门、连杆机构、壁板、加强框、隔框、舱面、副翼蒙皮、战术航空导弹舱段等，尤其是密度最小的Mg-Li合金，兼有强度、韧性和可塑性方面的优势，深受航空、航天工业的青睐。

5.5 滑动轴承合金

轴承合金是用来制造滑动轴承轴瓦及内衬（轴承衬）的合金材料。轴瓦可以直接由耐磨合金制成，也可以在钢基上浇注（或轧制）一层耐磨合金内衬。

5.5.1 轴承合金的性能要求与组织特征

滑动轴承是许多机器设备中对旋转轴起支承作用的部件，由轴承体和轴瓦两部分组成。轴瓦与轴颈直接接触，支承着轴工作。滑动轴承除经受交变载荷外，还与轴颈发生滑动摩擦，因此轴承合金应满足下列性能要求：① 良好的减摩性能及较低的摩擦系数，并能贮存润滑油，减少磨损；② 适当的硬度，既保证有良好的磨合性，又保证本身一定的耐磨性；③ 足够的抗压强度和疲劳强度，以承受较大的周期性载荷的作用；④ 足够的塑性和韧性，以抵抗冲击和振动；⑤ 良好的耐蚀性；⑥ 良好的导热性和小的热膨胀系数，以利于散热并防止发生咬合现象；⑦ 良好的铸造性能。

为满足上述性能要求，轴承合金的组织应是在软基体上均匀分布着硬质点或在硬基体上均匀分布着软质点。软基体上分布硬质点，是因为在轴承工作时，软的组织很快因磨损而凹陷，而硬质点（一般为化合物）相应凸出来，凹下的区域可以贮存润滑油，保证了轴瓦良好的润滑条件和低的摩擦系数，减轻轴与轴瓦的磨损。凸出表面的硬质点可以支承轴颈，使轴承具有一定的耐磨性和承载能力。属于此类组织的轴承合金有锡基轴承合金、铅基轴承合金和锡青铜等。与软基体分布硬质点的组织相比，硬基体分布软的质点的合金具有更大的承载能力，但磨合性能较差。常用于制造重载荷、高转速的重要轴承。属于此类组织的轴承合金有铝基轴承合金、铅青铜等。

5.5.2　常用的轴承合金

滑动轴承的材料主要是有色金属。按照化学成分不同,轴承合金可分为:锡基、铅基、铜基与铝基等多种。使用最多的是锡基与铅基合金,又称巴氏合金。

1. 锡基轴承合金

锡基巴氏合金是以锡为基体元素,加入锑、铜等元素组成的合金。锑能溶于锡形成 α 固溶体,又能形成 SnSb 化合物,铜能与锡形成 Cu_6Sn_5。在典型的锡基轴承合金中软相为固溶体,硬相为金属间化合物。锡基轴承合金的热膨胀系数及摩擦系数小,具有良好的韧性、减摩性和导热性。常用作重要的轴承,如发动机、压气机、汽轮机等巨型机器的高速轴承。其主要缺点是疲劳强度较低,工作温度不宜高于 150 ℃,且价格较高。

2. 铅基轴承合金

铅基轴承合金是以铅、锑为基础,加入锡、铜等元素组成的合金。同样也是软基体上分布硬质点的合金。软基体是 α+β 共晶体(α 是 Sb 溶入 Pb 中的固溶体,β 是 Pb 溶入 Sb 中的固溶体),硬质点为 β 相、SnSb 和 Cu_3Sn 等。该合金的强度、硬度、韧性、导热性和抗蚀性均低于锡基合金,而且摩擦系数较大。但该种合金价格便宜,常用于制造承受中、低载荷的中速轴承,如汽车、拖拉机的曲轴、连杆轴承、冲床及电动机轴承等。

3. 铜基轴承合金

铜基轴承合金有锡青铜和铅青铜等。

① 锡青铜。常用的有 ZCuSn10P1 与 ZCuSn5Pb5Zn5 等。ZCuSn10P1 是由软基体(α 固溶体)及硬质点(δ 相及化合物 Cu_3P)所构成。它的组织中存在较多的分散缩孔,有利于储存润滑油。这种合金能承受较大的载荷,广泛用于制造中等速度及承受较大的固定载荷的轴承,如电动机、泵、金属切削机床轴承。

② 铅青铜。常用的是 ZCuPb30。铅青铜的显微组织是由硬的基体(铜)和均匀分布在其上的软质点(铅)组成。与巴氏合金相比,它具有高的疲劳强度和承载能力,优良的耐磨性、导热性和低的摩擦系数,并可以在较高的温度(250 ℃)下正常工作。适合制造高负荷、高速度条件下工作的轴承,如航空发动机、高速柴油机及其他高速机器的主轴承。

4. 铝基轴承合金

常用的铝基轴承合金是以铝为基体元素,锡、锑、铜等为主加元素所组成的合金。其组织是在硬基体铝上均布着软质点锡。铝基轴承合金的密度小,导热性好,耐磨性和疲劳极限高,价格便宜,膨胀系数较大,抗咬合性低于巴氏合金。我国已逐步用铝基轴承合金代替巴氏合金和铜基轴承合金。广泛使用的铝基轴承合金有铝锑镁轴承合金和高锡铝轴承合金,常与 08 钢作衬背制成双金属轴承。

此外,珠光体灰口铸铁等也可作轴承合金。表 5.16 列举了各轴承合金的性能。

表 5.16　各种轴承合金性能比较

类　别	抗咬合性	磨合性	耐蚀性	耐疲劳性	硬度/HBW	轴颈处硬度/HBW	最大允许压力/MPa	最高允许温度/℃
锡基巴氏合金	优	优	优	劣	20～30	150	600～1 000	150
铅基巴氏合金	优	优	中	劣	15～30	150	600～800	150

续表 5.16

类 别	抗咬合性	磨合性	耐蚀性	耐疲劳性	硬度/HBW	轴颈处硬度/HBW	最大允许压力/MPa	最高允许温度/℃
锡青铜	中	劣	优	优	50～100	300～400	700～2 000	200
铅青铜	中	差	差	良	40～80	300	2 000～3 200	220～250
铝基合金	劣	中	优	良	45～50	300	2 000～2 800	100～150
铸 铁	差	劣	优	优	160～180	200～250	300～600	150

本章小结

本章介绍了铝及铝合金、铜及铜合金、钛及钛合金、镁及镁合金的分类、牌号、特性及应用。

铝呈面心立方结构,强度低,塑性高,可进行各种冷、热加工,能轧制成很薄的铝箔和冷拔成极细的丝,焊接性能良好。铝合金按照化学成分可分为变形铝合金和铸造铝合金。变形铝合金的强化方式有固溶强化、时效强化、过剩相强化、细化组织强化。介绍了常用的变形铝合金和铸造铝合金的性能及用途。

纯铜外观呈紫色,故俗称紫铜,导电性和导热性优良,仅次于银,而居于第 2 位。纯铜具有面心立方晶格,强度不高,硬度很低,塑性极好,并有良好的低温韧性,可以进行冷、热压力加工。纯铜具有很好的化学稳定性,在大气、淡水及冷凝水中均有优良的抗蚀性。介绍了黄铜、青铜、铍铜的性能及用途。

钛是银白色金属,纯钛具有同素异构转变,比强度高,可以直接用于制造航空产品。钛合金分为三类,即 α 型钛合金、β 型钛合金、α-β 型钛合金。α 型钛合金具有良好的强度和韧性,在高温下组织稳定,抗氧化能力强,热强性较好。退火状态的 β 型钛合金的焊接和压力加工性能好,但性能不稳定,耐热性不高。α-β 型钛合金兼有 α 型钛合金和 β 型钛合金的优点,有良好的高温性能和韧性,并可热处理强化。

本章介绍了轴承合金的性能要求和组织特征,常用轴承合金的性能特点。

习题与思考题

一、名词解释

固溶强化;时效强化;黄铜;青铜;铍铜;脱锌;季裂;巴氏合金。

二、填空题

1. 根据铝合金的成分及生产工艺特点,可将其分为_____铝合金和_____铝合金两大类。

2. 纯铝及防锈铝合金采用_____的方法可以达到提高强度之目的。

3. 硬铝合金的热处理强化,是先进行_____处理,得到_____组织,这时强度仍较低,接着经_____处理,强度、硬度才明显提高。

4. Cu-Zn 合金一般称为_____,而 Cu-Sn 合金一般称为_____铜。

5. 制造轴瓦及其内衬的合金叫做_____。

6. 以轴承合金制造的轴瓦,应具有如下组织:在_____基体上分布着_____质点或在_____基体上分布着_____质点。

7. _____材料适合作子弹壳,_____材料适合作船舶配件,_____材料适合作抗磁零件,_____材料适合作重要的弹性元件。

8. 适合作飞机翼肋的材料是_____,适合作飞机大梁和起落架的材料是_____,适合作飞机蒙皮的材料是_____,适合作飞机上结构形状复杂的仪器零件的材料是_____,适合作火箭、导弹的液氢燃料箱部件的材料是_____,适合作超声速飞机涡轮机匣的材料是_____。

三、选择题

1. 船舶动力装置中应用紫铜管,主要是应用紫铜的( )。
A. 导热性好,塑性好　　　B. 耐腐蚀性好　　　C. 不易硬化　　　D. A+B

2. "脱锌"和"季裂"是( )材料的最常见的缺陷。
A. 碳钢　　　　　　B. 铸铁　　　　　　C. 黄铜　　　　　　D. 铝合金

3. 关于黄铜的叙述,不正确的是( )。
A. 黄铜是铜锌合金
B. 黄铜零件在大气、海水或有氨的介质中容易发生季裂
C. 黄铜易发生脱锌
D. 单相黄铜强度高

4. 海军黄铜常用作船用海水热交换器和冷凝器的冷却管子,这种黄铜是( )。
A. 铅黄铜　　　　　B. 锡黄铜　　　　　C. 铝黄铜　　　　　D. 锰黄铜

5. ( )用于蜗轮蜗杆转动装置、轴承等材料。
A. 紫铜　　　　　　B. 黄铜　　　　　　C. 白铜　　　　　　D. 青铜

6. 在耐磨性、耐蚀性和耐热性以及强度方面优于锡青铜和黄铜的是( )。
A. 纯铜　　　　　　B. 白铜　　　　　　C. 紫铜　　　　　　D. 铝青铜

7. 由锡、锑、铜三种元素冶炼成的轴承合金称为( )。
A. 铜基轴承合金　　　　　　　　　B. 铅基巴氏合金
C. 锡基巴氏合金　　　　　　　　　D. 铝基巴氏合金

8. ( )的组织是软的基体组织上分布着硬质点。
A. 巴氏合金　　　B. 铜铅合金　　　C. 低锡铝合金　　　D. 高锡铝合金

9. 以工业纯铝制造的导线经过冷拔产生塑性变形后,其强度( )。
A. 提高　　　　　　B. 降低　　　　　　C. 不变

10. 超硬铝合金只有经过( )处理才能获得高的强度及硬度。
A. 淬火+时效　　　B. 退火　　　　　　C. 冷变形

11. 硅铝明合金浇注前在液态合金中加入微量钠盐的操作称为( )处理。
A. 变质　　　　　　B. 调质　　　　　　C. 合金化

四、判断题

1. 纯铝具有较高的强度,常用作工程结构材料。( )
2. 黄铜中含锌量越高,其塑性也越高。( )
3. 特殊黄铜是不含锌元素的黄铜。( )

4. 含锡量大于 10％的锡青铜,塑性较差,只适于铸造。(　　)

5. 含锌量为 30％左右的普通黄铜,塑性最好。(　　)

6. 工业纯铝因表面形成一层极致密的氧化铝薄膜,有效地隔绝铝和氧的接触,故具有良好的抗大气腐蚀性能。(　　)

7. 纯铜在熔点以下加热或冷却均无同素异构转变,故不能通过热处理方法加以强化。(　　)

8. 黄铜含锌量大于 7％时,若经冷塑性变形,则由于存在残余内应力,接触大气、水、氨等介质便易产生应力腐蚀。(　　)

五、综合题

1. 变形铝合金与铸造铝合金在成分选择上及其组织上有何差别?

2. 何谓硅铝明?它属于哪一类铝合金?为什么硅铝明具有良好的铸造性能?

3. 铝合金中牌号为 2×××的合金元素是什么?7×××的合金元素是什么?

4. 为什么 H62 黄铜的强度高而塑性较低?而 H68 黄铜的塑性却比 H62 黄铜好?

5. 简述钛合金的分类、性能及应用。

6. 简述镁合金的性能特点及应用。

7. 滑动轴承合金必须具有什么特性?其组织有什么要求?举例说明常用巴氏合金的化学成分、性能和用途。

8. 说明下列材料牌号分别属于哪种类型的合金:

2A12、2014、6061、7A09、Ti－6Al－4V(TC4)、Ti－5Al－2.5Sn(TA7)、ZK61M、AZ91B、H70、ZCuZn16Si4、QSn6.5－0.1、QAl10－4－4。

第6章 高分子材料

高分子材料是以高分子化合物为主要组分(适当加入添加剂)的材料,常称聚合物。它包括人工合成的(如塑料、合成橡胶及合成纤维等)和天然的(如淀粉、羊毛、纤维素纤维、天然橡胶等)两大类。工业用高分子材料主要是人工合成的。高分子材料不仅具有重量轻、耐腐蚀和电绝缘等优良性能,而且具有可塑性好、易于加工成形、原料丰富、价格低廉等特点,但也具有不耐高温和易老化等缺点。近几十年来,高分子材料在尖端技术、国防建设和国民经济各个领域得到了广泛的应用,已成为现代社会生活中衣、食、住、行、用,以及信息、能源、国防和航空航天等领域不可缺少的材料。

6.1 高分子材料的结构与性能

6.1.1 高分子材料的基本概念

1. 单体、链节和聚合度

虽然高分子化合物的相对分子量很大,微观结构复杂多变,但每个大分子都是由一种或几种简单的、结构相同的低分子有机化合物通过聚合、重复连接而成的大分子链状结构。组成聚合物的低分子化合物称为单体。大分子链中重复的结构单元称为链节。链节的重复数目称为聚合度。例如聚乙烯是由乙烯打开双键,彼此连接起来形成的大分子链,可用下式表示:

$$n\,CH_2{=}CH_2 \longrightarrow \,{\leftmoon}CH_2{-}CH_2{\rightmoon}_n$$

其中,乙烯 $CH_2{=}CH_2$ 是聚乙烯 ${\leftmoon}CH_2{-}CH_2{\rightmoon}_n$ 的单体,${\leftmoon}CH_2{-}CH_2{\rightmoon}$ 是聚乙烯分子链的链节,n 是聚合度。

2. 聚合反应的类型

将低分子化合物合成高分子化合物的基本方法有加成聚合和缩合聚合两种。由不饱和的单体聚合成为高分子的反应叫加成聚合反应,简称加聚反应。如烯烃和二烯烃等。由含两种或两种以上官能团的单体相互反应生成聚合物的反应叫缩合聚合反应,简称缩聚反应。可发生化学反应的官能团,如羟基、羧基及氨基等。由一种单体合成的聚合物称为均聚物,如聚乙烯、聚氯乙烯等;由两种或两种以上单体合成的高聚物称为共聚物,如 ABS 塑料等。

3. 高分子材料的分类与命名

(1) 高分子的分类

① 按主链的化学成分可分为碳链高分子、杂链高分子和元素高分子。

碳链高分子是指高分子主链全部由碳原子以共价键相连接,—C—C—C— ,如聚乙烯、聚丙烯、聚苯乙烯和聚二烯烃等。这类聚合物塑性好,容易成型;其缺点是易燃、耐热性差和易老化等。

杂链高分子是指高分子主链除碳原子外,还有 O、N、S 和 P 等原子,它们以共价键连接,即 —C—C—O—C—C— 和 —C—C—N—N— 等,如聚甲醛、聚碳酸酯和聚酰胺等。这类聚合物耐热性好、强度较高。

元素高分子是指高分子主链不含碳原子,而是由 Si、O、B、N、S 和 P 等元素组成,即 - Si - O -、- Si - Si - Si -等,如二甲基硅橡胶和氟硅橡胶等。这类聚合物耐高温、绝缘性好。

② 按分子链几何形状分类,通常有线型高分子、支链型高分子和体型高分子,见图 6.1。

(a) 线型　　　　　　　(b) 支链型　　　　　　　(c) 体型

图 6.1　高分子链的空间几何形态

③ 按高聚物的热行为及成型工艺特点分类,可分为热塑性高聚物及热固性高聚物两类。所谓热塑性高聚物是指那些加热软化(或熔融)和冷却固化的过程可反复进行的高聚物,它们是线型高分子,如聚乙烯、聚氯乙烯和聚酰胺等。热固性高聚物是指那些经加热和加压成型后,不能再熔或再成型的高聚物,如酚醛树脂和环氧树脂等。

④ 根据高分子的用途分类,可将其分为塑料、橡胶、纤维、涂料、粘合剂和功能高分子六大类。

（2）**高分子命名**

1）**习惯命名法**

习惯命名法是一种约定俗成的方法,目前最为通用。其方法为先对结构单元命名,然后在结构单元名称前加上“聚”字。如碳链聚合物 “聚丙烯”、“聚氯乙烯”、“聚苯乙烯”;杂链聚合物“聚对苯二甲酸乙二酯”、“聚己二酰己二胺”;元素有机聚合物“聚二甲基硅氧烷”均按此法命名。

2）**结构命名法**

结构命名法是对聚合物分子链中的特征结构进行命名的方法。如涤纶树脂分子链中含有酯基,因此称为“聚脂”;尼龙分子中含有酰胺基团,因此称为“聚酰胺”;由多元异氰酸酯和多元醇聚合而成的聚合物,分子链中含有氨基甲酸酯,因此称为“聚氨酯”。

3）**商业命名法**

商业命名法主要是对橡胶和化学纤维而言。橡胶的商业名称是在橡胶的结构单元名称中取典型文字构成基本名称,然后在其后加上“橡胶”两字。化学纤维一般为均聚物,其商业名称为取其结构单元名称中的一个特征文字,然后在后面加上“纶”字。

4）**俗　称**

有许多聚合物,根据它们的外观、形貌或特点,人们约定俗成地为它们起了名称,并得到广泛的认可,就形成了俗称。玻璃纤维增强的不饱和聚酯或环氧树脂,因其坚硬如钢,俗称“玻璃钢”。而三聚氰胺的俗称为“密胺”,因此由三聚氰胺和甲醛聚合而成的聚合物俗称“密胺树脂”。此外,“涤纶树脂(dacron)”和“尼龙(nylon)”皆由其英文译音而来,也可看作是一种俗称。

5）**系统命名法**

系统命名法是由国际纯粹与应用化学联合会（International Union of Pure and Applied Chemistry, IUPAC)提出的规范命名方法。

6）英文缩写

当聚合物结构较复杂时，聚合物名称往往较长，使用不方便，因此常用英文缩写表示。例如：PE、PVC、PS、PVA、PC、PMMA、PET、PA、PUR。

6.1.2　高聚物的聚集态和物理状态

1. 高聚物的聚集态

高聚物中大分子的排列和堆砌方式称为高聚物的聚集态。固态高聚物分为晶态和非晶态两大类，分子链排列规则的区域为晶态，排列不规则的区域为非晶态。结晶型聚合物由晶区和非晶区组成，如图 6.2 所示。晶区所占的重量百分数称为结晶度。一个大分子链可以穿过几个晶区和非晶区。

结晶度对聚合物的性能有较大影响，结晶使大分子链规则而紧密，分子间的作用力大，使聚合物的强度、硬度、刚度及熔点、耐热性和耐化学性等性能有所提高。而与链运动有关的性能如弹性、伸长率和冲击强度等则有所降低。

2. 高聚物的物理状态

聚合物在不同温度下所表现出来的分子热运动特征称为聚合物的物理状态。非晶态聚合物的物理状态分为玻璃态、高弹态、粘流态。晶态聚合物的物理状态分为玻璃态和粘流态。其变形-温度曲线如图 6.3 所示。

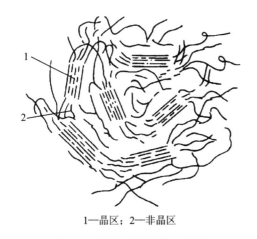

1—晶区；2—非晶区

图 6.2　结晶型聚合物示意图

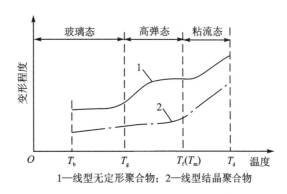

1—线型无定形聚合物；2—线型结晶聚合物

图 6.3　线型非晶态高聚物的变形-温度曲线

① 玻璃态：T_g 为非晶态高聚物玻璃化温度，它是玻璃态和高弹态之间的转变温度。当温度低于 T_g，高于 T_b（脆化温度）时，高聚物呈现刚性固体，链段不能运动。在外力作用下，只发生大分子原子的微量位移，产生少量弹性变形。用于这种状态的材料有塑料和纤维。

② 高弹态：温度处于 T_g 与 T_f（粘流温度）之间时，分子活动能力增加，在外力作用下产生很大弹性变形。高弹态是橡胶的应用状态，橡胶的 T_g 均低于室温。

③ 粘流态：当温度继续升高到高于 T_f，低于 T_d（分解温度）时，高聚物处于粘流态，稍加外力就会产生明显的塑性变形。这是由于温度高，分子活动能力很大，不仅链段运动，而且能使整个分子链运动，高聚物称为流动的粘液。粘流态是高聚物的加工态。

结晶型聚合物没有明显的玻璃化温度，与 T_f 对应的温度叫熔点（T_m），是结晶型聚合物熔融和凝固之间的临界温度。完全结晶型聚合物在 $T_b \sim T_m$ 之间基本上不呈高弹态,并且熔点很高。采用一般的成型方法难以使其成型,例如聚四氟乙烯塑件通常采用冷压后烧结成型的方法制成。

6.2　塑　料

塑料是以合成或天然的高分子化合物为基本成分,在其制造或加工过程中的某一阶段能流动成型或原位聚合而成型,在固化后能保持其形状,并能满足不同领域应用要求的有机材料。目前生产的塑料基本上是合成高分子塑料。

6.2.1　塑料的组成与分类

1. 塑料的组成

大多数塑料是以合成高分子化合物(树脂)为基本成分,它们的平均分子量一般都大于1万,有的甚至可以达到百万级。聚合物虽然是塑料的主要成分,但是单纯的聚合物性能往往不能满足成型生产中的工艺要求和成型后的使用要求,要克服这一缺陷,必须在聚合物中添加一定数量的添加剂,并通过这些添加剂来改善聚合物的性能。例如,添加增塑剂可以改善聚合物的流动性能和成型性能;添加增强剂可以提高聚合物的强度等。因此可以认为,塑料是由聚合物和某些添加剂结合而成的。

(1) 合成树脂

树脂是决定塑料性能的使用范围的主要组成物,在塑料中,起粘结其他组分的作用。塑料中合成树脂的含量一般为 30%~100%(不含添加剂的塑料称为单组分塑料,其余称多组分塑料)。

(2) 添加剂

为了对塑料进行改性而特意加入的物质称为添加剂,常用的添加剂有:

① 填料,又称填充剂。填料按其形状可分为粉状、纤维状和片状,用量一般为 20%~50%。填充剂的作用是调整塑料的物理化学性能,提高材料强度,扩大使用范围以及减少合成树脂的用量,降低塑料成本。例如,加入纤维可提高塑料的强度;加入铝粉可提高塑料的反光和防老化能力。

② 增塑剂。为提高塑料的可塑性,便于加工成形,常向树脂内加入一些相对分子量较小,难以挥发的低熔点固体或高沸点粘稠液体有机物作为增塑剂。加入增塑剂后,降低了塑料的软化温度,并且使塑料的塑性、韧性和弹性提高,硬脆性降低。常用的增塑剂有邻苯二甲酸酯类、磷酸酯类等。

③ 稳定剂,又称防老化剂。为了防止和延缓塑料制品的老化,常根据塑料的品种、结构特征、性能要求和使用条件的加入少量的稳定剂,以削弱外界因素对聚合物的老化作用,控制大分子的裂解和交联反应的发生,提高大分子链结构的稳定性。如在聚氯乙烯中加入硬脂酸盐,可以防止热成形时的受热分解;在塑料中加入炭黑作吸收剂,可以提高其耐光辐射能力。

④ 固化剂,又称硬化剂或交联剂。固化剂的主要作用是使热塑性的线型高聚物在加热成型时交联成网状体型结构,使固化后的塑料制品更加坚硬。常用的固化剂有胺类、酸酐类等,如环氧树脂中加入乙二胺。

⑤ 润滑剂。润滑剂是为了防止加工成型过程中塑料与模具或其他成型设备之间的粘结，便于脱模，保证制品表面光洁美观。常用的润滑剂有硬脂酸及其盐类。

⑥ 着色剂。一些用于装饰和有装饰要求的塑料制品，可加入有机或无机染料作为着色剂。着色剂应满足着色能力强、色泽鲜艳等要求。

此外，塑料中还可加入其他一些添加剂，如阻燃剂（阻止塑料燃烧或使其自熄），抗静电剂（提高塑料表面的导电性，防止静电积聚，保证加工或使用过程的安全）以及发泡剂（在塑料中形成气孔，降低材料密度）等。各种添加剂除满足其使用性能要求外，还必须确保不和树脂或其他组成物发生有害的物理、化学反应，并能在塑料中分散均匀、稳定存在。

2. 塑料的分类

（1）根据原料来源分类

根据原料来源可分为合成塑料和半合成塑料两类。

① 合成塑料　是用低分子化合物经化学反应制成高分子化合物，再经加工制成的塑料制品或在生成高分子化合物的同时进行成型的塑料制品。这类塑料品种如聚苯乙烯、酚醛树配、聚氯乙烯等。

② 半合成塑料　是指用天然高分子材料制造的塑料，如纤维素塑料，乳酪素塑料等。

（2）根据塑料热行为分类

根据塑料的热可塑性不同，可将塑料分为热塑性塑料和热固性塑料。

① 热塑性塑料　热塑性塑料受热时可以塑化和软化，冷却时则凝固成型。温度的改变，可令其反复变形。这类塑料的高分子链结构通常是线型或支化度较低，而其粘流温度低于其热分解温度。

热塑性塑料又有结晶性塑料和非结晶性塑料之分。结晶性塑料（如聚乙烯，聚丙烯等），一般来说，它们的分子排列规整有序，具有较大的机械强度，溶解性能较差，耐溶剂性较好，有较明显的熔点，耐热和透明度较差；而非结晶性塑料，只是结晶度小些，并非绝对没有结晶，也可以说它们的分子排列是远程无序，近程有序。这类聚合物如聚苯乙烯、ABS 树脂、聚氯乙烯等。

② 热固性塑料　热固性塑料受热时会塑化和软化，发生化学交联反应并固化定型，冷却后如再次受热时，不再发生塑化变形。这类塑料又可分为两类：

> 甲醛交联型塑料　包括酚醛塑料、氨基塑料（脲-甲醛树脂、二聚氰胺甲醛树脂）、酚醛-三聚氰胺树脂。这些塑料一般由平均官能度大于 2 的单体聚合，在反应程度低于凝胶点时停止反应，制成所谓的无规预聚物，然后在成型过程中加入填料和增强材料，受热时进一步发生体型交联反应，使之固化成型。

> 其他交联型塑料　包括不饱和聚酯、环氧树脂、苯二甲酸二烯丙酯树脂等品种。这类塑料通常是预先合成的，具有线型的、经特殊设计的基团结构，且分子量可控，有特定的活性端基或侧基的"结构预聚物"。结构预聚物一般不能进一步聚合和交联，在塑料成型时须加入催化剂和可反应性物质，与活性端基或侧基发生交联反应而固化。

（3）按使用领域分类

按使用领域不同，可将塑料分为通用塑料和工程塑料。

① 通用塑料　生产成本低，产量大，性能多样化，主要用来生产日用品或一般工农业用材料，如人造革、塑料薄膜、泡沫塑料、电缆绝缘层等。主要有聚氯乙烯、聚乙烯、聚丙烯、聚苯乙

烯、酚醛、脲醛等塑料。

② 工程塑料　成本较高,产量不大,但是有优良的机械强度和耐摩擦、耐热、耐化学腐蚀等特性。可作为工程材料,制成轴承、齿轮等机械零件,来代替金属、陶瓷等。如聚甲醛、聚酰胺、聚碳酸酯、聚酯、ABS树脂、聚苯醚和改性聚苯醚、聚砜、聚酰亚胺、聚苯硫醚、聚四氟乙烯、改性聚丙烯、聚芳酯、芳族聚酰胺、聚苯酯、聚醚醚酮等。

6.2.2　塑料的性能

1. 物理性能

① 密度小　塑料的密度均较小,一般为 $0.9 \sim 2.0 \ g/cm^3$,相当于钢的密度的 $1/4 \sim 1/7$。可以大大减轻零部件的重量。

② 热学性能　塑料的热导率较小,一般为金属的 $1/500 \sim 1/600$,所以具有良好的绝热性。但易摩擦发热,这对运转零件是不利的。

塑料的热膨胀系数比较大,是钢的 $3 \sim 10$ 倍,所以塑料零件的尺寸精度不够稳定,受环境温度影响较大。

③ 耐热性　耐热性是指保持高聚物工作状态下的形状、尺寸和性能稳定的温度范围。由于塑料遇热易老化、分解,故其耐热性较差,大多数塑料只能在 $100 \ ℃$ 左右使用,仅有少数品种可在 $200 \ ℃$ 左右长期使用。

④ 绝缘性　由于塑料分子的化学键为共价键,不能电离,没有自由电子,因此是良好的电绝缘体。当塑料的组分变化时,电绝缘性也随之变化。如塑料由于填充剂、增塑剂的加入使电绝缘性降低。

2. 化学性能

耐蚀性:一般塑料都具有良好的化学稳定性,能耐酸、碱和大气等物质的侵蚀。其中聚四氟乙烯还能耐强化剂"王水"的侵蚀。但是,聚酯、聚酰胺类塑料在酸、碱的作用下会发生水解,使用时应当注意。

3. 力学性能

① 强度、刚度和韧性　塑料的强度、刚度和韧性都很低,只能用作承载不大的零件。但由于塑料密度小,其比强度,比模量很高。

对于能够发生结晶的塑料,当结晶度增加时,材料强度可提高。此外热固性塑料由于具有交联的网状结构,强度比热塑性的高。

② 蠕变和应力松弛　塑料在外力作用下表现出的是一种粘弹性的力学特征,即形变与外力不同步。蠕变是指材料在一定温度和在恒定载荷作用下,随着时间的延长形变逐渐增加的现象。应力松弛是指在恒温下保持形变不变的条件下,材料内应力随时间延长而逐渐衰减的现象。

③ 减摩性　塑料的硬度虽低于金属,但摩擦系数小,具有良好的减摩性能。而且大多数塑料具有自润滑性能,在无润滑或少润滑的摩擦条件下,其减摩性能是金属材料无法比的。工程上已用这类材料来制造轴承、轴套、衬套及机床导轨贴面等,取得了较好的效果。

6.2.3　常用工程塑料及应用

1. 丙烯腈-丁二烯-苯乙烯共聚物

丙烯腈-丁二烯-苯乙烯共聚物(ABS)为坚韧质硬的刚性材料,具有金属的某些性能。可用来制造齿轮、轴承、冰箱衬里、家具、文体用具等。

2. 聚氯乙烯(PVC)

聚氯乙烯(PVC)在世界上产量仅次于聚乙烯,是塑料的第二大品种。其原料易得,价格低廉,适合做薄膜和人造革、电线电缆的绝缘层、地板、硬管等。

3. 聚甲基丙烯酸甲酯(PMMA)

聚甲基丙烯酸甲酯(PMMA)俗称有机玻璃,具有光学性能优异、密度小、耐气候性好、在低温时仍能保持高的冲击强度、坚韧而具有弹性等优点,主要用于飞机、汽车上的透明窗玻璃,以及制造光学仪器、假牙等。

4. 聚酰胺

聚酰胺(PA)俗称尼龙,具有良好的机械性能、耐热性、耐磨损性耐化学性、阻燃性和自润滑性,容易加工、摩擦系数低,特别适宜于玻璃纤维和其他材料的填充增强改性等。广泛地应用于汽车、电子电器、包装、机械、日用消费品等众多领域。

5. 聚碳酸酯

聚碳酸酯(PC)是一种性能优良的热塑性工程塑料,具有突出的抗冲击能力,耐蠕变和尺寸稳定性好,耐热、吸水率低、无毒、介电性能优良。目前广泛地应用于汽车、电子电气、建筑、办公设备、包装、运动器材、医疗保健等领域,随着改性研究的不断深入,正迅速拓展到航空航天、计算机、光盘等高科技领域。

6. 聚苯醚

聚苯醚(PPO)具有优异的物理与力学、耐热、绝缘等性能,但由于 PPO 流动性较差,通常与其他塑料共混改性形成工程塑料合金使用(简称 MPPO),是目前工程塑料领域最典型与用量最大的工程塑料合金。MPPO 具有优良的综合性能和成型加工性能,因而在电子、电气及家用电器、办公自动化机械、汽车等输送机械、建材、航空及军事等领域具有广泛的用途。

7. 聚　酯

(1)聚对苯二甲酸二丁酯

聚对苯二甲酸二丁酯(PBT)具有耐热性、耐候性、耐药品性、电气特性佳、吸水性小、光泽良好,广泛地应用于电子、电器、汽车零件、机械、家用品等领域。

(2)聚对苯二甲酸乙二醇酯

聚对苯二甲酸乙二醇酯(PET)在较大的温度范围内具有优良的物理机械性能,长期使用温度可达 120 ℃,电绝缘性优良,甚至在高温、高频下,其电性能仍较好,但耐电晕性较差,其抗蠕变性、耐疲劳性、耐摩擦性、尺寸稳定性都很好,广泛用作纤维、薄膜、工程塑料、聚酯瓶等。

8. 聚甲醛

聚甲醛(POM)具有高的力学性能,如强度、模量、耐磨性、韧性、耐疲劳性和抗蠕变性,还具有优良的电绝缘性、耐溶剂性和可加工性,特别适合于制作齿轮和轴承。由于它还具有耐高温特性,因此还可用于管道器件(管道阀门、泵壳体),草坪设备等。

此外,还有聚砜、含氟塑料、环氧树脂、有机硅、氨基树脂、呋喃树脂等很多重要的塑料品种。

6.3　橡　胶

橡胶是高弹性聚合物,在室温下富有弹性,在很小的外力作用下会产生较大形变,除去外力后能恢复原状。根据原材料来源不同,可分为天然橡胶和合成橡胶两类。早期使用的橡胶都是天然橡胶,是从橡胶树和橡胶草的胶乳中提取的,主要成分是聚异戊二烯。合成橡胶则由各种单体经聚合反应而得。

6.3.1　橡胶的组成与性能

1. 橡胶的组成

橡胶的分子结构为链状,分子链具有较高的柔性,未经交联(硫化)的橡胶没有使用价值。未经硫化的橡胶一般称为生橡胶,硫化以后的橡胶称为硫化橡胶,也称橡胶。所谓硫化,是在橡胶中加入硫化剂和其他配合剂,通过加温、加压,保持一定时间,使线型大分子转变为三维网状结构的过程。硫化橡胶的主要成分是生胶,另有硫化剂、填充剂、防老剂。

(1)生　胶

未加配合剂的天然或合成橡胶称为生胶,是橡胶制品的主要成分,它决定橡胶的性能,并且能把各种配合剂和增强材料粘成一体。

(2)配合剂

加入配合剂的主要目的是为了提高橡胶制品的使用性能和工艺性能。

(3)硫化剂和硫化促进剂

硫化剂和硫化促进剂可使具有极大塑性的胶料变为富有弹性的硫化胶。硫化剂的主要成分是硫,当硫化剂较少时(2%～3%),可以得到柔软富有弹性的软橡胶;当硫化剂较多时(25%～50%),则得到坚硬的硬橡胶。

(4)增塑剂

增塑剂用以增强橡胶的塑性,使之易于加工和与配料配合。

(5)填充剂

填充剂用以提高橡胶的强度和降低成本。常用的填充剂有碳黑和氧化锌等,其作用主要是提高橡胶的强度和耐磨性,同时也能降低橡胶的成本。

(6)防老剂

防老剂用以防止橡胶老化,提高使用寿命。常用的防老剂是石蜡和酚等。

2. 橡胶的性能

橡胶除具有高弹性的特点外,还有良好的绝缘性、耐磨性、密封性、减震性和隔声性等许多特点,使得橡胶材料和橡胶制品的应用范围特别广泛。橡胶质软、硬度低、柔软性好,透气性差,可做气密性材料及防水性材料等。

橡胶的缺点除易老化外,天然橡胶的耐燃性也很差,在汽油、煤油中会溶解,力学性能较低。由于橡胶存在明显不足,所以不宜直接做承力零件使用。

6.3.2　橡胶的主要品种及应用

1. 天然橡胶

天然橡胶(NR)是从天然植物中获取的以聚异戊二烯为主要成分的天然高分子化合物。天然橡胶弹性大,定伸强度高,抗撕裂性和电绝缘性优良,耐磨性和耐旱性良好,加工性佳,易与其他材料粘合,在综合性能方面优于多数合成橡胶。缺点是耐氧和耐臭氧性差,容易老化变质;耐油和耐溶剂性不好,抵抗酸碱的腐蚀能力低;耐热性不高,使用温度范围约$-60\sim 100\ ℃$。

天然橡胶可用于制作轮胎、胶鞋、胶管、胶带、电线电缆的绝缘层和护套以及其他通用制品。特别适用于制造扭振消除器、发动机减震器、机器支座、橡胶-金属悬挂元件、膜片、模压制品。

2. 合成橡胶

合成橡胶是以单体分子通过聚合或缩合反应合成的具有不同化学组成及结构的高分子物。合成橡胶的种类很多,分类方法有按大分子主链结构、按聚合方法、按其性能和用途等分类的各种分类方法。按性能和用途可分为通用合成橡胶和特种合成橡胶。

用以代替天然橡胶来制造轮胎及其他常用橡胶制品者,称为通用合成橡胶,其具有耐寒、耐热、耐臭氧、耐油、耐腐蚀等特殊性能;用来制造特定条件下使用的橡胶制品者,称为特种合成橡胶,特种合成橡胶通过综合性能的改进、成本的降低,以及逐步推广使用,也可作为通用合成橡胶使用。丁基橡胶,起初以气密性及耐老化性见长而被列为特种合成橡胶,但目前以其在轮胎的内胎及其他许多制品方面得以广泛的应用,因而亦称通用合成橡胶。

(1) 通用合成橡胶

① 丁苯橡胶(SBR)　其是丁二烯和苯乙烯的共聚体。性能接近天然橡胶,是目前产量最大的通用合成橡胶,其特点是耐磨性、耐老化和耐热性超过天然橡胶,质地也较天然橡胶均匀。但是,弹性较低,抗屈挠、抗撕裂性能较差;而且加工性能差,特别是自黏性差、生胶强度低。其使用温度范围约$-40\sim 100\ ℃$。丁苯橡胶主要用以代替天然橡胶制作轮胎、胶板、胶管、胶鞋及其他通用制品。

② 顺丁橡胶(BR)　其是由丁二烯聚合而成的顺式结构橡胶。其弹性与耐磨性优良,耐老化性好,耐低温性优异,在动态负荷下发热量小,易于金属粘合。缺点是强度较低,抗撕裂性差,加工性能与自黏性差。其使用温度范围约$-60\sim 100\ ℃$。一般多和天然橡胶或丁苯橡胶并用,主要制作轮胎胎面、运输带和特殊耐寒制品。

③ 异戊橡胶(IR)　其是由异戊二烯单体聚合而成的一种顺式结构橡胶。化学组成、立体结构与天然橡胶相似,性能也非常接近天然橡胶,故有合成天然橡胶之称。它具有天然橡胶的大部分优点,耐老化优于天然橡胶,弹性和强力比天然橡胶稍低,加工性能差,成本较高。其使用温度范围约$-50\sim 100\ ℃$。可代替天然橡胶制作轮胎、胶鞋、胶管、胶带以及其他通用制品。

④ 氯丁橡胶(CR)　其是由氯丁二烯做单体乳液聚合而成的聚合体。这种橡胶分子中含有氯原子,与其他通用橡胶相比,它具有优良的抗氧、抗臭氧性和不易燃、着火后能自熄、耐油、耐溶剂、耐酸碱以及耐老化、气密性好等优点;物理机械性能也比天然橡胶好,故可用作通用橡胶,也可用作特种橡胶。主要缺点是耐寒性较差,比重较大,相对成本高,电绝缘性不好,加工时易粘滚、易烧焦及易粘模。此外,生胶稳定性差,不易保存。其使用温度范围约$-40\sim$

100 ℃,可短时间在 120 ℃下使用。主要用于制造要求抗臭氧、耐老化性高的电缆护套及各种防护套、保护罩;耐油、耐化学腐蚀的胶管、胶带和化工衬里;耐燃的地下采矿用橡胶制品,以及各种模压制品、密封圈、垫、黏结剂等。

⑤ 乙丙橡胶(EPM/EPDM) 其为乙烯、丙烯的二元共聚物或乙烯、丙烯、二烯类烯烃的三元共聚物。它具有优异的耐臭氧、耐老化性、耐候性和优良的耐热性、耐低温性、电绝缘性等特点,因此发展较快。它的缺点是黏着性差,硫化速度慢,加工性能差,与其他二烯类橡胶并用时共硫化性差。其使用温度范围为 $-60\sim150$ ℃。乙丙橡胶适于制作磷酸酯液压油系统的密封件、胶管及飞机门窗密封材料、胶布和电绝缘层。但制品不耐石油基油类。

⑥ 丁基橡胶(IIR) 其是异丁烯和少量异戊二烯或丁二烯的共聚体。最大特点是气密性好,耐臭氧、耐老化性能好,耐热较高,可在 130 ℃下长期工作;能耐无机强酸(如硫酸、硝酸等)和一般有机溶剂,吸振和阻尼特性良好,电绝缘性也非常好。缺点是弹性差,加工性能差,硫化速度慢,黏着性和耐油性差。其使用温度范围约 $-60\sim120$ ℃。主要用作内胎、水胎、气球、电线电缆绝缘层、化工设备衬里及防震制品、耐热运输带、耐热老化的胶布制品。

⑦ 丁腈橡胶(NBR) 其是丁二烯和丙烯腈的共聚体。耐汽油和脂肪烃油类的性能特别好,仅次于聚硫橡胶、丙烯酸酯和氟橡胶,而优于其他通用橡胶。耐热性好,气密性、耐磨及耐水性等均较好,粘结力强。缺点是耐寒及耐臭氧性较差,强力及弹性较低,耐酸性差,电绝缘性不好,耐极性溶剂性能也较差。其使用温度范围约 $-40\sim100$ ℃,可短时间在 120 ℃下使用。主要用于制造各种耐油制品,如胶管、密封制品等。

(2) 特种合成橡胶

① 硅橡胶(Q) 为主链含有硅、氧原子的特种橡胶,其中起主要作用的是硅元素。通常有二甲基硅橡胶(MQ)、甲基乙烯基硅橡胶(MVQ)、甲基苯基硅橡胶(MPQ)、甲基苯基乙烯基硅橡胶(MPVQ)等。既耐高温(最高 300 ℃)又耐低温(最低 -100 ℃),是目前最好的耐寒、耐高温橡胶;同时电绝缘性优良,对热氧化和臭氧的稳定性很高,化学惰性大。缺点是机械强度较低,耐油、耐溶剂和耐酸碱性差,较难硫化,价格较贵。其使用温度为 $-60\sim200$ ℃。主要用于制作耐高低温制品(胶管、密封件等)、耐高温电线电缆绝缘层,由于其无毒无味,还用于食品及医疗工业。

② 氟橡胶(FPM) 是由含氟单体共聚而成的有机弹性体。耐温高可达 300 ℃,耐酸碱,耐油性是耐油橡胶中最好的,抗辐射、耐高真空性能好;电绝缘性、机械性能、耐化学腐蚀性、耐臭氧、耐大气老化性均优良。缺点是加工性差,价格昂贵耐寒性差,弹性透气性较低。其使用温度范围为 $-20\sim200$ ℃。主要用于国防工业制造飞机、火箭上的耐真空、耐高温、耐化学腐蚀的密封材料、胶管或其他零件及汽车工业。

③ 聚氨酯橡胶(AU/EU) 是由聚酯(或聚醚)与二异氰酸酯类化合物聚合而成的弹性体。其特点是耐磨性好,在各种橡胶中是最好的;强度高、弹性好、耐油性优良;耐臭氧、耐老化、气密性等也很优异。缺点是耐温性能较差,耐水和耐碱性差,耐芳香烃、氯化烃及酮、酯、醇类等溶剂性较差。其使用温度范围约 $-30\sim80$ ℃。用于制作轮胎及耐油零件、垫圈、防震制品,以及耐磨、高强度和耐油的橡胶制品。

④ 丙烯酸酯橡胶(ACM/AEM) 是丙烯酸乙酯或丙烯酸丁酯的聚合物。其有良好的耐热、耐油性能,在含有硫、磷、氯添加剂的润滑油中性能稳定。同时耐老化、耐氧和臭氧、耐紫外线、气密性优良。缺点是耐寒性差,不耐水,不耐蒸汽及有机和无机酸、碱。在甲醇、乙二醇、酮

酯等水溶性溶液内膨胀严重。同时弹性和耐磨性差,电绝缘性差,加工性能较差。其使用温度范围约-25～150 ℃。可用于制造耐油、耐热、耐老化的制品,如密封件、胶管、化工衬里等。

⑤ 氯醚橡胶(CO/ECO) 是由环氧氯丙烷均聚或由环氧氯丙烷与环氧乙烷共聚而成的聚合物。耐脂肪烃及氯化烃溶剂,耐碱、耐水、耐老化性能极好,耐臭氧性、耐候性及耐热性、气密性高。缺点是强力较低、弹性较差、电绝缘性不良。其使用温度范围约-40～140 ℃。可用作胶管、密封件、薄膜和容器衬里、油箱、胶辊,制造油封、水封等。

⑥ 氯磺化聚乙烯橡胶(CSM) 是聚乙烯经氯化和磺化处理后,所得到的具有弹性的聚合物。耐臭氧及抗老化性优良,耐候性优于其他橡胶,阻燃、耐热、耐溶剂性及耐大多数化学药品和耐酸碱性能较好,电绝缘性尚可,耐磨性与丁苯橡胶相似。缺点是抗撕裂性能差,加工性能不好。其使用温度范围约-20～120 ℃。可用作臭氧发生器上的密封材料,制造耐油密封件、电线电缆包皮以及耐油橡胶制品和化工衬里。

⑦ 氯化聚乙烯橡胶(CM/CPE) 是聚乙烯通过氯取代反应制成的具有弹性的聚合物。其性能与氯磺化聚乙烯橡胶接近,其特点是流动性好,容易加工;有优良的耐天候性、耐臭氧性和耐电晕性,耐热、耐酸碱、耐油性良好。缺点是弹性差、压缩变形较大,电绝缘性较低。其使用温度范围约-20～120 ℃。用作电线电缆护套、胶管、胶带、胶辊化工衬里等。

6.4 胶黏剂

胶黏剂,又称黏合剂,俗称胶。是能使物体的表面与另一物体的表面结合在一起的物质。用胶黏剂进行各种材料的连接方法称为胶接或黏结。

6.4.1 胶黏剂的组成与分类

1. 胶黏剂的组成

胶黏剂的品种很多,但其基本组成由基料及配合剂如固化剂、稀释剂、填料、增韧剂、偶联剂、触变剂、增塑剂等配合而成。

(1)基 料

基料又称黏料或主剂,是决定黏合剂性能的主要组分,能起到胶黏的作用。主要有天然高分子、合成树脂及合成橡胶。常用的有天然聚合物、合成聚合物和无机化合物三大类。

(2)辅助材料

1)溶剂(稀释剂)

其为为了降低黏合剂黏度、增加流动性、渗透力而使用的低分子化合物,有些稀释剂还能降低黏合剂的活性,延长黏合剂的使用期。稀释剂有两类,一类是活性稀释剂,它含有反应性基因,既可降低胶液黏度,又可参与固化反应;另一类是非活性稀释剂,大都是惰性溶剂,不参与固化反应,仅起稀释作用,涂胶后挥发掉。选用时,前一类应与黏料有相容性,使胶粘均匀;后一类应考虑其挥发速度。

2)增塑剂与增韧剂

加入增塑剂和增韧剂可增加胶层的柔韧性,提高胶层的冲击韧性,改善胶黏剂的流动性。增塑剂是一种高沸点液体或低熔点固体化合物,与黏料有混溶性,但不参与固化反应;而增韧剂大都是黏稠液体,参与固化反应。

3）偶联剂

偶联剂,又称增黏剂,是为了改善黏合剂和被粘物表面之间的界面强度而使用的助剂。偶联剂是具有反应性基团的化合物,可与被粘物表面分子形成化学键合。

4）固化剂和固化促进剂

固化剂又称硬化剂、交联剂,可使小分子或单体聚合,或使线型分子交联成体型。以热固性聚合物为黏料时,必须加入固化剂使黏合组分交联形成体型结构。固化促进剂是加速交联反应,缩短固化时间或降低固化温度的组分。

5）填　料

填料的作用是改善黏合性能和降低黏合剂的成本。填料一般是粉末状或细短纤维状。填料的用量要合适,否则会导致粘接性能下降。

6）其他助剂

黏合剂组分除上述必需的组分外,根据黏料的结构性质、用途还需加入防老剂、着色剂、引发剂、阻聚剂、乳化剂、增稠剂、防霉剂、阻燃剂、稳定剂等组分。

2. 胶黏剂的分类

（1）按基料化学成分分类

以无机化合物为基料的称无机胶黏剂,以聚合物为基料的称有机胶黏剂。有机胶黏剂又分为天然胶黏剂与合成胶黏剂两大类,见表 6.1;无机胶黏剂包括硅酸盐、磷酸盐、氧化铅、硫磺、氧化铜–磷酸等。

表 6.1　有机胶黏剂分类

天然胶黏剂	动物胶		皮胶、骨胶、虫胶、酪素胶、血蛋白胶、鱼胶等
	植物胶		淀粉、糊精、松香、阿拉伯树胶、天然树胶、天然橡胶等
	矿物胶		矿物蜡、沥青等
合成胶黏剂	合成树脂型	热塑性	纤维素酯、烯类聚合物(聚醋酸乙烯酯、聚乙烯醇、聚过氯乙烯、聚异丁烯)、聚酯、聚醚、聚酰胺、聚丙烯酸酯、α–氰基丙烯酸酯、聚乙烯醇缩醛、乙烯–醋酸乙烯共聚物等
		热固性	环氧树脂、酚醛树脂、脲醛树脂、有机硅树脂、呋喃树脂、不饱和聚酯–丙烯酸树脂、氨基树脂、聚氨酯树脂等
	合成橡胶型		氯丁橡胶、丁苯橡胶、丁基橡胶、异戊橡胶、聚硫橡胶、聚氨酯橡胶、氯磺化聚乙烯弹性体、硅橡胶等
	橡胶树脂型		酚醛–丁腈胶、酚醛–氯丁胶、酚醛–聚氨酯胶、环氧–丁腈胶、环氧–聚硫胶类

（2）按物理形态分类

① 溶液型。合成树脂或橡胶在适当的溶剂中配成有一定黏度的溶液,目前大部分黏合剂是这一形式。

② 乳液型。合成树脂或橡胶分散于水中,形成水溶液或乳液。这类黏合剂由于不存在污染问题,所以发展较快。

③ 膏状或糊状型。这是将合成树脂或橡胶配成易挥发的高黏度的胶黏剂。主要用于密封和嵌缝等方面。

④ 固体型。一般是将热塑性合成树脂或橡胶制成粒状、块状、或带状形式,加热时熔融可以涂布,冷却后固化,也称热熔胶。这类黏合剂的应用范围广泛,常用在道路标志、奶瓶封口或

衣领衬里等。

　　⑤ 膜状型。将黏合剂涂布于各种基材(纸、布等)上,呈薄膜状胶带,或直接将合成树脂或橡胶制成薄膜使用。

　　(3) 按用途及受力情况分类

　　① 结构胶黏剂是用于受力结构件胶接,并能长期承受较大动、静负荷的胶黏剂。

　　② 非结构胶黏剂是适用于非受力结构件胶接。

　　③ 特种胶黏剂是供某些特殊场合应用的胶黏剂,用以提供独特的用途,如导电胶、导磁胶、耐高温胶等。此外,近年来又出现了无污染胶黏剂等胶粘剂新品种。

　　(4) 按固化方式分类

　　① 介质挥发型,主要有水基蒸发型(聚乙烯醇和乙烯-醋酸乙烯酯共聚乳液型胶黏剂)、溶剂挥发型(氯丁橡胶胶黏剂);

　　② 化学反应型,如 α-氰基丙烯酸酯瞬干胶和酚醛-丁腈橡胶等加固化剂型及热固型;

　　③ 热熔型,如棒状、粒状与带状的乙烯-醋酸乙烯酯热熔胶;

　　④ 压敏型。

6.4.2　胶黏剂的主要应用

1. 在汽车及车辆制造工业上的应用

现代汽车工业技术的进步,要求结构材料轻量化、驾驶安全化、节能环保化、美观舒适化等,因此一定会采用铝合金、玻璃钢、蜂窝夹层结构,塑料、橡胶等新型材料,必然要大量以粘接代替焊接,因而胶黏剂的用量明显增加。

铁道车辆工业中,对各种机车(包括新干线高速电车)的制造及维修,客车及货车的制造,铁轨的铺设,通信电气设备的维修等都用到胶粘剂。

2. 在航空、航天上的应用

航空工业是最早使用胶黏剂的行业,飞机制造业是结构胶黏剂的主要用户。一般用于飞机蒙皮与框架的粘接、组装蜂窝结构及直升飞机的桨叶片等。宇航工业和空间技术等都大量采用蜂窝结构、高强度高模量复合材料、玻璃钢、泡沫材料、密封材料等,这些材料的制造和连接都离不开胶黏剂和密封材料。其主要用于人造卫星、宇宙飞船中蜂窝结构的制造、太阳能电池、隔热材料的粘接、安装仪器及建造座舱等。

3. 在电子、电器工业上的应用

集成电路、计算机等电子元器件、零部件和整机生产与组装,都会使用到胶黏剂和密封胶,如光刻胶、导电胶、导磁胶等。各种家用电器设备,都会大量用到胶黏剂和密封胶,如洗衣机、冰箱(柜)、空调、电饭煲、吸尘器等。无线电电子工业经常用胶黏剂制造印刷电路板、磁带和箔式电容器。此外,也采用导电胶粘接线路接头,用导磁胶粘接磁性元件。

4. 在机械工业上的应用

胶黏剂既可用于可拆卸的装配件,也可用于不可拆卸配件的安装,还可用于机床中托板与耐磨材料、导向装置与机床铸铁基座、陶瓷切削刀具与金属刀杆等的粘接、抗磨涂层、铸件缺陷的修补及堵漏密封等。

5. 在建筑工业上的应用

各种装修材料的粘贴与固定都要用到大量的胶黏剂和密封剂。胶黏剂用于修补混凝土结构件缺陷、裂缝,操作简便,不仅能保证使用性能,而且外观平整。

6. 医学方面

用于施行各种骨折连接手术,胸腔手术中的骨质粘接、皮肤破损的粘接及止血、皮肤移植的固定和牙科的修补等。

6.5 涂 料

涂料是应用于物体表面能结成坚韧保护膜的物质的总称。最早使用的涂料是用植物油或天然树脂熬炼而成的,习惯上称之为油漆材料或油漆。

6.5.1 涂料的作用与组成

1. 涂料的作用

涂料能提高被涂物的使用寿命和使用效能。一些特种涂料还具有防污、导电、伪装等一系列特殊性能。目前涂料在各领域中的应用十分广泛,具体作用可总结为:

① 保护作用 防止物体表面受到气候、腐蚀以及日光照射而起变化,防止或减轻物体表面直接受到摩擦和冲击。

② 装饰作用 增加物体表面的美观,美化房屋、家具、交通工具、日用品等,有美化环境的作用。

③ 标志作用 给交通标志、工厂装备、管线等涂上各种颜色,具有特殊的标识作用。

④ 特殊作用 具有特殊的力学性能,热性能、电磁学性能、光学性能、化学性能等。

2. 涂料的组成

目前使用的涂料大都以植物油和树脂为主要成膜物质,以低分子有机物为溶剂,并根据需要加入增塑剂、催干剂、颜料和填料等组成。

(1)主要成膜物质

主要成膜物质是使涂料牢固附着在被涂物表面上形成连续薄膜的主要物质,是构成涂料的基础,决定着涂料的基本特性。常用的主要成膜物质有植物油、天然树脂和合成树脂三类,现涂料工业中常用合成树脂为原料,如醇酸树脂,丙烯酸树脂等。

(2)次要成膜物质

颜料、填料、染料属次要成膜物质。颜料,具有着色力和遮盖力,且具有调整涂料黏度,增加漆膜厚度,提高机械强度和填充性等功能,可增强漆膜的耐久性和耐磨性。填料,又称体质颜料,对涂料的着色不起作用,但可以改善涂料的某些性能,还可以降低涂料成本。染料,具有着色力,而不具有遮盖力。

(3)辅助成膜物质

1)助 剂

助剂是原料的辅助材料。在涂料中用量很少,但能显著地改善涂料的性能。如催干剂、流平剂、防结皮剂、防沉剂、抗老化剂、防霉剂、固化剂、增塑剂等。

2)溶 剂

溶剂作为分散介质,在液态涂料中起着很重要的作用,对涂料的粘度、光泽、流平性、湿润性、附着力等性能有很大影响。目前使用较多的溶剂有油基涂料溶剂和树脂涂料溶剂两类。

6.5.2　常用涂料及应用

1. 酚醛树脂涂料

酚醛树脂涂料是以酚醛树脂和干性油为主要成膜物质,根据它的组成和功用不同可分为酚醛清漆、酚醛瓷漆和酚醛底漆。

① 酚醛清漆。清漆不含填料和颜料,是以酚醛树脂或改性酚醛树脂与干性油经熬炼后,再加入催干剂和溶剂等配制而成的透明液体。涂膜光亮坚硬、耐水性好、耐烫性好。广泛用于涂饰木器家具、也可用于油性色漆表面罩光。

② 酚醛瓷漆。酚醛瓷漆是以酚醛清漆为基料,加入颜料和少量填料研磨制成的。主要用于金属表面和木制表面的涂饰,以达到装饰和保护的目的。

③ 酚醛底漆。底漆是指直接涂到物体表面而作为面漆基础的涂料。它是在清漆中加入对金属和木材没有腐蚀性的颜料而制成的。要求在物体表面上附着牢固,以增加上层涂料的附着力,并提高面漆的装饰性。

2. 醇酸树脂涂料

醇酸树脂涂料是以醇酸树脂为主要成膜物质的合成树脂涂料。它具有耐候性、附着力好和光亮、丰满等特点,且施工方便。但涂膜较软,耐水、耐碱性欠佳,醇酸树脂可与其他树脂配成多种不同性能的自干或烘干磁漆、底漆、面漆和清漆,广泛用于桥梁等建筑物以及机械、车辆、船舶、飞机、仪表等的涂装。

3. 氨基树脂涂料

氨基树脂涂料是以氨基树脂和醇酸树脂为主要成膜物质的一类涂料,一般要求烘烤干燥,成膜后在光泽、硬度、耐水、耐油、保色、绝缘及耐久性等方面都很优异。因此,在涂料工业中是很重要的一类品种,在工业产品中得到广泛应用。

4. 丙烯酸树脂涂料

丙烯酸树脂涂料一般是由甲基丙烯酸酯与丙烯酸酯的共聚物制成。丙烯酸涂料不仅具有色浅,透明度高、色正、保色、保光、光亮丰满、耐热、耐腐蚀、三防性能好、附着力强、坚韧、柔韧等特点,而且可通过单体选择及其配比调整、改变聚合方法,制得各具特色的多丙烯酸树脂。同时又能和多种合成树脂拼用,配制出多品种,多性能、多用途的系列化丙烯酸树脂涂料。丙烯酸树脂涂料主要用于飞机、轿车、汽车、机床、铁道车辆、桥梁、高级木器、家用电器、建筑、缝纫机、自行车、仪表、设备、轻工产品等高装饰的涂装。

5. 环氧树脂涂料

环氧树脂涂料是以环氧树脂为主要成膜物质的涂料。一般环氧树酯制成的涂料比成分类似的醇酸树脂制成的漆料色浅,制成的涂料耐久性、保光性差,易粉化,但比醇酸树脂漆的耐水性和耐碱性要好得多。环氧树脂对许多物体表面的粘结力较强,有显著的弹性,因此做底漆最合适。环氧树酯涂料可用于保护大气侵蚀的工业防腐蚀及海水和海洋雾气侵蚀的钢铁表面做底漆或瓷漆涂层。也可用于铝镁合金及轻金属表面底漆涂层。

6. 聚氨酯涂料

聚氨酯涂料是以聚氨酯树脂为主要成膜物质的涂料。漆膜坚硬、光亮、耐磨、附着力好、耐油、耐酸、耐碱、耐工业废气。聚氨酯涂料能与多种树脂拼用,配成多种类型的聚氨酯涂料。其不足之处是聚氨酯涂料涂装要求高、价格较贵。在木器、地板、飞机、汽车、机械、电器、仪表、塑料、皮革、纸张、纺织品、石油化工、铁道车辆、轿车、家用电器等的表面涂装上获得广泛应用。

7. 有机硅树脂涂料

有机硅树脂涂料是在第二次世界大战以后很快发展起来的耐热、耐寒、耐候的绝缘涂层。最大特点是耐热性强。纯有机硅树脂与片状铝粉配制的涂料可以耐 500 ℃高温,硅改性树脂与耐温颜料配合制得的涂料可以耐 200~300 ℃的高温。有机硅树脂涂料可用于电动机、变压器的绝缘,玻璃纤维、石棉编制品的涂装,船舶和飞机的发动机,锅炉、船舶的烟囱,飞机、汽车排气管,火车和煤气灶等的涂装。

本章小结

高分子材料是以高分子化合物为主要组分(适当加入添加剂)的材料,常称聚合物或高聚物。它包括人工合成的(如塑料、合成橡胶及合成纤维等)和天然的(如淀粉、羊毛、纤维素纤维、天然橡胶等)两大类。固态高聚物分为晶态和非晶态两大类。非晶态聚合物的物理状态分为玻璃态、高弹态、黏流态;晶态聚合物的物理状态分为玻璃态和黏流态。

塑料是以合成或天然的高分子化合物为基本成分,在其制造或加工过程中的某一阶段能流动成形或原位聚合而成形,在固化后能保持其形状,并能满足不同领域应用要求的有机材料。大多数塑料是以合成高分子化合物(树脂)为基本成分,同时在聚合物中添加一定数量的助剂,并通过这些助剂来改善聚合物的性能。

橡胶是高弹性聚合物,在室温下富有弹性,在很小的外力作用下会产生较大形变,除去外力后能恢复原状。根据原材料来源不同,可分为天然橡胶和合成橡胶两类。早期使用的橡胶都是天然橡胶,是从橡胶树和橡胶草的胶乳中提取的,主要成分是聚异戊二烯。合成橡胶则由各种单体经聚合反应而得。橡胶具有橡胶状弹性、黏弹性,对声音及振动的传播有缓冲减震作用、对温度依赖性大、有电绝缘性、有老化现象,必须加入配合剂。

胶黏剂,又称黏合剂,俗称胶。是能使物体的表面与另一物体的表面结合在一起的物质。胶黏剂的品种很多,但其基本组成由基料及配合剂如固化剂、稀释剂、填料、增韧剂、偶联剂、触变剂、增塑剂等配合而成。

涂料是应用于物体表面能结成坚韧保护膜的物质的总称。涂料能提高被涂物的使用寿命和使用效能。一些特种涂料还可具有防污、导电、伪装等一系列特殊性能。目前使用的涂料大都以植物油和树脂为主要成膜物质,以低分子有机物为溶剂,并根据需要加入增塑剂、催干剂、颜料和填料等组成。

习题与思考题

一、名词解释

单体;链节;聚合度;加聚反应;缩聚反应;聚集态;塑料;橡胶;硫化;胶黏剂;涂料。

二、选择题

1.制作电源插座选用(　　),制作飞机窗玻璃选用(　　　　),制作化工管道选用(　　),制作齿轮选用(　　)。

　　A.酚醛树脂　　　　B. 聚氯乙烯　　　　C. 聚甲基丙烯酸甲酯　　　　D. 尼龙

2. 橡胶是优良的减震材料和摩阻材料,因为它具有突出的(　　)。

A. 高弹性　　　　B. 粘弹性　　　　C. 塑料　　　　　　D. 减摩性

3. (　　)阻燃作用为通用胶中最好的。

A. CR　　　　　　B. NR　　　　　　C. Q　　　　　　　D. SBR

4. 综合性能好,可以生产多种材料的橡胶是(　　)。

A. PUR　　　　　B. NR　　　　　　C. Q　　　　　　　D. BR

5. 能与橡胶大分子起化学作用,使橡胶线型大分子交联形成空间网状结构,提高性能,稳定形状的是(　　)。

A. 增塑体系　　　B. 防护体系　　　C. 硫化体系　　　　D. 补强填充体系

三、判断题

1. 塑料之所以用于机械结构是由于其强度和硬度比金属高,特别是比强度高。(　　)

2. 聚酰胺是最早发现能够承受载荷的热固性塑料。(　　)

3. 聚甲基丙烯酸甲醛是塑料中最好的透明材料,但其透光率仍比普通玻璃差得多。(　　)

4. 酚醛树脂具有较高的强度和硬度、良好的绝缘性等性能,因此是用于电子、仪表工业中的最理想的热塑性塑料。(　　)

5. 环氧树脂本身是线型结构的热塑性分子,其固化是通过加入固化剂来实现的。(　　)

6. 氨基树脂漆是以氨基树脂和醇酸树脂为主要成膜物质的一类涂料。(　　)

7. 不挥发分也称固体分,是涂料组分中经过施工后留下成为干涂膜的部分,它的含量高、低对成膜质量和涂料的使用价值有很大关系。(　　)

四、简答题

1. 试述常用工程塑料的种类、性能和应用。

2. 简述常用橡胶的种类、性能和应用。

3. 简述常用胶黏剂的种类、性能特点及应用。

4. 简述常用涂料的种类、性能特点及应用。

第7章 复合材料

复合材料,顾名思义,就是由两种或两种以上的材料经一定的复合工艺制造出来的一种新型材料。早在6 000多年前,陕西半坡人就懂得用草梗和泥筑墙;而闻名世界的漆器是由麻纤维和土漆复合而成的,至今已有4 000多年的历史。

一般认为,现代复合材料始于1942年,由美国一家公司发明了玻璃钢。就世界范围而论,复合材料的发展分为四个阶段。1940—1960年这20年间是玻璃纤维增强塑料时代,可以称为复合材料发展的第一代。1960—1980年这20年间是先进复合构料的发展时期。1965年英国研制出碳纤维,1971年美国杜邦公司开发出Kevlar-49,1975年先进复合材料"碳纤维增强环氧树脂复合材料及Kevlar纤维增强环氧树脂复合材料"已用于飞机、火箭的主承力件上,这一时期被称为复合材料发展的第二代,1980—1990年间是纤维增强金属基复合材料的时代,其中以铝基复合材料的应用最为广泛,这一时期是复合材料发展的第三代。1990年以后则被认为是复合材料发展的第四代,主要发展多功能复合材料,如机敏(智能)复合材料利梯度功能材料等。

随着新型复合材料的不断涌现,复合材料不仅应用在导弹、火箭、人造卫星及尖端工业中,在航空、汽车、造船、建筑、电子、桥梁、机械、医疗和体育等各个部门也得到了应用。

7.1 复合材料概述

7.1.1 复合材料的定义

复合材料是由两种或两种以上异质、异形、异性的材料复合而成的新型材料。它既能保留原组成材料的主要特性,还能通过复合效应获得原组分所不具备的性能。现代复合材料可以通过设计使各组分的性能互相补充并彼此关联,从而获得新的优越性能,它与一般材料的简单混和存在着本质的区别。国际标准化组织(ISO)为复合材料所下的定义为:复合材料是由两种或两种以上物理和化学性质不同的物质组合而成的一种多相固体材料。

从复合材料的定义可以看出,一般材料的简单混合与复合材料的本质区别主要体现在两个方面:其一是复合材料不仅保留了原组成材料的特点,而且通过各组分的相互补充和关联可以获得原组分所没有的新的优越性能;其二是复合材料的可设计性,如结构复合材料不仅可根据材料在使用中受力的要求进行组元选材设计,更重要的是还可进行复合结构设计,即增强体的比例、分布、排列和取向等的设计。对于结构复合材料来说,是由能承受载荷的增强体组元与能连接增强体又起传递力作用的基体组元构成。由不同的增强体和不同的基体即可组成名目繁多的结构复合材料。

7.1.2 复合材料的结构

复合材料由两种以上组分以及它们之间的界面构成。组分材料主要指增强体和基体,它们也被称为复合材料的增强相和基体相。增强相和基体相之间的界面区域因为其特殊的结构与组成也被视作复合材料中的"相",即界面相。增强相和基体相是根据组分的物理和化学性质以及在最终复合材料中的形态来区分的。其中一个组分呈细丝(连续或短切)、薄片或颗粒状,一般具有很高的力学性能或特殊的功能性,主要作用是承受载荷或显示功能,称为增强相或增强体;另一组分是保持材料的基本特性,其作用是将增强相固结成整体,起传递和均衡应力的作用,称为基体相。基体材料主要有聚合物、金属、无机非金属。复合材料的各种结构形态如图 7.1 所示。

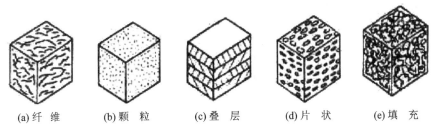

(a)纤维　　(b)颗粒　　(c)叠层　　(d)片状　　(e)填充

图 7.1　复合材料结构示意图

7.1.3　复合材料的增强体

增强体应具有能明显提高基体某种所需特性的性能,如高比强度(强度/密度)、高比模量(弹性模量/密度)、高导热性、耐热性、耐磨性、低膨胀性、良好的化学稳定性。同时,增强体与基体有良好的润湿性,或通过表面处理能与基体有良好润湿性。

1. 增强体的分类

复合材料的增强体按几何形状划分,有纤维(连续纤维、非连续纤维、编织纤维)、晶须、颗粒、片状等。纤维包括金属纤维,如 W、Mo 丝等;无机纤维,如 C、B、SiC、Al_2O_3 纤维等;有机纤维,如芳纶、尼龙纤维等。晶须包括金属晶须,如 Fe、Cu 晶须等;陶瓷晶须,如 SiC、Al_2O_3 晶须等。

纤维在复合材料中起增强作用,是主要承力组分。纤维不仅能使材料显示出较高的抗张强度和刚度,而且能减少收缩,提高热变形温度和低温冲击强度等。复合材料的性能在很大程度上取决于纤维的性能、含量及使用状态。如聚苯乙烯塑料,加入玻璃纤维后,拉伸强度可从600 MPa 提高到 1 000 MPa,弹性模量可从 3 000 MPa 提高到 8 000 MPa,其热变形温度可从85 ℃ 提高到 105 ℃ ,使-40 ℃以下的冲击强度提高 10 倍。

晶须是在人工控制条件下,以单晶形式生长成的一种纤维。晶须的直径一般为几微米,长几十微米,是一种无缺陷的理想完整晶体。晶须可用作高性能复合材料的增强材料,可以增强金属、陶瓷和聚合物。晶须是目前已知纤维中强度最高的一种,其机械强度几乎等于相邻原子间的作用力。

颗粒增强体是用以改善复合材料力学性能,提高断裂性、耐磨性和硬度,增进耐腐蚀性能的颗粒状材料。按照颗粒增强复合材料的基体不同,颗粒增强体可以分为颗粒强化陶瓷、颗粒增强金属和颗粒增强聚合物。颗粒在聚合物中还可以用作填料,目的是降低成本,提高导电性、屏蔽性或耐磨性。

2. 常用增强体

（1）玻璃纤维

玻璃纤维是一类重要复合材料增强体,其以玻璃球或废旧玻璃为原料经高温熔制,以极快的速度拉成细丝而成。它具有拉伸强度高、防火、防霉、防蛀、耐高温和电绝缘性能好等优良性能。缺点是脆性大、易折断、模量低、不耐磨,长期放置强度会稍有下降,对人的皮肤有刺激性。

1）以玻璃原料成分分类

① E 玻璃纤维（无碱玻璃纤维）,是以钙铝硼硅酸盐组成的玻璃纤维,这种纤维强度较高,耐热性和电性能优良,能抗大气侵蚀,化学稳定性好,但不耐酸。

② C 玻璃纤维（中碱玻璃纤维）,碱金属氧化物含量在 11.5%~12.5% 之间,主要成分为钠硼硅酸盐,它的主要特点是耐酸性好,但强度不如 E 玻璃纤维高。它主要用于耐腐蚀领域中,价格较便宜。

③ A 玻璃纤维（有碱玻璃纤维）,由于含碱量高,强度低,对潮气侵蚀极为敏感,因而很少作为增强材料。

④ S 玻璃纤维（特种玻璃纤维）,如由纯镁铝硅三元组成的高强玻璃纤维、镁铝硅系高强高弹玻璃纤维、硅铝钙镁系耐化学介质腐蚀玻璃纤维、含铅纤维、高硅氧纤维、石英纤维等。其强度和弹性模量均优于 E 玻璃纤维,高温性能好,主要用于飞机和火箭的高强度部件。

⑤ M 玻璃纤维,氧化铍含量高,其弹性模量比一般玻璃纤维高 1/3,主要用于航空航天领域。

2）以单丝直径分类

① 粗纤维:30 μm;② 初级纤维:20 μm;③ 中级纤维:10~20 μm;④ 高级纤维:3~10 μm,也称纺织纤维。

3）根据纤维的性能分类

可分为高强玻璃纤维、高模量玻璃纤维、耐高温玻璃纤维、耐碱玻璃纤维、耐酸玻璃纤维、普通玻璃纤维。

（2）碳纤维

针对玻璃纤维的模量低、耐热性不理想,难以满足航空航天工业受力结构的要求,20 世纪 60 年代研制出碳纤维。碳纤维是由不完全石墨结晶沿纤维轴向排列的一种多晶的新型无机非金属材料,化学组成中碳元素含量达 95% 以上。它不同于有机纤维或无机纤维,不能用熔融法或溶液法直接纺丝,只能以有机物为原料,采用间接方法制造。一般是利用含碳量较高的有机纤维、沥青纤维经过严格控制的热处理,碳化成含碳量 90%~99% 的纤维。

碳纤维制造工艺分为有机先驱体纤维法和气相生长法。有机先驱体纤维法制得的碳纤维是由有机纤维经高温固相反应转变而成,应用的有机纤维主要有聚丙烯腈（PAN）纤维、人造丝和沥青纤维等,目前世界各国发展的主要是 PAN 碳纤维和沥青碳纤维。工业上生产石墨纤维是与生产碳纤维同步进行的,但需要再经高温（2 000~3 000 ℃）热处理,使乱层类石墨结构的碳纤维变成高均匀、高取向度结晶的石墨纤维。气相生长法制得的碳纤维称为气相生长碳纤维。

碳纤维按力学性能又分为通用级（GP）和高性能级（HP）,包括中强型（MT）、高强型（HT）、超高强型（UHT）、中模型（IM）、高模型（HM）、和超高模型（UHM）。前者拉伸强度小于 1 000 MPa,拉伸模量低于 100 GPa;后者拉伸强度可高于 2 500 MPa,拉伸模量大于

220 GPa。

碳纤维具有低密度、高强度、高模量、耐高温、抗化学腐蚀、低电阻、高导热、低热膨胀、耐化学辐射等特性,此外还具有纤维的柔顺性和可编性,比强度和比模量优于其他无机纤维。但碳纤维性脆、抗冲击性和高温抗氧化性差。主要作为树脂、碳、金属、陶瓷、水泥基复合材料的增强体。

(3)硼纤维

硼就其本质来说是一种脆性材料,很难直接制成纤维状。一般是通过在超细的芯材(载体)上化学气相沉积(CVD)硼来获得表层为硼、含有异质芯材的复合纤维。芯材通常选用钨丝或碳丝,也可用涂碳或者涂钨的石英纤维。硼纤维具有较低的密度、较高的强度、很高的弹性模量和熔点及较高的高温强度。缺点是密度大、直径较粗及生产工艺复杂、成本高、价格昂贵。

(4)碳化硅纤维

碳化硅纤维是典型的陶瓷纤维,按其形态可分为连续纤维、晶须和短切纤维;按其结构可分为单晶和多晶纤维;按其直径可分为单丝和束丝纤维。碳化硅纤维具有优异的力学性能、耐热氧化性能、耐化学腐蚀性能。

碳化硅纤维的制造方法有两种:一种类似于硼纤维的气相沉积法,将碳化硅沉积到底丝上制得;另一种是用有机碳化硅化物,通过添加催化剂、加热(光辐射)缩聚形成以硅-碳为主链的的碳化硅高聚物,然后将其溶解抽丝,经预氧化和碳化处理后制得碳化硅纤维。这种方法可生产连续碳化硅纤维,是制造碳化硅纤技术的重大突破。

(5)氧化铝纤维

氧化铝纤维是多晶陶瓷纤维,以 Al_2O_3 为主要成分,含有少量的 SiO_2、B_2O_3、Zr_2O_3、MgO。通常情况下,将氧化铝含量大于 70% 的纤维相称为氧化铝纤维;将氧化铝含量小于70%,其余为二氧化硅和少量杂质的纤维称为硅酸铝纤维。这类纤维强度较高、热导率低、并具有独特的电学性能和抗腐蚀性能,主要用作增强材料和耐高温绝热材料,可用于增强 Al、Ti、SiC 和其他氧化物陶瓷基体,纤维与基体之间有良好的相容性。制造氧化铝纤维的原料是容易得到的金属氧化物粉末、无机盐或铝凝胶等,生产过程简单,设备要求不高,不需要惰性气体保护等,与其他高温陶瓷纤维相比有较高的性价比,是广泛应用于军事、民用复合材料的增强体品种。

氧化铝纤维的拉伸强度最高可达 3.2 GPa,模量达 420 GPa,长时间使用温度在 1 000 ℃以上。由于 Al_2O_3 纤维中的成分都是高温下稳定的氧化物,故其高温抗氧化性好。其他元素的加入可以控制晶粒在高温下长大,保证高温下的力学性能。

Al_2O_3 纤维由于制备方法不同,性能差异较大。主要原因是 Al_2O_3 从中间过渡态向稳定的 $\alpha-Al_2O_3$ 转变温度为 1 000~1 100 ℃,在此温度下结构和密度的变化导致强度显著下降。添加 Si、B、Mg 可以控制这种转变并实现 Al_2O_3 自发形核,有利于提高纤维的耐热性。

(6)芳　纶

芳纶是由芳香簇聚酰胺树脂纺成的纤维,国外商品牌号叫凯芙拉(Kevlar)纤维,我国命名为芳纶纤维。芳纶具有高的轴向拉伸强度和弹性模量,可以通过分子沿着纤维轴取向获得。单丝强度可达 3 773 MPa;254 mm 长的纤维束的拉伸强度为 2 744 MPa,大约为铝的 5 倍。弹性模量可达 1.27~1.577 GPa,比玻璃纤维高一倍,为碳纤维 0.8 倍。冲击性能好,大约为石墨纤维的 6 倍,为硼纤维的 3 倍,为玻璃纤维 0.8 倍。断裂伸长在 3% 左右,接近玻璃纤维,高于其他纤维。密度小,只有铝的一半。

（7）玄武岩纤维

玄武岩纤维是以纯天然火山岩为原料,在 1 450～1 500 ℃熔融后,通过铂铑合金拉丝漏板高速拉制而成的连续纤维,以玄武岩纤维为增强体可制成多种复合材料。玄武岩连续纤维属于非晶态物质,化学稳定性好,使用温度范围大(工作温度约为 -269～900 ℃),具有良好的力学性能,导热系数及吸湿能力低且不随温度变化,无毒、不易燃,废弃后可天然降解,是一种绿色环保材料。

7.1.4 复合材料的性能

1. 比强度和比模量高

比强度和比模量是材料承载能力的重要指标。比强度越高,同一零件的自重越小;比模量越高,零件的刚性越大。其中以纤维复合材料的比强度和比模量最高。表 7.1 列出了各种工程材料的性能比较。

表 7.1 各种工程材料性能比较

材 料	密度/ $(g \cdot cm^{-3})$	抗拉强度×10^{-5} /MPa	拉伸模量×10^{-5} /MPa	比强度×10^{-6} /$(N \cdot m \cdot kg^{-1})$	比模量×10^{-6} /$(N \cdot m \cdot kg^{-1})$
钢	7.8	1.03	2.1	0.13	27
铝合金	2.8	0.47	0.75	0.17	27
钛合金	4.5	0.96	1.14	0.21	25
玻璃钢	2	1.06	0.4	0.53	20
高强度碳纤维-环氧树脂	1.45	1.5	1.4	1.03	97
高模量碳纤维-环氧树脂	1.6	1.07	2.4	0.67	150
硼纤维-环氧树脂	2.1	1.38	2.1	0.66	100
有机纤维 PRD-环氧树脂	1.4	1.4	0.8	1	57
SiC 纤维-环氧树脂	2.2	1.09	1.02	0.5	46
硼纤维-铝	2.65	1	2	0.38	75

2. 疲劳强度高

疲劳破坏是材料在变载荷作用下,由于裂纹的形成和扩展而形成的低应力破坏。聚合物复合材料疲劳破坏总是从纤维的薄弱环节开始,逐渐扩展到结合面上,破坏前有明显的预兆,而且纤维与基体的界面能阻止裂纹的扩展。大多数金属材料的疲劳强度极限是其抗拉强度的 40%～50%,而碳纤维增强复合材料的疲劳极限可为其抗拉强度的 70%～80%。

3. 阻尼减振性好

受力结构的自振频率除了与结构本身的质量、形状有关外,还与材料的比模量的平方根成正比,而复合材料的比模量高,故其自振频率也高,可避免产生共振而引起的早期破坏。另外,复合材料基体与纤维的界面吸振能力强,故振动阻尼性好,即便发生振动也会很快衰减,所以纤维增强复合材料有很好的减震性能。

4. 高温性能好

由于增强纤维的熔点均很高,一般在 2 000 ℃以上,而且高温条件下仍可保持较高的强度,因此用它们增强的复合材料具有较高的高温强度和弹性模量。例如铝合金在 400 ℃时弹性模量已接近于零,强度也显著降低,用纤维增强后,此温度下,强度和弹性模量基本不变。

5. 断裂安全性较好

纤维复合材料中有大量独立的纤维,当构件过载或其他原因使部分纤维断裂时,载荷会迅速重新分配到未破坏的纤维上,使整个构件不至于在极短时间内有整体破坏的危险,所以断裂安全性较好。

6. 成型工艺性好

对于形状复杂的零件,根据受力情况可以一次整体成型,减少了零件、紧固件和接头的数目,材料利用率也较高。例如用碳纤维增强复合材料 100 kg 的原料可获得 80 kg 的零件。

7.1.5　复合材料的分类与命名

1. 复合材料的分类

按基体材料类型可以分为聚合物基、金属基和无机非金属基复合材料三大类。按聚合物类型可分为树脂基、橡胶基和木质基;按树脂种类又有热固性树脂基和热塑性树脂基之分。按金属种类可以分为铝基、铜基、镁基和钛基等。无机非金属基则可以分为玻璃基、陶瓷基、水泥基和碳基;按陶瓷种类又有氧化物基、碳化物基、氮化物基等。

按增强体几何形态分为连续纤维增强复合材料、短纤维复合材料、颗粒增强复合材料、晶须增强复合材料和层状复合材料。连续纤维增强复合材料包括单向纤维、无纬布叠层、二维织物层合、多向编织复合材料和混杂复合材料。短纤维增强复合材料主要指晶须及短切纤维无规则分散在基体材料中制成的复合材料。颗粒增强复合材料包括弥散增强复合材料(颗粒等效直径为 0.01~0.1 μm,粒子间距为 0.01~0.3 μm)和粒子增强复合材料(颗粒等效直径为 0.01~0.1 μm,粒子间距为 1~25 μm)。层状复合材料是指平面二维增强材料与基体复合而成的材料。

此外,复合材料按功能可分为功能复合材料和结构复合材料。结构复合材料是以承重为主要目的的复合材料,为此特别注意其力学性能;功能复合材料范围很宽,可以认为除结构复合材料以外的其他复合材料均为功能复合材料,它们突出的是除力学性能以外的其他性能(如热、电、声、磁等)。

2. 复合材料的命名

复合材料在世界各国还没有统一的名称和命名方法。比较共同的趋势是根据增强体和基体的名称来命名,一般有以下三种情况:

① 强调基体时以基体材料的名称为主。如树脂基复合材料、金属基复合材料、陶瓷基复合材料等。

② 强调增强体时以增强体材料的名称为主。如玻璃纤维增强复合材料、碳纤维增强复合材料、陶瓷颗粒增强复合材料等。

③ 基体材料名称与增强体材料名称并用。这种命名法习惯上把增强体材料的名称放在前面,基体材料的名称放在后面,再加上"复合材料"即可。如"玻璃纤维增强环氧树脂复合材料",或简称为"玻纤/环氧复合材料"或"玻纤/环氧",我国则常把这类复合材料通称为"玻璃钢"。

国外还常用英文编号来表示,如 MMC(Metal Matrix Composite)表示金属基复合材料,FRP(Fiber Reinforced Plastics)表示纤维增强塑料。

7.2 聚合物基复合材料

聚合物基复合材料(PMC)是指以聚合物为基体材料制作的复合材料。聚合物基体材料虽然强度低,但由于其粘接性能好,能把纤维等增强体牢固地粘接起来,同时还能使载荷均匀分布,并传递到增强体上。

7.2.1 聚合物基复合材料的基体

用于复合材料的聚合物基体按树脂热行为可分为热塑性和热固性两类。热塑性基体如聚丙烯、聚酰胺、聚碳酸酯、聚醚砜、聚醚醚酮等,它们是一类线形或有支链的固态高分子,可溶可熔,可反复加工成型而无任何化学变比。热固性基体如环氧树脂、酚醛树脂、双马树脂、不饱和聚酯等,它们在制成最终产品前,通常为分子量较小的液态或固态预聚体,经加热或加固化剂发生化学反应固化后,形成不溶、不熔的三维网状高分子。

7.2.2 聚合物基复合材料的成型工艺

聚合物基复合材料的制造与传统的金属材料制造完全不同,大部分聚合物基复合材料的制造实际上是把复合材料的制造和产品的制造融合为一体。聚合物基复合材料的原材料是纤维等增强体和聚合物基体,聚合物基复合材料的制造主要涉及怎样把增强体均匀分布在基体树脂中,怎样按产品设计要求实现成型、固化等。根据增强体和基体材料种类的不同,需要采用不同的制造工艺和方法。聚合物基复合材料的制造方法很多,主要制造方法可以按基体材料不同分为两类:一类是热固性树脂复合材料的制造方法,主要有手糊成型法、热压罐成型法、喷射成型法、模压成型法、注射成型法、拉挤成型法、纤维缠绕成型法、RTM 成型法等;另一种是热塑性树脂复合材料制造方法,类似于热固性树脂复合材料成型方法,主要有压缩成型法、注射成型法、纤维缠绕成型法、RTM 成型法等。

(1) 手糊成型

手糊成型又称接触成型,采用手工方法将纤维增强材料和树脂胶液在模具上铺敷成型、室温(或加热)、无压(或低压)条件下固化,脱模成制品的工艺方法。其工艺流程如下:

模具准备 ——→ 涂脱模剂

胶衣配制 ——→ 涂胶衣 ——→ 表面层制作 ——→ 增强层制作 ——→ 补强层制作 ——→ 固化 ——→ 脱模

增强材料准备 ————————↑

产品检验 ←—— 切边加工

手糊成型工艺不受产品尺寸和形状限制,适宜尺寸大、批量小、形状复杂产品的生产;设备简单、投资少、设备折旧费低;工艺简单,易于满足产品设计要求,可以在产品不同部位任意增补增强材料;制品树脂含量较高,耐腐蚀性好。但是,手糊成型工艺生产效率低,劳动强度大,生产环境条件差;产品质量稳定性差,受人的因素影响大。

(2) 喷射成型

通过喷枪将短切纤维和雾化树脂同时喷射到模具表面,经棍压、固化制得复合材料制件的方法。喷射成型也称为半机械化手糊法,与手糊法相比,生产效率高,劳动强度低,能制作大尺寸及形状比较复杂的制品,但厚度和纤维含量较难精确控制。其工艺流程如下:

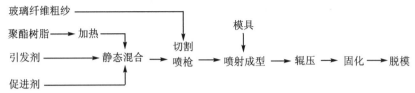

喷射成型特点具有生产效率较高(为手糊的 3～5 倍),劳动强度低;玻纤为无捻粗纱,材料成本低;制品整体性好,无搭接缝;产品形状和尺寸不受限制;可调节产品厚度,纤维与树脂比例;施工现场污染大,产品树脂含量高,强度小的特点。

（3）模压成型

模压成型工艺是一种古老的技术,早在 20 世纪初就出现了酚醛塑料模压成型。模压成型是一种对热固性树脂和热塑性树脂都适用的纤维复合材料成型方法。其工艺流程如下:

模具预热 ⟶ 涂脱模剂

模压料称量 ⟶ 预热 ⟶ 装模 ⟶ 压制 ⟶ 脱模 ⟶ 后处理 ⟶ 检验 ⟶ 制品

模压成型工艺有较高的生产效率,制品尺寸准确,表面光洁,多数结构复杂的制品可一次成型,无需二次加工,制品外观及尺寸的重复性好,容易实现机械化和自动化等。但是,模具设计制造复杂,压机及模具投资高,制品尺寸受设备限制,一般只适合制造批量大的中、小型制品。

（4）纤维缠绕成型

缠绕成型工艺是将浸渍了树脂胶液的连续纤维(或布带、预浸纱)按照一定规律缠绕到芯模上,常压下在室温或较高温度下固化成型的一种制备各种尺寸回转体的简单方法。

根据纤维缠绕成型时树脂基体的物理化学状态不同,分为干法缠绕、湿法缠绕和半干法缠绕三种。湿法缠绕是将增强材料浸渍液态基体和缠绕成型相继连续进行;干法缠绕又称预浸带缠绕,为浸渍工艺和缠绕成型分别进行。半干法是干法工艺的发展,不同之处仅在于树脂基体不存在凝胶化的阶段,仍处于"湿"状态。湿法工艺对各类制品的适用性强,应用广泛。湿法工艺流程如下:

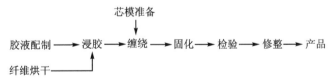

纤维缠绕成型具有能保持纤维连续完整,制品强度高;可连续化、机械化生产,生产周期短,劳动强度小;产品尺寸、外形准确,不需机械加工;设备复杂,技术难度大,工艺质量不易控制等特点。

（5）树脂传递模塑

将热固性树脂及固化剂混合均匀后注入事先铺有玻璃纤维增强材料的密封模内,经固化、脱模制得制品的过程称为树脂传递模塑,简称 RTM。其工艺流程如下:

模具准备 ⟶ 预成型体制造和安放 ⟶ 合模 ⟶ 树脂注入 ⟶ 开模 ⟶ 脱模 ⟶ 后处理 ⟶ 制品

树脂传递模塑优点:可以制造两面光的制品,尺寸稳定,容易组合;成型效率高,适合于中等规模的玻璃钢产品生产(20 000 件/年);RTM 为闭模操作,不污染环境,不损害身体健康;

增强材料可以任意方向铺放,容易实现按制品受力状况铺放增强材料;原材料及能源消耗少;建厂投资少,上马快。

树脂传递模塑缺点:不易制作较小产品;因要承压,故模具较手糊与喷射工艺用模具要重和复杂,价位也高一些;有未被浸渍的材料,导致边角料浪费;工艺难度大,注胶周期长,注胶质量不宜控制。

(6)注射成型

注射成型是根据金属压铸原理发展起来的一种成型方法。该方法是将颗粒状树脂、短纤维送入注射腔内,加热熔化、混合均匀,并以一定的注射压力,注射到温度较低的密闭模具中,经过冷却定型后,开模便可得到复合材料制品。它适用于热塑性和热固性复合材料,以热塑性复合材料应用最广。其工艺流程如下:

模具准备 ⟶ 涂脱模剂 ⟶
树脂、增强体混合物 ⟶ 注射机 ⟶(加热塑化) 注射成型 ⟶ 固化 ⟶ 脱模

7.2.3　聚合物基复合材料的应用

树脂基复合材料,由于质量轻、技术较成熟等特点被最大程度地应用于一直以减重为需要的航空领域。早在 20 世纪 40 年代,在战斗机、轰炸机上就开始采用玻璃纤维增强塑料作雷达罩;60 年代美国在 F-4、F-111 等军用飞机上采用了硼纤维增强环氧树脂作方向舵、水平安定面、机翼后缘、舱门等;70 年代后采用芳香聚酰胺纤维代替玻璃纤维增强环氧树脂,强度又大幅度提高,而重量减轻。第三代歼击机,如法国的 Raflae、瑞典的 JAS-39,树脂基复合材料用量分别达到 40% 和 30%,第四代歼击机如美国的 F-22 和 F-35,树脂基复合材料用量分别达到 24% 和 30% 以上。表 7.2 列出了树脂基复合材料在各部分的应用情况。如 F-22 主要应用耐热 150 ℃以上 IM7 中模量碳纤维增强韧性 BMI 复合材料,应用的主要部位包括前、中机身,机翼蒙皮,框、梁、壁板等。

表 7.2　树脂基复合材料在各部分的应用情况

机　型	使用部位	用量/%
F-14	平尾蒙皮、水平安定面等	0.8
F-15	垂尾及平尾蒙皮、方向舵、减速板等	1.6
F-16	垂尾、方向舵、平尾蒙皮等	3.4
幻影 2000	垂尾蒙皮、方向舵、副翼、起落架舱门等	7
F-18	垂尾、平尾、减速板、操纵面、机翼等	12
AV-8B	机翼蒙皮、翼盒、前机身、平尾等	26
Refale	中机身、蒙皮、鸭翼、机翼、垂尾、副翼等	24
JAS-39	前机身、进气道、鸭翼、机翼、垂尾等	25~30
EF-2000	机身、机翼、垂尾、方向舵等	35~40
F-22	机身、机翼、襟翼、垂尾、副翼等	24
MFI(俄)	机身、机翼、鸭翼、控制面	40 左右
F-35	机身、机翼、进气道、操纵面、副翼、垂尾等	26

树脂基复合材料在大涵道比发动机上的帽罩前锥、风扇转子叶片、风扇机匣及包容环、风扇出口导流叶片、风扇静子叶片、发动机短舱及反推装置、消音结构等部件上得到广泛应用。表7.3所列为国外大涵道比民用发动机的复合材料构件与选材。

表7.3　国外大涵道比①民用发动机复合材料构件与选材表

使用部位	复合材料体系	发动机型号	公　司
帽罩前锥	玻纤/双马	PW4000、PW6000	P&W
风扇转子叶片	碳纤/环氧	GE90、GEnx、LEAP - XIC	GE
风扇机匣及包容环	6060铝合金＋芳纤/环氧	CF6 - 80C2、GE90、RB211、Trent700、Trent800、PW4084	GE、R&R、P&W
	碳纤/环氧	GEnx	GE
风扇叶片出口导流叶片	碳纤/环氧	PW4084、PW4168	P&W
发动机短舱及反推装置	碳纤/环氧＋铝蜂窝夹芯	V2500	LAE
	碳纤/双马	Trent700、Trent800	R&R
	碳纤/环氧	PW4168	P&W
消音结构	芳纤/环氧	CFM56 - 3	SNECMA
	碳纤/环氧＋Nomex	V2500	LAE
	玻纤/环氧＋ Nomex	GEnx	GE

①涵道比:也称旁通比,是涡扇发动机外涵道与内涵道空气流量的比值。

在导弹制造方面,20世纪50年代后期美国中程潜地导弹"北极星A-2"第二级固体火箭发动机壳体上就采用了玻璃纤维增强环氧树脂的缠绕制件,较钢质壳体轻27%;后来采用高性能的玻璃纤维代替普通玻璃纤维造"北极星A-3",使壳体重量较钢制壳体轻50%,从而使"北极星A-3"导弹的射程由2 700 km增加到4 500 km。

7.3　金属基复合材料

金属基复合材料(MMC)是以金属或合金为基体,以金属或非金属线、丝、纤维、晶须或颗粒为增强相的非均质混合物。

7.3.1　金属基复合材料的基体

目前用作金属基复合材料的金属有:铝及铝合金、镁合金、钛合金、铁合金、铜与铜合金、锌合金、铅、钛铝、镍铝金属间化合物等。对于不同形状、不同类型的增强体,在选择金属基体材料时,除了考虑复合材料的使用要求外,还应考虑基体与增强体之间的相容性、基体金属的性能特点及复合材料的组成特点。因此,基体材料成分的选择对能否充分组合和发挥基体金属和增强物性能特点,获得预期的优异综合性能,满足使用要求十分重要。

7.3.2　金属基复合材料的成型工艺

金属基复合材料制造技术是影响金属基复合材料迅速发展和广泛应用的关键问题。金属基复合材料的性能、应用、成本等在很大程度上取决于金属基复合材料的的制造方法和工艺。用于制造金属基复合材料的方法很多,在选择制造工艺时,必须使增强体能够均匀分布于基体中,充分发挥增强体的功能;尽可能避免制造过程中界面处发生有害化学反应;同时应设备投资要少、工艺简单,便于规模生产。制造时应尽可能接近产品最终形状、尺寸和结构,减少后续加工工序。

1. 固态法

固态制造技术主要包括粉末冶金法、扩散结合、热轧、热挤压、热拉和爆炸焊接技术等。

(1) 粉末冶金法

粉末冶金是制取金属粉末或用金属粉末(或金属粉末与非金属粉末的混合物)作为原料,经过成形和烧结,制取金属材料、复合材料以及各种类型制品的工业技术。

粉末冶金既可用于连续长纤维增强,又可用于短纤维、颗粒或晶须增强的金属基复合材料,但由于此法制备长纤维增强复合材料性能较低,也无有效后续手段使之提高,因此此法主要用于制造颗粒或晶须增强金属基复合材料。该工艺适于制造 SiC_P/Al、SiC_w/Al、Al_2O_3/Al、TiB_2/Ti 等金属基复合材料零部件、板材或锭坯等。其工艺流程如下:

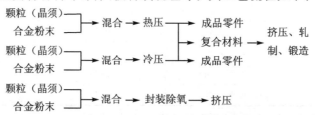

用粉末冶金法可以制造复合材料坯料,经挤压、轧制、锻压、旋压等二次加工后制成零部件,也可直接制成复合材料零件。美国的 DWA 公司已用此法制造了不同成分的铝合金基体和不同颗粒(晶须)含量的复合材料及各种零件、管材、型材和板材,它们具有很高的比强度、比模量和耐磨性,已用于汽车、飞机、航天器等领域。

(2) 扩散结合

扩散结合也称扩散粘接法或扩散焊接法,是加压焊接的一种,包括热压法和热等静压法。它是在较长时间的高温及不大的塑性变形作用下依靠接触部位原子间的相互扩散进行的。

热压工艺通常要求先将纤维与金属基体制成复合材料预制片,然后将预制片按设计要求裁剪成所需的形状、叠层排布(纤维方向),根据对纤维体积分数的要求,在叠层时添加基体箔,将叠层放入模具内,进行加热加压,最终制得复合材料或零件。为保证热压产品的质量,加热加压过程可在真空或惰性气氛中进行。但也可在大气中进行。也有用纤维织物与基体箔直接进行热压制造复合材料及零件的。

热压法是目前制造硼纤维、碳化硅纤维增强铝、钛合金等金属基复合材料的主要方法之一。其产品已成功地用于制造航天飞机主仓框架承力柱、发动机叶片、火箭部件等。热压法也可以用于制造钨丝-超合金、钨丝-铜合金等复合材料。

热等静压法也是热压的一种,用惰性气体加压,工件在各个方向上受到均匀压力的作用。热等静压的工作原理及设备简图如图 7.2 所示,即在高压容器内设置加热器,将金属基体(粉末或箔)与增强材料(纤维、晶须、颗粒)按一定比例混合或排布后,或用预制片叠层后放入金属包套中,抽气密封后装入热等静压装置中加热、加压,复合成金属基复合材料。

热等静压法适用于制造 B/Al、SiC/Al、SiC/Ti、SiC/TiC/Al、C/Mg 等多种复合材料及其

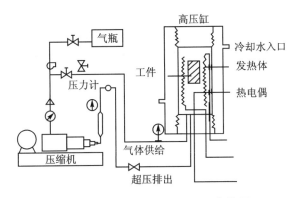

图 7.2　热等静压工作原理及设备简图

管、桶、柱及形状复杂的零件,特别适用于钛、铝和超合金基复合材料。

（3）热轧法、热挤压法和热拉法

热轧法、热挤压法和热拉法都是金属材料中成熟的塑性成型加工工艺,在此用于制造复合材料。

热轧法主要用来将已复合好的颗粒、晶须、短纤维增强金属基复合材料锭坯进一步加工成板材。也可将由金属箔和连续纤维组成的预制片制成板材,如铝箔与硼纤维、铝箔与钢丝。适用的复合材料有 SiC_P/Al、SiC_W/Cu、Al_2O_3/Al、Al_2O_3/Cu 、W/Cu 等。

热挤压法和热拉法主要用于颗粒、晶须、短纤维增强金属基复合材料坯料的进一步加工,制成各种形状的管材、型材、棒材等。经挤压,拉拔后复合材料的组织变得均匀、缺陷减少或消除,性能明显提高,短纤维和晶须还有一定的择优取向,轴向拉伸强度提高很多。

热挤压法和热拉法对制造金属丝增强金属基复合材料也是很有效的方法,具体做法是在基体金属坯料上钻长孔,将增强金属制成棒放入基体金属的孔中,密封后进行热挤压或热拉,使增强金属棒变成丝。也有将颗粒或晶须与基体金属粉末混匀后装入金属管中,密封后直接热挤压或热拉成复合材料管材或棒材的。

2. 液态法

液态制造技术包括真空压力浸渍技术、挤压铸造技术、液态金属搅拌铸造技术、液态金属浸渍技术、共喷沉积技术和热喷涂技术等。液态制造技术也是金属基复合材料主要的制造技术。

（1）真空压力浸渍法

真空压力浸渍法是在真空和高压惰性气体共同作用下,将液态金属压入增强材料中制成预制件,再制备金属基复合材料制品。其兼备真空吸铸和压力铸造的优点。其工艺流程如下:

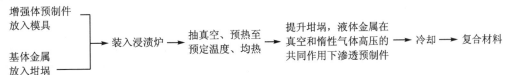

熔体进入预制件有三种方式,即底部压入式、顶部注入式和顶部压入式。浸渍炉由耐高压的壳体、熔化金属的加热炉、顶制件预热炉、坩埚升降装置、真空系统、控制系统、气体加压系统和冷却系统组成。金属熔化过程和预制件预热过程可在真空或保护气氛条件下进行,以防止金属氧化和增强材料损伤。

真空压力浸渍法在真空下进行,在压力下凝固,基本上无气孔、疏松等铸造缺陷,组织致密,性能好。其工艺简单,工艺参数易于控制,可直接制成金属基复合材料零件,基本无需后续加工,适用于铝、铜、锌、镍、铁基复合材料和连续纤维、短纤维、晶须、颗粒增强体的复合材料。缺点是工艺周期长、投资大、制造大尺寸的零件需要大型设备。

（2）挤压铸造法

挤压铸造技术是利用压机将液态金属强行压入增强材料的预制件中以制造复合材料的一种方法,其工艺流程如下:

预制件预热 ⟶ 预制件装入模具 ⟶ 注入金属液体 ⟶ 加压渗入金属 ⟶ 加压、保压凝固 ⟶ 复合材料制品或坯件

挤压铸造法主要适用于批量制造 SiC_P/A、SiC_W/Al、C/Al、C/Mg、Al_2O_3/Al、SiO_2/Al 等复合材料及其零部件、板材等,制造成本低。由于高压作用,可以促进熔体对增强材料的润湿,增强材料不需表面处理,熔体与增强体在高温作用下接触时间短,不会产生严重的界面反应。

（3）液态金属搅拌铸造法

液态金属搅拌铸造法是一种适合于工业规模生产颗粒增强金属基复合材料的主要方法。其工艺简单,制造成本低廉。基本原理是将颗粒直接加入到基体金属熔体中,通过一定方式的搅拌使颗粒均匀地分散在金属熔体中,然后浇铸成锭坯、铸件等。根据工艺特点及所选用的设备不同可分为涡旋法、复合铸造法、Duralcon 法。

目前,液态金属搅拌法制造颗粒增强金属基复合材料尚存在一些困难,一是为了提高增强效果要求加入尺寸细小的颗粒,而 $10\sim30\ \mu m$ 之间的颗粒与金属熔体的润湿性差,不易进入和均匀分散在金属熔体中,易产生团聚;二是强烈的搅拌容易造成金属熔体的氧化和大量吸入空气。因此必须采取有效的措施来改善金属熔体对颗粒的润湿性,防止金属的氧化和吸气等。

（4）液态金属浸渍法

液态金属浸渍法是用液态金属连续浸渍长纤维,得到复合材料预制品（带、丝等）的一种方法,所以又称为连铸法。由于在液态金属中容易分散、复合完全,因此特别适用于一束多丝、直径细的连续长纤维。为了改善熔融金属对纤维的润湿性这一过程的关键问题,纤维在复合前必须进行表面涂覆处理,涂上润湿层,或用其他方法（如在基体中加合金元素、用超声波等）改善润湿性。视不同的体系而定,有时也要考虑纤维与液态金属在高温接触时发生过度的化学反应问题。

3. 原位自生成法

原位自生成法是指增强材料在复合材料制造过程中在基体中自己生成和生长的方法。增强材料以共晶的形式从基体中凝固析出,也可通过与加入的相应元素发生反应或者合金熔体中的某种组分与加入的元素或化合物之间的反应生成。

（1）定向凝固法

定向凝固法制造定向凝固共晶复合材料是在共晶合金凝固过程中,通过控制冷凝方向,在基体中生长出排列整齐的类似纤维的条状或片层状共晶增强材料,而得到金属基复合材料的一种方法。定向凝固共晶复合材料主要可作为高温结构材料用于发动机叶片。常用的基体金属味镍基和钴基合金及金属间化合物。目前存在的主要问题是:为保证对微观组织的控制,需要非常低的共晶生长速率,可选择的材料体系有限,共晶增强材料的体积分数也无法控制。

（2）反应自生成法

反应自生成法分为 Lanxide 法、XD 法和液相反应自生成法,它们的共同特点是增强材料

是在基体中通过反应生成的。

1）Lanxide 法

Lanxide 法是由美国 Lanxide 公司开发的。它由金属直接氧化法（DIMOX™）和金属无压浸渗法（PRIMEX™）两者组成。DIMOX™ 是定向氧化法，即将氧通入铝熔体中，与之反应生成 Al_2O_3，弥散分布在金属铝中，成为增强材料。DIMOX™ 工艺，除可以直接氧化外，还可以直接氮化、碳化，通过此工艺还可以获得 AlN/Al、ZrN/Al、TiN/Ti 等金属基或陶瓷基复合材料。PRIMEX™ 是金属无压渗透到陶瓷预制体中，也就是将金属或合金锭置于石墨模中的陶瓷预制件上，将它们一起在真空或氮保护气氛中加热到金属或合金的熔点以上，熔融金属自发地渗透到陶瓷预制件中，得到金属基复合材料。

2）固相反应自生成法（XD™）

XD™ 是在自蔓延高温合成法（SHS）的基础上改进而来的，其基本原理是将增强相组分物料与金属基粉末按一定的比例均匀混合，冷压或热压成型，制成坯块，以一定的加热速率，预热试样，在一定的温度下（通常是高于基体的熔点而低于增强相的熔点），增强相各组分之间进行放热化学反应，生成增强相。增强相尺寸细小，呈弥散分布。例如，一定粒度的铝粉、钛粉和硼粉以一定比例混合成型，加热后反应生成 TiB_2，进而形成 TiB_2 增强的铝基复合材料。

用这种方法能制造 SiC、TiC、TiB_2、TiN 等颗粒增强铝基、钛基、镍基以及 NiAl、TiAl 等金属间化合物基复合材料。如 TiC/Al、SiC/Al、TiB_2/NiAl、SiC/$MoSi_2$ 等。

3）液固相反应自生成法（VLS）

在基体金属熔液中加入能反应生成预期增强体颗粒的元素或化合物，在熔融的基体合金中，反应生成细小、弥散、稳定的颗粒增强物，形成自生增强金属基复合材料。如在铝熔体中加入钛元素，形成 Al - Ti 合金，加入碳或通入碳氢化合物气体，与钛反应生成 TiC 颗粒，将混合熔体浇注在模具中（加压或常压），凝固后得到 TiC 增强铝基复合材料。

7.3.3　金属基复合材料的应用

金属基复合材料在航天器上首次也是最著名的成功应用是，美国 NASA 采用硼纤维增强铝基（50%B_f/6061Al）复合材料作为航天飞机轨道器中段（货舱段）机身构架的加强桁架的管形支柱，见图 7.3。另一个著名的工程应用实例是，60%石墨（Gr）纤维（P100）/6061 铝基复合材料被成功地用于哈勃太空望远镜的高增益天线悬架（也是波导），这种悬架长达 3.6 m，具有足够的轴向刚度和超低的轴向线胀系数，能在太空运行中使天线保持正确位置。由于这种复合材料的导电性好，所以具有良好的波导功能，保持飞行器和控制系统之间进行信号传输，并抗弯曲和振动。

图 7.3　航天飞机 B/Al 复合材料构架主舱体支柱

DWA 复合材料公司与洛克希德·马丁公司及空军合作，将粉末冶金法制备的碳化硅颗粒增强铝基（6062Al）复合材料用于 F - 16 战斗机的腹鳍，代替了原有的 2214 铝合金蒙皮，刚度提高 50%，使寿命由原来的数百小时提高到设计的全寿命 8 000 h，寿命提高幅度达 17 倍。此外，F - 16 上部机身有 26 个可活动的燃油检查口盖，其寿命只有 2 000 h，并且每年都要检修 2～3 次。采用了碳化硅颗粒增强铝基复合材料后,刚度提高 40%,承载能力提高28%,预计平均翻修寿命可高于 8 000 h,裂纹检查期延长为 2～3 年。

在直升机上的应用方面,欧洲率先取得突破性进展,英国航天金属基复合材料公司(AMC)采用高能球磨粉末冶金法制备出了高刚度、耐疲劳的碳化硅颗粒增强铝基(2009Al)复合材料,用该种材料制造的直升机旋翼系统连接用模锻件(浆毂夹板及轴套),已成功地用于Eurocopter(欧直)公司生产的 N4 及 EC‐120 新型直升机。与钛合金相比,构件的刚度提高约 30%,寿命提高约 5%。

镁基复合材料为铝或铝基复合材料的 66% 左右,是密度最小的金属基复合材料之一,而且具有更高的比强度和比刚度、优异的力学和物理性能,在新兴高新技术领域应用的潜力比传统金属材料和铝基复合材料更大。镁基复合材料具有优良的阻尼减振、电磁屏蔽等性能,在汽车工业中,用作方向盘减振器、活塞环、支架、变速箱外壳等;在通讯电子工业,作为手机、便携计算机等外壳材料;SiC_w/Mg 复合材料还用于制造齿轮、泵壳体、止推板、安全阀等零部件。

钛基复合材料具有比钛合金更高的比强度和比模量,极佳的耐疲劳和抗蠕变性能,以及优异的高温性能和耐蚀性能。它克服了原钛合金耐磨性和弹性模量低等缺点。可成型形状复杂的零部件,减少了废料和机加工损耗。用作高温、高压、酸、碱、盐等条件下的结构材料,被认为是一种很有希望的新型复合材料。

7.4 陶瓷基复合材料

陶瓷基复合材料(CMC)是在陶瓷基体中加入另一组分,使之增强、增韧的多相材料,又称多相复合陶瓷或复相陶瓷。

7.4.1 陶瓷材料概述

陶瓷的种类繁多,根据陶瓷的化学组成、性能特点以及用途等不同,可将陶瓷分为传统陶瓷和先进陶瓷两大类。传统陶瓷的主要原料是石英、长石和粘土等自然界存在的矿物。传统陶瓷又称为普通陶瓷。先进陶瓷的原料一般采用人工合成或提炼处理过的化工原料。国内外关于先进陶瓷的技术术语有很多,如新型陶瓷,精细陶瓷,现代陶瓷,高技术陶瓷,特种陶瓷等。根据先进陶瓷的性能特点,可将先进陶瓷分为结构陶瓷和功能陶瓷两大类。用于高温、高压、抗辐射、抗冲击、耐磨损、耐腐蚀等环境下的陶瓷材料称为结构陶瓷,其分为氧化物陶瓷、碳化物陶瓷、氮化物陶瓷、硼化物陶瓷等。功能陶瓷是具有某种特殊敏感功能的陶瓷制品,其分为电功能陶瓷、磁功能陶瓷、光功能陶瓷、生物功能陶瓷等。

先进陶瓷材料具有高硬度、高耐热性、高化学稳定性、较高的抗压强度以及其他优良的物理、化学性能,如光学、磁学和电学性能等,但其脆性大,耐热震性能差,而且对裂纹、气孔和夹杂等细微的缺陷很敏感。

脆性大使陶瓷材料的使用受到很大限制,采用添加第二组分制备复合材料是解决脆性的主要方法。可通过往陶瓷中加入或生成颗粒、晶须、纤维等增强材料,使陶瓷的韧性大大地改善,而且强度及模量也有一定提高。

7.4.2 陶瓷基复合材料的基体

陶瓷基复合材料的基体为陶瓷,是由金属元素和非金属元素形成的无机化合物构成的多相多晶固体材料,它的结构远比金属合金复杂得多。通常认为其组织结构由晶相、玻璃相和气相组成,图 7.4 为陶瓷显微组织示意图。各相的结构、数量、形态、大小和分布对陶瓷有明显影响。

晶相是陶瓷材料中主要的组成相,对陶瓷材料的性能起决定作用。晶相一般由原子键和共价键结合而成,通常是两种键的混合。有些晶相,如 CaO、MgO、Al_2O_3 和 ZrO_2 等以离子键为主,属于离子晶体;有些晶相,如 Si_3N_4、SiC 和 BN 等以共价键为主,属于共价键晶体。玻璃相是陶瓷烧结时,各组成相与杂质产生一系列物理化学反应后形成的液相,冷却形成的非晶态玻璃相。玻璃相是陶瓷材料中不可缺少的组成相,其作用是充填晶粒间隙、粘结晶粒、提高材料致密度、降低烧结温度和抑制晶粒长

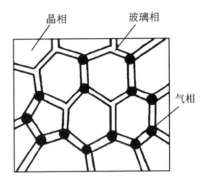

图 7.4 陶瓷显微组织示意图

大。气相是陶瓷气孔,是陶瓷烧结过程中产生的,陶瓷的气孔率通常为 5%～10%,并力求气孔呈小球形且均匀分布。气孔对陶瓷性能有显著影响(多孔陶瓷除外),使陶瓷强度降低,介电损耗增大,电击穿强度下降。

用作基体材料的陶瓷一般应具有优异的耐高温性能、与纤维或晶须之间有良好的界面相容性以及较好的工艺性能等。目前被人们研究最多的是碳化硅、氮化硅、氧化铝等,它们普遍具有耐高温、耐腐蚀、高强度、质量轻和价格低等优点。

7.4.3 陶瓷基复合材料的制备

陶瓷基复合材料的制造通常分为两个步骤,即首先是将增强材料掺入未固结(或粉末状)的基体材料中,排列整齐或混合均匀;然后在尽量不破坏增强体和基体性能的前提下,使基体固结。制备陶瓷基复合材料时,应根据使用要求,选择相应的增强体与基体,针对不同的增强体(纤维、晶须、颗粒),选择适当的加工技术。

1. 连续纤维增强的陶瓷基复合材料的制造

连续纤维增强 CMC 制备方法有:料浆浸渍-热压烧结法、化学气相沉积(CVD)法、直接氧化沉积法、先驱体热解法等。

(1) 料浆浸渍-热压烧结法

料浆浸渍-热压烧结法是目前制备纤维增强陶瓷基复合材料最常用的方法,一般又把它称为料浆浸渍工艺。首先使纤维增强材料经过盛有料浆的容器,浸渍料浆,然后缠绕到卷筒上,经过烘干、切断,制成浸渍无纬布。将这种无纬布剪裁制成一定规格的带条或其他形状,放入模具中,合模加压。加热制成坯体,在经高温去胶和烧结制得复合材料。料浆浸渍工艺主要用在玻璃和陶瓷基复合材料中,如 C、Al_2O_3、SiC 和 SiO_2 等纤维增强玻璃、玻璃陶瓷和氧化物陶瓷的制造工艺。这种方法的优点是烧结时间短,成本低,纤维取向可以自由调节,如单向排布及多向排布等。缺点是复合材料的结构和形状受限,不能制造大尺寸的制品。

（2）化学气相沉积/渗透（CVD/CVI）法

化学气相渗透（CVI）技术的研究始于 20 世纪 60 年代，它是从化学气相沉积（CVD）技术延伸发展而成的。CVI 与 CVD 的区别仅在于 CVD 主要从外表面开始沉积，而 CVI 则是通过孔隙渗入内部沉积，因此有人也将 CVI 称为 CVD，或 CVI/CVD。

CVI 是制备陶瓷基复合材料 CMC 的一种重要工艺方法。它是将气态先驱体送达多孔隙的增强体坯件或纤维编织骨架预成型体中，在其上发生化学反应，生成不挥发的产物并沉积，形成陶瓷基体，与预成型体共同构成复合材料。主要步骤如下：① 反应气体在压力作用下进入沉积炉内；② 反应气体以层流形式在预成型体内沿增强材料的边界进行扩散；③ 反应气体在增强体表面被吸附；④ 被增强体表面吸附的反应气体发生裂解反应，产生固态的炭和分解气体；⑤ 被增强体吸附的分解气体分解吸附；⑥ 分解气体产生的气体沿边界层扩散；⑦ 产生分解气体被排出反应器。

CVI 法可用于制备 C/C、C_f/BN、SiC_f/C、Si_3N_4/B_4C 等体系的复合材料。该法在制备过程中纤维受到的机械和化学损伤小，可以制备组成可调的梯度功能复合材料。缺点是效率低、成本高，坯件的间隙在化学气相沉积过程中易堵塞或形成闭孔，难以制备高致密度的复合材料。

（3）直接氧化沉积法

利用熔融金属氧化来制备陶瓷基复合材料的一种方法，这种工艺最早是由美国 Lanxide 公司发明的，故又称 Lanxide 法。它是将纤维增强材料预制体置于熔融金属上方，通过调整金属成分、炉温和气氛，使浸渍到纤维织物中的熔融金属或其蒸气与气相中的氧化剂发生反应生成陶瓷，沉积和包裹在纤维周围，最后制得纤维增强陶瓷基复合材料。此工艺常以铝为母体金属，以镁和硅为添加剂，氧化气氛为空气，反应温度为 1 200～1 400 ℃。也可选用其他金属为母体，通过调节反应温度和添加剂，制备其他陶瓷基复合材料或调节复合材料的性能。此法工艺简单、生成效率高、成本低、且纤维几乎无损伤，可以制备复杂形状的零部件。但是所制得的复合材料有金属残存，影响材料的高温性能。

2. 晶须（短切纤维）增强陶瓷基复合材料的制造

晶须（短切纤维）增强陶瓷基复合材料的制备分两种情况。一种是外加晶须（短切纤维）补强 CMC，其制备过程是先将晶须或短纤维在液体介质中经机械或超声波分散，再与陶瓷基体粉末均匀混合制成一定形状的坯件，烘干后烧结。成型方法常采用加压渗滤法、高温致密化法、先驱体热解法等；烧结方法则采用热压烧结、反应烧结、热等静压烧结、微波烧结。另一种是原位生长晶须补强 CMC，其原理是通过化学反应在陶瓷基体中原位生成补强组元（晶须）。可采用 CVD/CVI、固相反应烧结、直接氧化等工艺。

3. 颗粒增强陶瓷基复合材料的制造

将不同陶瓷粉体经机械混合或化学混合得到均匀混合料，压制或注射成型后进行常压烧结、热压烧结或热等静压烧结，得到致密的陶瓷基复合材料。

7.4.4　陶瓷基复合材料的应用

1. 在航空航天方面的应用

陶瓷基复合材料具有良好的耐热性和在高温下比强度高的特性，可用来制造飞机发动机零部件，提高发动机性能。其用作涡轮机燃烧室覆壁、涡轮盘、导向叶片和螺栓等，可减小质量,提高燃烧效率,减少有害气体排放,节省冷却系统。除此之外,它还具有比模量高、热稳定性好的特点,而且克服了其脆性弱点,抗热震冲击能力显著增强。用陶瓷基复合材料制作的导弹的头锥、火箭的喷管、航天飞机的结构件、绝热瓦、外部燃料箱等也具有良好的效果。可实现耐烧蚀、隔热和结构支撑等多功能的材料一体化设计,大幅度减轻系统质量,增加运载效率和使用寿命,或者提高导弹武器的射程和作战效能。

　　GE 公司将陶瓷基复合材料应用于飞机涡轮转子叶片,使总重降低了约 455 kg,相当于发动机质量的 6%。不但材料本身比金属合金材料轻,而且还能减少冷却系统的质量,大大节约了成本。C/SiC 复合材料是随航空航天技术的发展而崛起的一种新型超高温结构材料。在高推重比航空发动机内主要用于喷管和燃烧室,可将工作温度提高 300~500 ℃,推力提高30%~100%,结构减重 50%~70%,是发展高推重比航空发动机的关键热结构材料之一。法国用 C/SiC 复合材料制成喷嘴和尾气调节片用在了幻影-2000 战斗机的 M53 发动机和狂风战斗机的 M88 发动机上。用 C/SiC 复合材料可制作重复使用的热结构部件。图 7.5 为用 C/SiC 复合材料制作的飞机整流罩。用 C/SiC 复合材料制造的涡轮发动机部件(如喷管),可以提高发动机燃烧室的温度和涡轮发动机的效率,同时,由于 C/SiC 复合材料的密度比高温合金低,因而可以减轻发动机的质量。图 7.6 为 C/SiC 复合材料制作的涡轮发动机喷管。

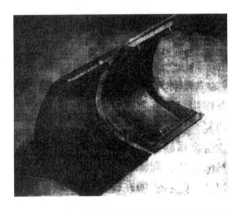 

图 7.5　C/SiC 复合材料制作的飞机整流罩　　　图 7.6　C/SiC 复合材料制作的涡轮发动机喷管

2. 在其他方面的应用

　　陶瓷基复合材料应用于切削刀具、阀及阀座、泵衬及挤压模具等,其性能远优于硬质合金和普通陶瓷材料。其中,应用得最普遍的要算切削刀具类,它几乎占工程陶瓷产量的 2/3。SiC_w 增韧的细颗粒 Al_2O_3 陶瓷复合材料已成功用于工业生产制造切削刀具;法国已将长纤维增强碳化硅复合材料应用于制作超高速列车的制动器件,而且取得了传统的制动器件所无法比拟的耐摩擦、磨损特性,实现了较好的应用效果。步兵战车使用效率高、热损耗较小的绝热陶瓷发动机可降低坦克的红外辐射,使其不易被红外探测器发现而被红外制导武器所摧毁,起到良好的隐身效果,提高了生存率。

　　陶瓷材料与生物体组织之间具有较好的相容性,而且强度高、耐磨损,可以用作人类骨关节和牙齿的重要替代材料。陶瓷的抗高温、抗热冲击、抗腐蚀、耐磨损等性能使其成为石油化工领域的重要材料,如催化剂载体、质量小的热交换器等。

　　陶瓷基复合材料在冶金领域,可用作熔炼炉的耐火材料、钢液过滤材料等。

7.5 碳/碳复合材料

碳/碳(C/C)复合材料是以碳(或石墨)纤维及其织物为增强材料,以碳(或石墨)为基体,通过加工处理和碳化处理制成的全碳质复合材料。石墨具有耐高温、抗热震、导热好、弹性模量高、耐磨、化学惰性以及强度随温度升高而增加等性能,是优异的适合于惰性气体环境和烧蚀环境的高温材料。但韧性差,对裂纹敏感。碳纤维增强碳基体的C/C复合材料除能保持碳(石墨)原来的优良性能外,还能克服它的缺点,大大提高了韧性和强度,降低了热膨胀系数,尤其是因为相对密度小,具有很高的比强度和比模量。

7.5.1 碳/碳复合材料概述

1. 碳/碳复合材料的性能

（1）力学性能

碳/碳复合材料不仅密度小,而且抗拉强度和杨氏模量高于一般碳素材料,因此碳纤维的增强效果十分显著,如图7.7所示。在各类坯体形成的复合材料中,长丝缠绕和三向织物制品的强度最高,其次是毡/化学气相沉积碳的复合材料。碳/碳复合材料属于脆性材料,其断裂应变较小,仅为0.12%～2.4%,但是,其应力-应变曲线呈现出"假塑性效应"。图7.8是碳/碳复合材料应力-应变曲线。加载初期,曲线呈线性关系,后来变为锯齿状,卸载后,可再加载至原来水平。这种假塑性效应使碳/碳复合材料在使用过程中有更高的可靠性,避免了ATJ-S石墨的脆性断裂。

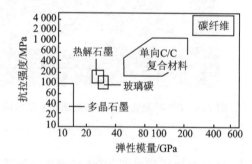

图7.7 各种碳素材料力学性能的比较(室温)

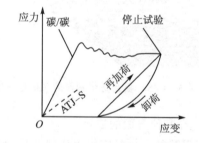

图7.8 碳/碳复合材料应力-应变曲线

（2）热物理性能

碳/碳复合材料具有良好的尺寸稳定性,热膨胀系数小,仅为金属材料的1/5～1/10;高温热应力小,热导率高。在碳/碳复合材料的加工过程中,这一性能可以进行调节。比热高,其值随温度上升而增高,因而能储存大量的热能。抗热震性好,为各类石墨制品的1～40倍。

耐磨性:摩擦系数小,具有优异的耐摩擦磨损性能,是各种耐磨和摩擦部件的最佳候选材料。

（3）烧蚀性能

当碳/碳复合材料暴露于高温和快速加热的环境中时,由于蒸发升华和可能的热化学氧化,使其部分表面被烧蚀,但烧蚀表面凹痕浅,且均匀而对称,因此广泛用作烧蚀材料。碳/碳复合材料的有效烧蚀热高,材料烧蚀时能带走大量热,经高温石墨化后,碳/碳复合材料的烧蚀性能更优异。

（4）化学稳定性

碳/碳复合材料除含有少量的氢、氮和微量金属元素外,几乎99％以上都是元素C,因此它具有和碳一样的化学稳定性。碳/碳复合材料的最大缺点是耐氧化性能差。为了提高其抗氧化性,可在浸渍树脂时加入抗氧化物质,或者在气相沉碳时加入其他抗氧化元素,或者用碳化硅涂层来提高其抗氧化能力,即将碳/碳复合材料制品埋在混合好的硅、碳化硅和氧化箔的粉末中,在氩气保护下加热到1 710 ℃并保持2 小时,可得到完整的碳化硅涂层。

（5）其他性能

其生物相容性好,是人体骨骼、关节、颅盖骨补块和牙床的优良替代材料;其安全性和可靠性高,若用于飞机,则其可靠性为传统材料的数十倍。

2. 碳/碳复合材料组分选择

（1）碳纤维选择

① 对杂质含量要求。碳/碳复合材的一个重要用途是用作耐烧蚀材料。钠等碱金属是碳的氧化催化剂,其含量越低越好。目前 PAN 基碳纤维被广泛用来制造碳/碳复合材料,碱金属含量最好控制在＜50 mg/kg 以下,以提高自身的抗氧化性。

② 对性能要求。如果用于制造导弹弹头等再入飞行器鼻锥和固体火箭发动机喷管,由于工作环境恶劣,要求碳/碳复合材料不仅仅是耐高温耐烧蚀,耐热冲击,还要能经受机械冲刷和剥蚀,因此应选择强度和模量适中的碳纤维。若用作一般的防热或隔热材料,则不必选用价格高昂的高强度、高模量的碳纤维。

③ 对表面处理及界面特性的要求。碳纤维表面处理对碳/碳复合材有显著的影响,未经表面处理的碳纤维,两相界面粘接薄弱,当基体的裂纹传播到两相界面时,两相界面剥离吸收掉集中的应力,可缓冲裂纹传播速度或改变传播方向,从而使碳纤维免受损伤而充分发挥其增强作用,使 C/C 复合材料强度提高。因此,未经表面处理的碳纤维和石墨纤维更适宜制造 C/C 复合材料。

（2）基体前驱体

由于起粘接剂作用的基体碳既不溶于任何溶剂也不能加热使它熔融,而且在常压下碳只是在3 500 ℃直接升华,所以只能通过间接方法制备基体碳,即利用有机物或有机高聚物在高温下能够热解成碳这一固有特性来制出基体碳。

碳/碳复合材料基体材料有热解碳和浸渍碳两种。热解碳的前驱体主要有甲烷、乙烷、丙烷、丙烯和乙烯以及低分子芳烃等;浸渍碳的前驱体主要有沥青和树脂。其中,沥青可以是煤沥青或石油沥青,而树脂则既可以采用热固性树脂,也可采用热塑性树脂。沥青浸渍碳的产碳率较低,但易于石墨化,最终生成各向同性的石墨,其电阻率低、热导率高、模量高;树脂浸渍碳的产碳率高,但难以石墨化,最终生成各向异性的石墨,其电阻率高、热导率低。

7.5.2　碳/碳复合材料的制备

碳/碳复合材料首先是由碳纤维制成多孔隙的预制体,然后采用浸渍树脂（或沥青）碳化或者采用化学气相沉积/渗透（CVD/CVI）的方式将多孔预制体中孔隙填充而获得的。碳/碳复合材料的制备主要包括预制体制备、致密化处理、石墨化处理和抗氧化处理等。

1. 预制体成型

在制备碳/碳复合材料前,应根据构件的形状和使用要求来选择纤维种类和编织方式,制成预制坯体。坯体可通过长纤维(或带)缠绕,短纤维模压或喷射成型,碳毡、石墨布叠层 Z 向针刺增强以及多向织物、多维编织等方法制得。在缠绕、模压或喷射成型过程中,通常用树脂或沥青做胶黏剂将纤维黏结在一起,在碳化或热解过程中,树脂被碳化,成为复合材料基体的组成部分,而低分子物质变成气体逸出。

2. 致密化处理

成型后的预制体含有许多孔隙,密度也低,不能直接应用,须将碳沉积于预制体,填满其孔隙,才能成为真正的结构致密,性能优良的碳/碳复合材料,此即致密化过程。致密化是制备碳/碳复合材料的关键。碳/碳复合材料的致密化方法主要分为两大类,即树脂、沥青的液相浸渍工艺及碳氢化合物气体的化学气相沉积/渗透(CVD/CVI)。

(1) 液相浸渍工艺

液相浸渍法通常在常压或加压条件下用热压罐进行。首先,在压力作用下,将树脂或沥青基体前驱体浸渍到预制体中,然后将浸渍有树脂或沥青的预制体在惰性气氛下热处理,使树脂或沥青转化为基体碳。为了达到碳/碳复合材料的要求,一般需要经过多次浸渍-碳化过程。

采用树脂进行浸渍时,通常采用产碳率高的酚醛树脂,其工艺为将预制增强体置于浸渍罐中,在真空状态下用树脂浸没预制体,再充气加压使树脂浸透预制全体,然后将浸透树脂的预制体放入固化罐内进行加压固化,随后在碳化炉中保护气氛下进行碳化。为降低孔隙率,提高材料的机械性能,需反复进行浸渍、碳化处理。沥青浸渍工艺与树脂浸渍工艺类似,不同之处是沥青需要在熔化罐中熔化,随后将沥青从熔化罐注入浸渍罐进行浸渍。该工艺在高温(约250 ℃)下进行,其目的是充分降低黏度,使沥青流动渗入预制件内。为了允许沥青流动并保护预成体,常采用多孔石墨工装来保护维持预制体形状。对炉腔抽真空并加热,以促使沥青进入腔内且渗透到预制件的孔隙内。在加压条件下对沥青进行热解和碳化,为达到预期密度,需将浸渍工艺重复多次。将浸渍后的带有石墨工装的预制件置入钢罐、抽真空并密封,再置入热等静压机,在约 100 MPa、650 ℃条件下,加压进行辅助裂解。

浸渍树脂法有很多优点,如在低温度和低压力下,合成树脂具有低粘度,这一点比沥青强;合成树脂的纯度高,化学结构更容易鉴定,而沥青的成分常随产地和提炼方法而异;且其比较容易得到含碳量高的树脂体系,并可能转化为耐高温的碳素产物。

(2) 化学气相沉积/渗透

化学气相沉积/渗透(CVD/CVI)是最早采用的一种碳/碳复合材料致密化工艺。它是以碳氢气体(CH_4、C_2H_6、C_3H_8、C_2H_4)为碳源,在高温下热解产生碳,沉积在预成型体孔内,从而达到致密化效果。与液相浸渍工艺相比,化学气相沉积法工艺简单,沉积过程中纤维不受损伤,不仅过程便于精确控制,而且所制备的材料还具有结构均匀、完整、致密性好、石墨化程度高等优点。为了满足各种使用的需要,制品的密度和密度梯度也能够加以控制,所以此法近年来发展较快。

根据实际操作情况,目前化学气相沉积基体碳主要采用 4 种方法,即等温法、温度梯度法、压梯度法和化学液气相沉积法。

3. 石墨化处理

预制体经致密化处理后得到全碳质材料,但这种材料还不是真正的碳/碳复合材料,还需经过高于最高使用温度的热处理,使热力学不稳定的非石墨质碳转变为石墨质碳。通过石墨化处理,可以提高材料的稳定性、热震性和烧结性能。

4. 抗氧化处理

碳/碳复合材料在氧化气氛下工作,当温度高于 400 ℃时开始发生氧化,因此碳/碳复合材料必须进行抗氧化处理。提高抗氧化性的措施主要有两种,一种是在制备 C/C 复合材料过程中,在基体中预先包含有氧化抑制剂;另一种是在 C/C 复合材料表面进行耐高温材料的涂层,起到阻隔氧侵入的作用。

7.5.3　碳/碳复合材料的应用

碳/碳复合材料具有质量轻、模量高、比强度大、热膨胀系数低、耐高温、耐热冲击、耐腐蚀、吸振性好等一系列优异性能。该材料的密度不到 2.0 g/cm³,仅为镍基高温合金的 1/4,陶瓷材料的 1/2,尤其是这种材料随着温度升高(可达 2 200 ℃)其强度不仅不降低,甚至比室温时还高,这是其他材料所无法比拟的独特的性能。C/C 复合材料可用作先进飞行器高温区的主要热结构材料及作为飞机和汽车等的刹车材料。

1. 在先进飞行器上的应用

由于 C/C 复合材料优异的高温力学性能,使之成为航空发动机的理想材料。其用于叶片和活塞,可明显减轻质量,提高燃烧室的温度,大幅度提高热效率。世界各发达国家正在把碳/碳复合材料逐步应用在发动机构件上。美国已把这种材料用在 F-100 飞机发动机喷嘴和加力燃烧室喷管上;LTV 公司用其制造出了涡轮叶片和盘整体部件,并在 1 760 ℃温度下进行了地面超转试验;通用电气公司 JID 验证机低压涡轮部分采用碳/碳材料制造出涡轮叶片和盘整体部件,运转温度 1 649 ℃,比一般涡轮高出 555 ℃;法国、德国、俄罗斯也已分别制造出燃烧室喷油杆,涡轮转子外环等零件。

导弹、载人飞船、航天飞机等再入大气环境时,飞行器头部受压缩空气的阻力产生冲击波,使飞行器表面温度急剧升高,最苛刻部位温度可达 2 760 ℃。碳/碳复合材料具有良好的高的烧蚀热,低的烧蚀率,可作为高性能的重返大气层飞行器的鼻嘴和热屏蔽材料,先进的推进装置的耐冲蚀、尺寸稳定和热稳定材料。

先进的战略导弹所用材料除要求高温稳定外,对弹头还要求具有隐身、抗核、抗激光和抗离子云等功能,采用 C/C 复合材料能够实现这些功能。美国战略导弹的固体火箭发动机喷管喉衬采用多向编织的 C/C 复合材料,实现了放热和结构一体化功能,使喷管质量减少 30%以上。表 7.4 列出了美国 C/C 复合材料在战略导弹上的应用。

表 7.4　C/C 复合材料在战略导弹上的应用

导弹型号	使用部位	材料结构	使用军种
民兵Ⅲ号	鼻嘴	细编穿刺 C/C	空军
MX	鼻嘴	3D 或细编穿刺 C/C	空军
	发动机喷管喉衬	3D C/C	
SICBM	鼻嘴	3D 或细编穿刺 C/C	空军
	发动机喷管喉衬	3D C/C	

续表 7.4

导弹型号	使用部位	材料结构	使用军种
三叉戟 Ⅰ 号	鼻嘴	3D C/C	海军
	发动机喷管喉衬	3D 或 4D C/C	
SPI	反弹道导弹鼻嘴	3D C/C	陆军
卫兵	反弹道导弹鼻嘴	3D C/C	陆军

2. 在刹车领域的应用

高性能刹车材料要求高比热容、高熔点以及高温强度,C/C 复合材料正好满足这一要求,用其制作的飞机刹车盘质量轻、耐高温、比热容比钢高 2.5 倍,与金属刹车盘相比,可减轻 40% 的结构质量。碳刹车盘的使用寿命是金属的 5~7 倍,刹车力矩平稳,刹车噪音小,因此碳刹车盘的问世被认为是刹车材料发展史上的重大技术进步。碳/碳复合材料在 1973 年第一次用于飞机刹车片,目前有一半以上的 C/C 复合材料用做飞机刹车装置。欧美公司生产的民航飞机的刹车系统已逐渐用碳/碳盘取代钢盘,如空中客车公司的所有飞机都采用了碳/碳刹车装置,波音公司卖给用户的飞机 757 和 767 可在两种刹车盘之间任选一种,而其最近的 747-400 以及 777 则只提供碳/碳盘,军用飞机则基本上都采用了碳/碳刹车装置。图 7.9 为飞机用碳/碳复合材料刹车片。

图 7.9 碳/碳复合材料刹车片

除此之外,C/C 复合材料还可用在医疗等其他方面,如利用 C/C 与人体组织生理上相容,弹性模量和密度可以设计的特点,做人工骨;在美国,已用作玻璃工业中的热端、高温模具、高温真空炉内衬材料;核反应堆零件、电触头、热密封垫和轴承。

7.6 复合材料的损伤与修复

复合材料飞机结构在使用中经常出现损伤,损伤的原因很多,而且很难避免,这就要求飞机复合材料结构设计人员在设计中要充分考虑复合材料结构的可修复性,并提供优质、高效、低成本的修理技术。大多数修理都是在飞机定期检查(定检)时进行的,但也有特殊紧急情况。为此,可将修理分为临时性修理和永久性修理两种类型。临时性修理也叫外厂紧急修理,这种情况切实可行的办法是采用金属补片机械连接。永久性修理业叫返厂修理(或内厂修理),一般在飞机定检时进行,当损伤比较严重时,应将可拆卸的部件送到复合材料维修中心进行修理。

7.6.1　复合材料的损伤

复合材料在使用过程中始终保持完好无损、性能不变是不可能的,很多人为因素和自然因素都会造成复合材料的各种损伤。常见的损伤形式有:

① 表面损伤。这种损伤主要伤及材料的表面或近表面,如擦伤、划伤、凹陷、气泡和分层等。

② 冲击损伤。大到与跑道上的车辆、设施相撞,小到与跑道上飞起的石子、砂砾,空中飞来的冰雹、小鸟及工作人员失落的工具等相撞所造成的损伤。

③ 分层。如层压板分层,面板与蜂窝芯分层等。

④ 脱胶。如胶接面脱胶,层压板脱胶及面板与蜂窝芯之间脱胶等。

⑤ 慢性长期损伤。如疲劳裂纹等。

⑥ 渗水、吸潮损伤。

⑦ 制造过程产生的损伤。如气孔等。

根据损伤的程度和损伤的部位的重要性,可将复合材料飞机结构的损伤分为许可(允许)的损伤、可修理的损伤、不可修理的损伤三大类。

7.6.2　复合材料修复

1. 修理区域的划分和修理容限的规定

（1）修理区域的划分

飞机结构各部分对强度和刚度要求的重要程度是不同的,对可修理性及修理方法的要求自然也不相同。设计人员应在设计阶段根据结构的特点、强度和刚度的要求,对结构部件进行分区。各分区应具有不同的可以接受的损伤程度及相应的修理技术。目前国内设计人员还缺乏这方面的知识,可参考国外的经验。

（2）修理容限的规定

修理容限是指修与不修、能修与不能修的界限。影响其修理容限的因素很多,如不同的结构形式、不同的材料体系、不同类型的飞机都有不同的规定。首先要根据缺陷和损伤的类型,检测出其大小和范围,根据指定的生产和使用中允许的缺陷和损伤标准,来确定修与不修的界限。这里的关键是缺陷和损伤许用标准的确定。

通常,每种结构都有其自身特有的损伤包容能力。如 F-18 的修理指南规定,压痕深度小于 0.4 mm、分层直径小于 13.0 mm 和开胶直径小于 19.0 mm 的情况可不修理,照常使用。经验表明,大多数复合材料结构都能包容损伤当量直径小于 20 mm 的各类损伤。

当缺陷和损伤大大超过了一定量值时,若结构修理难于达到标准要求或在经济上已不合算,则只好报废更换构件。如波音公司规定,缺陷和损伤的范围大于构件面积的 15% 时报废不再修理。F-18 规定蜂窝结构分层直径大于 50 mm,开胶直径 75 mm,层压板分层直径大于 75 mm 时,报废不再修理。

对于重要的复合材料构件,有专门的技术文件控制损伤的大小,该文件与设计图纸配套使用,以保证产品的质量。但一般还是由《结构修理手册》提供。

2. 复合材料修理的分类

（1）根据修理区域加不加补片分为两类

1）非补片式修理

在修理区域不加任何补片材料,主要用于修理小的损伤和缺陷,其修理工艺简单,一般都能在外场条件下短时间内完成修理工作。该修理方法主要有下列几种情况:

① 树脂注射法。该方法主要用于修理层压板中小的分层、脱胶及结构连接处的空隙等。将配置好的树脂在一定压力下注入损伤部位,并给损伤部位加热固化。如果损伤部位不在结构的边缘,还需开注射孔。

② 混合物填充法。该法与树脂注射法类似,用树脂与短切纤维的混合物取代树脂。这种方法可修理蜂窝蒙皮和芯子的损伤,还可修理连接孔的磨损及扩张。

③ 热处理法。本方法主要用于除湿、干燥剂及去除蜂窝结构中的潮气。

④ 表面涂层法。表面涂层法是密封、恢复表面保护层,起装饰、防雷击、防静电等作用,主要用于表面损伤的修理。

⑤ 抽钉法。采用抽钉铆接并加密封剂密封的方法,主要用于修理层压板内部的分层、脱胶。

2）补片式修理方法

本方法适用于修理较大的损伤和缺陷,修理工艺比较复杂。接头形式有斜削式和阶梯式两种。补片材料一般为复合材料单向带,铺层结构与母体相同,固化形式也有预固化和共固化两种。根据补片材料、补片的结构形式及修理工艺,又可将补片修理分为以下几类:

① 外搭接补片胶接法。该法可以修理 2 mm 厚的较薄层压板或蒙皮,在外场条件下这种方法较容易实现,且强度可恢复到 70%～100%,故该方法应用比较广泛。

② 外搭接补片螺接法。本方法适用于厚层压板(8～25 mm)的修理,补片材料一般为金属材料,如钛、铝等,修理工艺简单,不需要特别的专业人员和太多的修理设备,故非常适用于外场紧急修理。

③ 嵌入式补片修理(不含蜂窝芯修补)。该方法适用于修理含穿透性或半穿透性损伤较厚的零部件。修理时需要去掉一部分母体材料,使制成斜面或台阶面,工艺较复杂,耗时较多,一般在永久性修理时采用,效果较好。

（2）根据损伤程度和性能要求分为 4 种类型

1）临时性修理(暂时性修理)

这种修理主要针对许可损伤或有时间限制的许可损伤进行修理或实施保护性措施。可用结构性材料或非结构性材料,能满足强度要求,并含有装饰性的目的,但受时间和飞行起落次数的限制。在修理时限结束时,这种修理必须被去除和代替。这种修理也叫"C级临时性修理"。

2）过渡性修理

这种修理主要针对有时间限制的许可损伤和可修理的损伤,因不具备永久性修理的条件而进行的过渡性修理。该修理要求恢复部件的强度,但不能恢复部件的耐久性,它有不同于原始部件的检查间隔和检查方法,最终也要被永久性修理所取代。这种修理也叫"B级过渡性修理"。

3）永久性修理

该修理方法是在飞机寿命期限内,能恢复并保持飞机结构完整性(即要求强度也要求耐久性)的修理方法。一般可在飞机"C"检完成,其检查时间和检查间隔与原始部件相同,这种修理也叫"A级损伤允限修理"。

4）更换部件

损伤严重，无法用修理来恢复其结构的完整性的，即使能修理，但经济不合算，故更换零部件是唯一的办法。

3. 修理程序

虽说复合材料的修理分类很多，但其具体的修理方法主要还是湿铺贴法和预浸料法（其中有少量的机械法，如铆接、螺接等），其修理的大体程序基本相似。具有代表性的较全面的修理程序如下：① 材料识别；② 标明损伤区域；③ 切除损伤材料（如蒙皮、蜂窝芯等）；④ 切口（坡形或台阶形）打磨或去除表面层；⑤ 干燥修理区域；⑥ 清洁修理区域；⑦ 安装新蜂窝芯（如果损坏了）；⑧ 固化蜂窝芯（如果损坏了）；⑨ 铺贴修理层；⑩ 检查修理结果；⑪ 封严修理区域；⑫ 重新喷涂面漆。

此外，除去上述主要程序外还有一些附加作业。对于湿铺层修理，有调配树脂胶、发泡胶带粘接蜂窝芯、浸布等。对于预浸料修理，有使用发泡胶胶条、用胶膜粘接铺层等。

4. 各种损伤的修理

（1）表面损伤的修理

常见的表面损伤包括表面1.5 mm左右深的凹陷、起皱、划伤、气泡或分层，其中以表面划伤最为常见。表面损伤的修理方法：

① 用树脂填充划伤、刻痕，固化后磨平、涂漆；

② 用混合物（相当于腻子）填充吹沙后的损伤区；

③ 用清洁剂清洗凹陷区后，用胶黏剂填充，固化后去除多余物，如需补漆再涂刷底漆面漆；

④ 将冷树脂注射到气泡或分层区，室温固化。该法只适用于＜25 mm的损伤区。固化时，可用重物或夹紧法对构件施加压力。

（2）分层的修理

构件边缘是最易出现损伤的区域。边缘开胶和分层可采用树脂注射法或混合物填充法进行修理，固化时要施加压力。该法已广泛用于碳纤维复合材料的边缘分层修理。

（3）冲击损伤的临时性修理

临时性修理大多在外场进行，需要的设备、条件简单，并可在短时间内完成。这种修理一般寿命较短，应在其限定寿命内由永久性修理取代。

（4）冲击损伤的永久性修理

永久性修理的目标是恢复复合材料构件的结构完整性。可采用外搭接补片胶接或螺接法，也可采用嵌入式修理方法。具体要根据损伤的部位、程度及构件的类型来决定。

1）蒙皮/肋结构的修理

一般采用外搭接复合材料补片胶接或螺接方法。如在两肋之间出现较大面积损伤，则补片除胶接外还应使用埋头抽钉铆接，进一步强化修理强度。

当蒙皮损伤不超过一个铺层的厚度时，采用胶黏剂填充固化，打磨平整，再涂漆的方法。当蒙皮损伤不超过三个铺层的厚度时，除用胶黏剂填充固化外，还需在表面覆盖一外铺层，再恢复表面涂层。蒙皮损伤超过三个铺层厚度的埋头修理，可采用室温固化湿铺层或预浸料热补的方法。

2) 蜂窝夹层结构的修理

蜂窝夹层结构是容易出现损伤的构件。由于该结构的面板较薄与蜂窝夹层有明显的胶接界面,故常易发生面板分层、板芯脱胶及面板损伤和蜂窝塌陷等毛病。

面板中发生分层时,可采用抽钉铆接修理。面板和芯子出现脱胶时,可用注入胶黏剂固化的方法修理。蒙皮及蜂窝芯体有损伤的平直表面或蒙皮与芯体开胶大于 30 mm,可用预固化的复合材料内、外加强件和胶黏剂、空隙填充胶黏剂进行修理,但要去掉少许芯体。带有上蒙皮及蜂窝芯体损伤的平面或曲面可采用湿铺层或预浸料热补法修理,修补前要切除损坏的芯体。该法适用于一般芯体损伤大于 25 mm 的零部件,损坏的蒙皮既可用湿铺法,也可用预浸料热补法(热补法芯体厚度不能超过 10 mm)进行修理。芯体损伤小于 25 mm 时,首先将损伤的部分芯体去掉,蒙皮打磨成斜坡,用填充胶黏剂填补损伤蜂窝的空隙,外用复合材料加强补片胶接。带有一侧蒙皮及蜂窝芯体损伤的夹芯结构,若除去的芯体≥25 mm,可用热补法修理。如果只在表面加热,则替换的芯体厚度不能超过 10 mm,否则热量传递不到,固化不良。

本章小结

复合材料是由两种或两种以上物理和化学性质不同的物质组合而成的一种多相固体材料。复合材料由两种以上组分以及它们之间的界面构成。组分材料主要指增强体和基体,也被称为复合材料的增强相和基体相。复合材料的增强体按几何形状划分有纤维(连续纤维、非连续纤维、编织纤维)、晶须、颗粒、片状等。常用增强体有玻璃纤维、碳纤维、硼纤维、碳化硅纤维、氧化铝纤维、芳纶、玄武岩纤维。复合材料具有比强度和比模量高,疲劳强度高,阻尼减振性好,高温性能好,断裂安全性较好,成型工艺性好等性能特点。复合材料按基体材料类型可以分为聚合物基、金属基和无机非金属基复合材料三大类。

聚合物基复合材料(PMC)是指以聚合物为基体材料制作的复合材料。聚合物基体材料虽然强度低,但由于其粘接性能好,能把纤维等增强体牢固地粘接起来,同时还能使载荷均匀分布,并传递到增强体上。聚合物基复合材料常用的制造方法有:手糊成型法、喷射成型法、模压成型法、注射成型法、纤维缠绕成型法、RTM 成型法等。

金属基复合材料(MMC)是以金属或合金为基体,以金属或非金属线、丝、纤维、晶须或颗粒为增强相的非均质混合物。金属基复合材料的成型工艺有:固态法、液态法、原位自生成法等。

陶瓷基复合材料(CMC)是在陶瓷基体中加入另一组分,使之增强、增韧的多相材料,又称多相复合陶瓷或复相陶瓷。先进陶瓷材料具有高硬度、高耐热性、高化学稳定性、较高的抗压强度以及其他优良的物理、化学性能,如光学、磁学和电学性能等,但其脆性大,耐热震性能差,而且对裂纹、气孔和夹杂等细微的缺陷很敏感。通过往陶瓷中加入或生成颗粒、晶须、纤维等增强材料,使陶瓷的韧性大大地改善,而且强度及模量也有一定提高。陶瓷基复合材料的制造通常分为两个步骤,即首先是将增强材料掺入未固结(或粉末状)的基体材料中,排列整齐或混合均匀;然后在尽量不破坏增强体和基体性能的前提下,使基体固结。制备陶瓷基复合材料时,应根据使用要求,选择相应的增强体与基体,针对不同的增强体(纤维、晶须、颗粒),选择适当的加工技术。

碳/碳(C/C)复合材料是以碳(或石墨)纤维及其织物为增强材料,以碳(或石墨)为基体,通过加工处理和碳化处理制成的全碳质复合材料。石墨具有耐高温、抗热震、导热好、弹性模量高、耐磨、化学惰性以及强度随温度升高而增加等性能，是优异的适合于惰性气体环境和烧蚀环境的高温材料。但韧性差，对裂纹敏感。碳/碳复合材料首先是由碳纤维制成多孔隙的预制体，然后采用浸渍树脂（或沥青）碳化或者采用化学气相沉积/渗透（CVD/CVI）的方式将多孔预制体中孔隙填充而获得的。碳/碳复合材料的制备主要包括：预制体制备、致密化处理、石墨化处理和抗氧化处理等。

　　复合材料的损伤形式有表面损伤，冲击损伤，分层，脱胶，慢性长期损伤，渗水、吸潮损伤，制造过程产生的损伤等。具体修理方法主要就是湿铺贴法和预浸料法（其中有少量的机械法，如铆接、螺接等），其修理的大体程序基本相似。代表性的较全面的修理程序如下：① 材料识别；② 标明损伤区域；③ 切除损伤材料（如蒙皮、蜂窝芯等）；④ 切口（坡形或台阶形）打磨或去除表面层；⑤ 干燥修理区域；⑥ 清洁修理区域；⑦ 安装新蜂窝芯（如果损坏了）；⑧ 固化蜂窝芯（如果损坏了）；⑨ 铺贴修理层；⑩ 检查修理结果；⑪ 封严修理区域；⑫ 重新喷涂面漆。

习题与思考题

一、名词解释

复合材料；基体；增强体；聚合物基复合材料；金属基复合材料；陶瓷基复合材料；碳/碳复合材料。

二、选择题

1. 通常金属基复合材料（　　）。

A. 采用高熔点、重金属作为基体

B. 要比基体金属或合金的塑性与韧性差

C. 要比基体金属或合金的工作温度低

D. 要比基体金属或合金的弹性模量低

2. 晶须（　　）。

A. 是含有缺陷很少的单晶短纤维　　B. 长径比一般小于 10

C. 直径为数十微米　　D. 含有很少缺陷的短纤维

3. 颗粒增强体（　　）。

A. 是一种粒状填料　　B. 用于改善基体的力学性能

C. 用以减少材料质量　　D. 起填充体积作用

4. 传统陶瓷材料的主要原料有（　　）。

A. 树脂　　　　B. 生胶　　　　C. 粘土　　　　D. 金属氧化物

5. C/C 不可以作为（　　）。

A. 比石墨性能更好的高温热压模具

B. 军用或民用飞机刹车装置中的摩擦材料

C. 航天飞机的机翼和鼻锥

D. 固体火箭发动机喷管的喉衬或喷口部件

6. C/C 中的基体碳，可以选用（　　）。

A. 沥青碳、天然石墨　　　　B. 天然石墨、炭黑

C. 炭黑、树脂碳 　　　　　　　　D. 沥青碳、沉积碳和树脂碳。

7. 玻璃纤维(　　　)。

A. 由 SiO_2 玻璃制成　　　　　　B. 在所有纤维中具有最高的比弹性模量。

C. 其强度比整块玻璃差　　　　　　D. 价格贵、应用少

8. 对玻璃纤维和聚酰胺树脂构成的复合材料命名不正确的是(　　　)。

A. 玻璃纤维聚酰胺树脂复合材料　　B. 玻璃纤维/聚酰胺树脂复合材料

C. 聚酰胺材料　　　　　　　　　　D. 聚酰胺基玻璃纤维复合材料

9. 目前,复合材料使用量最大的增强纤维是(　　　)。

A.碳纤维　　B.氧化铝纤维　　C.玻璃纤维　　D.碳化硅纤维

三、判断题

1. 陶瓷基复合材料的制备过程大多涉及高温,因此仅有可承受上述高温的增强材料才可被用于制备陶瓷基复合材料。(　　　)

2. 在陶瓷复合材料中,连续纤维的增韧效果远远高于颗粒增韧的效果。(　　　)

3. 陶瓷基复合材料的最初失效往往是陶瓷基体的开裂。(　　　)

4. 玻璃纤维是晶体,其晶粒尺寸约 20 μm。(　　　)

5. 石墨纤维的含碳量、强度和模量都比碳纤维高。(　　　)

6. C/C 的制备方法与 MMC 的制备方法相类似,如液态法、固态法等。(　　　)

7. C/C 已在航空航天、军事领域中得到了广泛应用,这主要是因为其价格便宜、工艺简便易行,易于推广应用。(　　　)

8. 复合材料是由两个组元以上的材料化合而成的。(　　　)

9. 最广泛应用的复合材料是金属基复合材料。(　　　)

10. 复合材料具有可设计性。(　　　)

11. 分散相总是较基体强度和硬度高、刚度大。(　　　)

四、简答题

1. 什么是复合材料?复合材料有哪些特点?结合复合材料的特点说明其应用领域广泛的原因。

2. 简述陶瓷材料的性能特点及在航空航天方面的应用。

3. 简述聚合物基复合材料的性能及航空航天方面的应用。

4. 简述金属基复合材料的性能及航空航天方面的应用。

5. 简述碳/碳复合材料的性能及航空航天方面的应用。

第8章 其他航空材料

8.1 粉末冶金材料

粉末冶金材料是采用金属粉末或金属与非金属粉末作原料,通过配料、压制成形、烧结和后处理等工艺过程而制成的材料。这种材料制作工艺方法称为粉末冶金法。

8.1.1 粉末冶金工艺及材料分类

与熔炼法相比,粉末冶金法具有能制造熔炼法得不到或难以得到的具有独特性能的制品,特别是对于大量生产。相对铸件、锻件及切削加工件来说,采用粉末冶金法制得的制品具有高质量、低价格、少切削甚至无切削等优点。

在普通机器制造业中,可以用粉末冶金法制造减摩材料、结构材料、摩擦材料和硬质合金等。在其他工业部门中,用粉末冶金法可以制造难熔金属材料(高温合金、钨丝等)、特殊电磁性能材料(如软磁材料、硬磁材料、电器触头等)、过滤材料等。当合金的组元在液态下互不溶解或各组元的密度相差悬殊的情况下,目前只能用粉末冶金法制取合金,如钨铜电接触材料等。

8.1.2 常见的粉末冶金材料

1. 硬质合金

硬质合金是以一种或几种难熔碳化物(如碳化钨或碳化钨与碳化钛等)的粉末为主要成分,并加入钴(或镍)粉末作为黏结剂的一种粉末冶金材料。

(1) 硬质合金的性能特点

① 硬度高、红硬性高、耐磨性好。由于硬质合金是以高硬度、高耐磨、极为稳定的碳化物为基体,在常温下,硬度可达相当于 69~81 HRC,红硬性可达 900~1 000 ℃。故硬质合金刀具在使用时,其切削速度、耐磨性与寿命都比高速钢有显著提高。这是硬质合金最突出的优点。

② 抗压强度高。抗压强度可达 6 000 MPa,高于高速钢,但抗弯强度较低,只有高速钢的 1/3~1/2 左右。硬质合金弹性模量很高,约为高速钢的 2~3 倍。但它的韧性很差,$K = 2 \sim 4.8$ J,约为淬火钢的 30%~50%。

③ 耐蚀性(抗大气、酸、碱等)与抗氧化性良好。

④ 线膨胀系数小,但导热性差。

以上硬质合金的硬度很高、脆性大,除磨削外,不能进行一般的切削加工,故冶金厂将其制成一定规格的刀片供应。使用前采用焊接、粘接或机械固紧的办法将它们固紧在刀体或模具体上。

(2) 常用的硬质合金

常用的硬质合金按成分与性能特点可分为三类。

① 钨钴类硬质合金　它的主要化学成分为碳化钨及钴。其代号用"硬"、"钴"两字汉语拼音的字首"YG"加数字表示。数字表示钴的含量(质量分数×100)。例如 YG6，表示钨钴类硬质合金，$w_{Co}=6\%$，余量为碳化钨。

② 钨钴钛类硬质合金　它的主要化学成分为碳化钨、碳化钛及钴。其代号用"硬"、"钛"两字的汉语拼音的字首"YT"加数字表示。数字表示碳化钛含量(质量分数×100)。例如 YT15，表示钨钴钛类硬质合金，$w_{TiC}=15\%$，余量为碳化钨及钴。

硬质合金中，碳化物的含量越多，钴含量越少，则合金的硬度、红硬性及耐磨性越高，但强度及韧性越低。当含钴量相同时，YT 类合金由于碳化钛的加入，具有较高的硬度与耐磨性。同时，由于这类合金表面会形成一层氧化钛薄膜，切削时不易粘刀，故具有较高的红硬性。但其强度和韧性比 YG 类合金低。因此，YG 类合金适宜加工脆性材料(如铸铁等)，而 YT 类合金则适宜于加工塑性材料(如钢等)。同一类合金中，含钴量较高者适宜制造粗加工刀具，反之，则适宜制造精加工刀具。

③ 通用硬质合金　它是以碳化钽(TaC)或碳化铌(NbC)取代 YT 类合金中的一部分 TiC。在硬度不变的条件下，取代的数量越多，合金的抗弯强度越高。它适用于切削各种钢材，特别对于不锈钢、耐热钢、高锰钢等难于加工的钢材，切削效果更好。它也可代替 YG 类合金加工铸铁等脆性材料，但韧性较差，效果并不比 YG 类合金好。通用硬质合金又称"万能硬质合金"，其代号用"硬"、"万"两字的汉语拼音的字首"YW"加顺序号表示。

(3) 硬质合金的应用

1) 刀具材料

硬质合金是用于制造高速切削刀具或加工高硬度材料切削刀具的主要材料，如车刀、铣刀等。硬质合金中碳化物含量越多，含钴量越少，则合金硬度、热硬性、耐磨性越高，但强度、韧性越低。当含钴量相同时，YT 类合金的硬度、耐磨性、热硬性高于 YG 类合金，但其强度和韧性比 YG 类合金低。因此 YG 类合金适宜加工脆性材料，YT 类合金适宜加工塑性材料。同类合金中，含钴量高的适于粗加工，含钴量低的适于精加工。

2) 模具材料

硬质合金还是用于制造冷作模具，如冷拉模、冷冲模、冷挤模和冷镦模等的主要材料。其中钨钴类适合于拉深模，YG6、YG8 适用于小拉深模，YG15 适用于大拉深模和冲压模具。

3) 量具和耐磨零件

各种专用量具的易磨损面镶以硬质合金，可提高使用寿命，并使测量更加精确。例如千分尺的测量头，车床顶尖等。其还可制作受冲击和振动小的耐磨件，例如，精轧辊、磨床的导板等。钢结硬质合金是一种新型的工模具材料，其性能介于高速工具钢和硬质合金之间。它是以一种或几种碳化物(如碳化钛、碳化钨)为硬化相，以碳钢或合金钢(如高速工具钢、铬钼钢等)粉末为粘结剂，经配料、压制、烧结而制成的粉末冶金材料。钢结硬质合金经退火后，可进行切削加工，经淬火、回火后，有相当于硬质合金的高硬度和耐磨性及一定的耐热、耐蚀和抗氧化性，也可焊接和锻造，适于制造形状复杂的刀具(如麻花钻头、铣刀等)、模具和耐磨件。

2. 烧结减摩材料

在烧结减摩材料中最常用的是多孔轴承。它是将粉末压制成轴承后，再浸在润滑油中，由于粉末冶金材料的多孔性，在毛细现象作用下，可吸附大量润滑油(一般含油率为 12%～30%)，故又称为含油轴承。工作时由于轴承发热，使金属粉末膨胀，孔隙容积缩小；轴旋转时带动轴承间隙中的空气层,降低摩擦表面的静压力,在粉末孔隙内外形成压力差,使润滑油被抽到工作表面。停止工作后,润滑油又渗入孔隙中,故含油轴承有自动润滑的作用。它一般用作中速、轻载荷的轴承,特别适宜不能经常加油的轴承,如纺织机械、食品机械、家用电器(电扇、电唱机)等轴承,在汽车、拖拉机、机床中也应用广泛。

常用的多孔轴承有两类:

① 铁基多孔轴承　常用的有铁-石墨($w_{石墨}$ 为 0.5%~3%)烧结合金和铁-硫(w_S 为 0.5%~1%)-石墨($w_{石墨}$ 为 1%~2%)烧结合金。前者硬度为 30~1 108 HBW,组织是珠光体(>40%)+铁素体+渗碳体(<5%)+石墨+孔隙。后者硬度为 35~708 HBW,除有与前者相同的几种组织外,还有硫化物。组织中石墨或硫化物起固体润滑剂作用,能改善减摩性能,石墨还能吸附很多润滑油,形成胶体状高效能的润滑剂,进一步改善摩擦条件。

② 铜基多孔轴承　常用的是由 ZCuSn5Pb5Zn5 青铜粉末与石墨粉末制成。硬度为 20~408 HBW,它的成分与 ZCuSn5Pb5Zn5 锡青铜相近,但其中有 0.3%~2% 的石墨(质量分数),组织是 α 固溶体+石墨+铅+孔隙。它具有较好的导热性、耐蚀性、抗咬合性,但承压能力较铁基多孔轴承小,常用于纺织机械、精密机械、仪表中。

近年来,出现了铝基多孔轴承。铝的摩擦系数比青铜小,故工作时温升也低,且铝粉价格比青铜粉低,因此在某些场合,铝基多孔轴承会逐渐代替铜基多孔轴承而得到广泛使用。

3. 烧结铁基结构材料(烧结钢)

该材料是以碳钢粉末或合金钢粉末为主要原料,并采用粉末冶金方法制造成的金属材料或直接制成烧结结构零件。

用这类材料制造结构零件的优点是:制品的精度较高、表面光洁(径向精度 2~4 级、表面粗糙度 $Ra=1.6~0.20$),不需或只需少量切削加工。制品还可以通过热处理强化来提高耐磨性,主要用淬火+低温回火或渗碳+淬火+低温回火。制品多孔,可浸渍润滑油,改善磨擦条件,减少磨损,并有减振、消音的作用。

用碳钢粉末制造的合金,含碳量低的,可制造受力小的零件或渗碳件、焊接件;碳含量较高的,淬火后可制造要求有一定强度或耐磨的零件。用合金钢粉末制造的合金,其中常有 Cu、Mo、B、Mn、Ni、Cr、Si、P 等合金元素,它们可强化基体,提高淬透性,加入铜还可提高耐蚀性。合金钢粉末合金淬火后 R_m 可达 500~800 MPa,硬度 40~50 HRC,可制造受力较大的烧结结构件,如液压泵齿轮、电钻齿轮等。但是制造长轴类、薄壳类及形状特别复杂的结构零件,则不适宜采用粉末合金材料。

4. 烧结摩擦材料

机器上的制动器与离合器大量使用摩擦材料。它们都是利用材料相互间的摩擦力传递能量的,尤其是在制动时,制动器要吸收大量的动能,使摩擦表面温度急剧上升(可达 1 000 ℃左右),故摩擦材料极易磨损。因此,对摩擦材料性能的要求是:① 较大的摩擦系数;② 较好的耐磨性;③ 良好的磨合性、抗咬合性;④ 足够的强度,以能承受较高的工作压力及速度。

摩擦材料通常由强度高、导热性好、熔点高的金属(如用铁、铜)作为基体,并加入能提高摩擦系数的摩擦组分(如 Al_2O_3、SiO_2 及石棉等),以及能抗咬合、提高减摩性的润滑组分(如铅、锡、石墨、二硫化钼等)的粉末冶金材料。因此,它能较好地满足使用性能的要求。其中铜基烧结摩擦材料常用于汽车、拖拉机、锻压机床的离合器与制动器。而铁基的多用于各种高速重载机器的制动器;与烧结摩擦材料相互摩擦的对偶件,一般用淬火钢或铸铁。

8.2 功能材料

现代工程材料按照性能特点和用途大致分为结构材料和功能材料两大类。那些要求具备特殊的声、光、电、磁、热等物理性能的材料,正引起人们越来越多的重视。例如,激光唱片、计算机和电视的内存及显示系统,现代武器用激光器等,都有特殊物理性能材料的贡献。现在把具有某些特殊物理性能或功能的材料叫做功能材料。

8.2.1 概　述

以特殊的电、磁、声、光、热、力、化学及生物学等性能作为主要性能指标的一类材料,是用于非结构的高技术材料。功能材料种类繁多,涉及面广,有多种分类方法。目前主要是根据材料的化学组成、应用领域、使用性能进行分类。

① 按化学组成分类:金属功能材料,陶瓷功能材料,高分子功能材料,复合功能材料。

② 按应用领域分类:电工材料,能源材料,信息材料,光学材料,仪器仪表材料,航空航天材料,生物医学材料,传感器用敏感材料。

③ 按使用性能分类:电功能材料,磁功能材料,光功能材料,热功能材料,化学功能材料,生物功能材料,声功能材料,隐形功能材料。

近几年来,功能材料迅速发展,已有几十大类,10 万多品种,且每年都有大量新品种问世。现以已开发的以物理功能材料种类为最多,主要有:单功能材料、功能转换材料、多功能材料、复合和综合功能材料、新形态和新概念功能材料等。目前,化学和生物功能材料的种类虽较少,但其发展速度很快,其功能也更多样化。

8.2.2 电功能材料

电功能材料是以特殊的电学性能或各种电效应作为主要性能指标的一类材料。主要包括半导体材料,超导材料,电接点(触头)材料。以下重点介绍电接点材料和超导材料。

1. 电接点材料

电接点是指专门用以建立和消除电接触的导电构件。电接点材料是制造电接点的导体材料。电力、电机系统和电器装置中的电接点通常负荷电流较大,称之为强电或中电电接点;仪器仪表、电子与电讯装置中的负荷电流较小,一般为几毫安到几安培,并且压力小,称之为弱接点。

(1)强电接点材料

强电接点电负荷大,对电接点材料要求是:接触电阻低、耐电蚀、耐磨损、高的耐电压强度、良好的来电弧能力、一定的机械强度。一般采用合金材料。常见的强电接触材料有空气开关接点材料($Ag-CdO$、$Ag-Fe$、$Ag-W$、$Ag-石墨$)和真空开关接点材料($Cu-Bi-Ce$,$Cu-Fe-Ni-Co-Bi$、$W-Cu-Bi-Zr$ 合金等)。

(2)弱电接点材料

弱电接点电负荷及机械负荷都很小,要求电接点材料有极好的导电性、极高的化学稳定性、良好的抗电火花烧损性和耐磨性。大多用贵金属合金材料,常用的弱电接点材料有:Au 系(金)、Ag 系(银)、Pt 系(铂)、Pd 系(钯)。

（3）复合接点材料

通过合理工艺将贵金属接点材料与非贵金属基体材料结合在一起，金、银等贵金属在所有导体材料中化学性能最稳定，所以弱电接点材料大都采用金属或贵金属为基的合金材料。为了降低成本，生产中常用表面涂层或者贵金属-非贵金属复合材料。

2. 超导材料

1911 年 H. K. Onnes 在研究极低温度下金属导电性时发现，当温度降到 4.2 K 时，汞的电阻率突然降低到接近于零，这种现象称为汞的超导现象。所谓超导现象是指材料在低于某一温度时，电阻变为零的现象，而这一温度称为超导转变温度（T_c）。超导现象的特征是零电阻和完全抗磁性。人们把处于超导状态的导体称为超导体。要成为超导状态，除了温度 T 要处于临界温度 T_c 以下外，磁场强度 H 和电流密度 J 也必须分别处于临界值 H_c、J_c 以下。其临界值越高，用作超导体时越有利。现已发现有 28 种元素和几千种合金和化合物可以成为超导体。

（1）超导体的分类

按照迈斯纳（Meissner）效应，可将超导体分为第一类超导体（软超导体）和第二类超导体（硬超导体）。第一类超导体只有一个临界磁场，即 H_c 只有一个特征值。除钒、铌、钌外，元素超导体都是第一类超导体。

对于第二类超导体，当 $H < H_{c_1}$ 时，$B = 0$，处于迈斯纳状态，完全抗磁。当 $H_{c_1} < H < H_{c_2}$ 时，处于混合状态，但电阻仍为零，但不具有完全抗磁性。当 $H > H_{c_2}$ 时，$B = \mu H$，钒、铌以及大多数合金或化合物超导体均属于第二类。

（2）超导材料的主要类型

1）超导元素

到目前为止，在常压下有 28 种元素具超导电性，其中铌（Nb）的 T_c 最高，为 9.26 K。电工中实际应用的主要有铌和铅，已用于制造超导交流电力电缆、高 Q 值[1]谐振腔等。

2）合金材料

超导元素加入某些其他元素作合金成分，可以使超导材料的所有性能提高。如最先应用的铌锆合金（Nb-75Zr），其 T_c 为 10.8 K，H_c 为 8.7 特。继后发展了铌钛合金，虽然 T_c 稍低了些，但 H_c 高得多，在给定磁场下能承载更大电流。铌钛合金再加入钽（Ta）的三元合金，其性能将进一步提高。

3）超导化合物

超导元素与其他元素化合常有很好的超导性能。如已大量使用的 Nb3Sn，其 $T_c = 18.1$ K，$H_c = 24.5$ 特。其他重要的超导化合物还有 V3Ga，$T_c = 16.8$ K，$H_c = 24$ 特；Nb3Al，$T_c = 18.8$ K，$H_c = 30$ 特等。

4）超导陶瓷

20 世纪 80 年代初，米勒和贝德诺尔茨注意到某些氧化物陶瓷材料可能有超导电性，使陶瓷超导材料的研究获得了快速发展。尤其是 1986 年在镧-钡-铜-氧化物中发现了 $T_c = 35$ K 的超导电性。1987 年，中国、美国、日本等国科学家在钡-钇-铜氧化物中发现 T_c 处于液氮温

---

[1]　指电感器在某一频率交流电压下工作时，所呈现的感抗与其等效损耗电阻之比。电感器的 Q 值越高，其损耗越小，效率越高。

区有超导电性,使超导陶瓷成为极有发展前景的超导材料。

8.2.3 磁功能材料

磁性材料是电子工业的重要基础功能材料,广泛应用于计算机、电子器件、通讯、汽车和航空航天等工业领域。随着世界经济和科学技术的迅猛发展,磁性材料的需求将空前广阔。当前我国磁性材料的发展居世界之首,已经成为世界上永磁材料生产量最大的国家。

1. 磁性材料的分类

根据滞回曲线和磁化曲线的不同,分成三类:

① 软磁材料:其矫顽磁力较小,磁滞回线较窄,如铁心;

② 硬磁材料:其矫顽磁力较大,磁滞回线较宽,如磁铁;

③ 矩磁材料:其剩磁大而矫顽磁力小,磁滞回线为矩形,如记忆元件。

2. 软磁材料

其为在外磁场作用下,很容易磁化,去掉外磁场时又很容易去磁的磁性材料。常用的软磁材料有:电工纯铁、硅钢片、铁铝合金、镍铁合金、铁氧体软磁材料等。

电工纯铁:其是一种含碳量低,$w_{Fe} > 99.95\%$ 的软钢。它在平炉中进行冶炼时,用氧化渣除去碳、硅、锰等元素,再用还原渣除去磷和硫,出钢时在钢包中加入脱氧剂而得。工业纯铁在退火状态,起始磁导率为 $300 \sim 500\ \mu_0$,最大磁导率为 $600 \sim 1\ 200\ \mu_0$,矫顽力为 $39.8 \sim 95.5\ A/m$。电工用纯铁具有高的饱和磁感应强度、高的磁导率、较小的矫顽力、良好的冷加工性能,且成本低廉。缺点是电阻小,铁损大,只适用于直流情况。主要用于制造电磁铁的铁心和磁极,继电器的磁路和各种零件,电话中的振动膜等。

硅钢片(硅铁合金):其在电工用纯铁中加入 $0.5\% \sim 4.5\%$ 的硅,使之形成固溶体,可以提高材料电阻率,减少涡流损耗,这种材料称为硅铁合金,或者称电工用硅钢片。主要用于各种形式的发电机、电动机和变压器中。

镍铁合金:镍铁合金主要是含镍量为 $34\% \sim 80\%$ 的 Ni-Fe 合金,通常称坡莫合金。镍铁合金有很高的起始磁导率和最大磁导率。镍铁合金广泛应用在电讯工业、仪表、电子计算机、控制系统等领域中。软磁铁氧体是铁氧体材料中的一种,是一种容易磁化和退磁的铁氧体。其特点是起始的磁导率高,矫顽力小,损耗小,使用频率可达高频、超高频范围。常用的软磁铁氧体有镍锌铁氧体和锰锌铁氧体。广泛应用于录音、录像记录磁头,变压器磁心等。利用软磁铁氧体的磁导率或饱和磁感应强度在居里温度附件的激烈变化,还可以制成热敏器件等。

3. 硬磁材料

硬磁材料是具有很强的抗退磁能力和高的剩余磁感应强度的强磁性材料,又称永磁材料。硬磁材料抗干扰性好,对温度、振动、时间、辐射及其他因素的干扰不敏感。典型的硬磁材料主要包括铝-镍-钴系永磁合金、铁氧体永磁和稀土系永磁材料。

（1）铝-镍-钴系永磁合金

铝-镍-钴系永磁合金主要由 Fe 及 Al、Ni、Co 组成,有良好的磁特性和热稳定性,剩余磁感应强度高,磁能积大,矫顽力适中,但硬而脆,难以加工,主要用铸造和粉末烧结两种方法成形。

（2）硬磁铁氧体

硬磁铁氧体包括钡铁氧体 $BaFe_{12}O_{19}$ 和锶铁氧体 $SrFe_{12}O_{19}$。它具有剩余磁通量小、矫顽力大、电阻率大、密度小、质量轻、温度系数大、制造工艺简单等优点,是硬磁材料中价格最低、用量最大的一类磁铁。

（3）稀土硬磁材料

稀土硬磁材料包括稀土钴和稀土铁系金属间化合物,其为硬磁材料中性能最高的一类。其中最著名的是钕-铁-硼永磁合金,号称磁王,其具有其他永磁材料所不及的高矫顽力和最大磁能积,而且体积小、质量轻、效率高、成本较低等。不含战略物质 Co 和 Ni,它能吸起相当于自重 640 倍的重物,而铁氧体只能吸起自重的 120 倍。例如一台核磁共振成像仪需用铁氧体永磁材料 100 t,而改用钕-铁-硼永磁后,仅需 10 t。

4. 信息磁材料

信息磁材料是指用于光电通信、计算机、磁记录和其他信息处理技术中的存取信息类磁功能材料。典型的信息磁材料包括磁记录材料、磁泡材料、磁光材料等。

（1）磁记录材料

利用磁记录材料制作磁记录介质和磁头,可对声音、图像和文字等信息进行写入、记录、存储、并在需要时输出。目前使用的磁记录介质有磁带、磁盘、磁卡片机磁鼓等。

在新型磁记录介质中,磁光盘具有超存储密度、极高可靠性、可擦除次数多、信息保存时间长等优点。目前用作磁光盘的材料主要有稀土-过渡族非晶体合金薄膜和加 Bi 铁石榴石多晶氧化物薄膜。

（2）磁泡材料

小于一定尺寸的、迁移率很高的圆柱状磁畴（磁泡）材料可作高速、高存储密度存储器。已研制出的磁泡材料有:$(Y, Gd, Yb)_3(Fe, Al)_5O_{12}$ 系石榴石型铁氧体薄膜,$(Sm, Tb)FeO_3$ 系正铁氧体薄膜,$BaFe_{12}O_{19}$ 系铅石型铁氧体膜,$Gd - Co$ 系,$Tb - Fe$ 系非晶体磁膜等。

（3）磁光材料

磁光材料是可应用于激光、光通信和光学计算机的磁性材料,其磁特性是法拉第旋转角高、损耗低及工作频带宽。其包括稀土合金磁光材料、$Y_3Fe_5O_{12}$ 膜红外透明磁光材料。

（4）特殊功能磁性材料

广泛应用于雷达、卫星通信、电子对抗、高能加速器等高新技术中的微波设备的材料叫微波磁材料,包括多种微波电子管用永磁材料,微波旋磁材料和微波磁吸收材料。典型微波旋磁材料有 $Y_3Fe_5O_{12}$ 系石榴石型铁氧体、$BaFe_{12}O_{19}$ 系铅石型铁氧体等,可制作如隔离器和环形器等非互易旋磁器件。典型微波磁吸收材料有非金属铁氧体系、金属磁性粉末或薄膜系等,可作雷达检测不到的隐形飞机表面涂料等。

（5）磁致伸缩材料

磁致伸缩材料的应用主要有两方面。在磁（电）-声换能器中的应用,如声纳、超声换能器、扬声器等。在磁（电）-机械制动器中的应用,如精密流体控制、超精密加工、超精密定位、机器人、精密阀门、微马达以及振动控制等工程领域。

8.2.4　热功能材料

有些材料的某些物理性能会随着温度的变化,发生显著变化,如热胀冷缩、出现形状记忆效应或热电效应等,这类材料称为热功能材料。热功能材料主要包括:膨胀材料、形状记忆材料、测温材料。

1. 膨胀材料

常用的膨胀材料包括低膨胀材料、定膨胀材料和热双金属材料。

（1）低膨胀材料

低膨胀材料是热膨胀系数较小的材料，也叫因瓦（Invar）合金。主要应用于精密仪器、标准量具等以保证仪器精度的稳定及设备的可靠性。

（2）定膨胀材料

定膨胀材料是指在某一温度范围内具有一定膨胀系数的材料，也称可伐（Kovar）合金。其主要用于与玻璃、陶瓷等材料相封接，要求与被封接材料的膨胀系数相匹配。

（3）高膨胀材料（热双金属材料）

其是由膨胀系数不同的两种金属片沿层间焊合在一起的叠层复合材料。以较高膨胀系数金属层为主动层，较低的为被动层。受热时，双金属片向被动层弯曲，将热能转化成机械能。可用作各种测量和控制仪表的传感元件。

2. 形状记忆材料

将具有某种初始形状的制品进行变形后，在通过加热等手段处理时，制品又恢复到初始形状。形状记忆材料通常包括：形状记忆合金、形状记忆聚合物、形状记忆陶瓷。

（1）形状记忆合金

常用形状记忆合金中镍-钛系目前用量最大，其优点是：抗拉强度高、疲劳强度高、耐蚀性好、密度小、与人体有生物相容性；缺点是：成本高、加工困难。铜系形状记忆合金的缺点是：功能不如镍-钛系，而优点是：成本低、加工容易。铁系形状记忆合金具有价格低的优点，其功能不如铜系。

（2）形状记忆聚合物

形状记忆聚合物的特点：密度小、强度较低、塑韧性较高；形状恢复可能允许的变形量大；形状恢复的温度范围窄；形状恢复应力及形状变化所需要的外力小；成本低。

（3）形状记忆陶瓷

20世纪60年代末人们确认了陶瓷材料也存在马氏体相变，一个著名的例子就是 ZrO_2 陶瓷中的马氏体相变，这一相变现象可以使陶瓷材料具有形状记忆效应。

形状记忆材料的应用包括：机械工程领域，如热套；生物医学方面，如接骨板、人工关节等；空间技术，如压缩天线。

3. 测温材料

热电偶是应用最广的一种测温原件，它是由两种不同材料导线连接成的回路，其感温的基本原理是热电效应。常用热电偶材料有铜-康铜、镍铬-镍铝、铂铑-铂、钨-铼、金铁、低温热电偶。

4. 隔热材料

利用隔热材料可以制造涡轮喷气发动机燃料冲压式喷气机火焰喷口等，高温材料电池、热离子发生器等也都离不开隔热材料。

高温陶瓷材料、有机高分子和无机多孔材料是生产中常用的隔热材料。如氧化铝纤维、氧化锆纤维、碳化硅涂层石墨纤维、泡沫聚氨酯、泡沫玻璃、泡沫陶瓷等。随着现代航空航天技术的飞速发展，对隔热材料也提出了更严格的要求，目前主要向着耐高温、高强度、低密度方向发展，尤其是向着复合材料的发展。

8.2.5　光功能材料

常用的光功能材料有固体激光器材料、信息显示材料、光导纤维、隐形材料、固体发光材料、光学薄膜、弹光与声光材料、光介质材料等。

1. 固体激光器材料

自 1960 年梅曼研制出第一台红宝石激光器以来,到目前已有可产生激光的固体激光器材料上百种。这些材料分为玻璃和晶体两大类,都是由基质和激活离子两部分组成。激光玻璃透明度高,易于成形,价格便宜,适合于制造输出能量大、输出功率高的脉冲激光器;激光晶体的荧光线宽比玻璃窄,量子效率高,热导率高,可应用于中小型脉冲激光器,特别是连续激光器或高重复率激光器等,如红宝石激光器、氟化物激光器等。固体激光器主要用于信息传递、计算机记录装置、激光干涉仪;材料的加工、表面热处理、测距、测长、定位;育种和改良土壤;治疗视网膜脱离、皮肤病、牙科钻孔(除去神经)等,还可用于无血手术、切除肿瘤等。

2. 信息显示材料

信息显示材料是把人眼看不到的电信号变为可见的光信息,是信息显示技术的基础。信息显示材料分为两大类:主动式显示用发光材料和被动式显示用材料。主动式显示发光材料是在某种方式的激发下发光的材料。在电子束激发下发光的称为阴极射线发光材料,用于真空荧光显示屏,示波管、显示管、显像管等;在电场直接激发下发光的称为电致发光材料,包括高电驱动场致发光材料和低电压驱动发光二极管;用带电粒子激发的称为闪烁晶体,可检测 α、β、γ 射线和快慢中子等;将不可见光转化为可见光的材料称为光致发光材料,包括不可见光检测和照明材料。被动式显示用材料在电场等作用下不能发光,但能形成着色中心,在可见光照射下能够着色从而显示出来。这类材料包括液晶、电着色材料、电泳材料等多种,其中使用最广泛、最成熟的是液晶。

3. 光导纤维

光纤是高透明电介质材料制成的极细的低损耗导光纤维,具有传输从红外线到可见光驱的光和传感的两重功能。因而,光纤在通信领域和非通信领域都有广泛应用。非通信光纤的应用较为广泛,如单偏振光纤、高双折射偏振保持光纤、传感器光纤等。具体应用包括光纤测量仪表的光学探头(传感器)、医用窥镜等。

8.2.6　其他功能材料

除了以上介绍的功能材料外还有其他多种功能材料,如敏感材料、化学功能材料(如储氢材料)、生物功能材料、隐形材料、声功能材料及智能材料等。

1. 敏感材料

敏感材料可以分为:声、光、电压、磁、气、热、湿、力、电化学、生物等敏感材料。

(1) 气敏感材料

典型的气敏感材料有:SnO_2、ZnO、$\gamma - Fe_2O_3$、ZrO_2、$\alpha - Fe_2O_3$、TiO_2 等。几何形状有薄膜型、厚膜型、多孔型等。SnO_2 气敏陶瓷应用于氢、甲烷、丙烷、乙醇、丙酮、一氧化碳、煤气、天然气的检测;ZrO_2 气敏陶瓷用于钢水中含氧量的测定;$\gamma - Fe_2O_3$ 气敏陶瓷用于检测还原性气体;$\alpha - Fe_2O_3$ 气敏陶瓷用于检测异丁烷气体、石油液化气等;ZnO 掺入不同的催化剂用于检测丁烷、丙烷等气体。

（2）光敏感材料

常见的主要光敏感材料有：光敏电阻材料、光电池材料、光敏纤维。其应用广泛，例如：探测光信号用光敏电阻材料（CaAs、CdS、PbS、PbSe），可制成光电转换元件；硅是较理想的太阳能电池材料，硫化镉、砷化镉、砷化镓、聚乙炔等也是太阳能电池材料。

（3）声敏感材料

常用的声敏感材料主要应用于扩音器、电话、钟表、频率稳定器等日用产品及水下观测、通信、探测、机械能转换成电能制成的引爆装置、压电引火器，以及超声波清洗、焊接、打孔、无损检测等超声应用。

2. 储氢材料

常见的储氢合金有镁系、稀土系、钛系、钛铁系和钛锰系等。其主要应用于做储氢容器、氢化物电极、制备超纯氢等。

3. 隐形材料

隐身技术是通过降低武器装备等目标的可探测信息特征，使敌方探测系统难以发现或者发现距离缩短的综合技术。其广泛用于：飞机、导弹、坦克、舰船等。在雷达隐身技术中，目前使用到的隐形材料，主要用于制造吸波涂料、吸波结构材料、透波材料、智能蒙皮材料等。

4. 声功能材料

其主要用在声发射、声接收、声光转换及声吸收等方面。常用的吸声材料有无机纤维，如玻璃丝、玻璃棉、岩棉、矿渣棉；泡沫塑料，如氨基甲酸酯、脲醛泡沫塑料；有机纤维，如棉、麻等植物纤维。

8.3　航空新材料

8.3.1　超塑性合金

超塑性合金是指那些具有超塑性的金属材料。超塑性是一种奇特的现象。具有超塑性的合金能像饴糖一样伸长10倍、20倍甚至上百倍，既不出现缩颈，也不会断裂。超塑性是指材料在一定的内部条件和外部条件下，呈现出异常低的流变抗力、异常高的流变性能的现象。

所谓超塑性合金是指合金在一定条件下所表现出的具有极大伸长率和很小的变形抗力的现象。常用的超塑性合金主要有以下几种。

① 锌基合金　它是最早使用的超塑性合金，具有很大的无颈缩延伸率，但其蠕变强度低，冲压加工性能差，不宜做结构材料，用于一般不需切削的简单零件。

② 铝基合金　铝基共晶合金虽具超塑性，但是其综合力学性能较差，室温脆性大，因而限制了它在工业上的应用。含有微量细化晶粒元素（如 Zr 等）的超塑性铝合金则具有较好的综合力学性能，可加工成复杂形状的零件。

③ 镍基合金　镍基高温合金由于高温强度高，难以锻造成形。利用超塑性进行精密锻造，可以节约材料和加工费，制品均匀性好。

④ 钛基合金　钛基合金变形抗力大、回弹严重、加工困难，用常规方法锻造、冲压加工时，需要大吨位的设备，难以获得高精度零件。利用超塑性进行等温模锻或挤压，可以使变形抗力大为降低，制出形状复杂的精密零件。

超塑加工,具有很大的实用价值,其只要很小的压力就能获得形状非常复杂的制作。试想一下,金属变成了饴糖状,从而具有了可吹塑和可挤压的柔软性能,这使过去只能用于玻璃和塑料的真空成型、吹塑成型等工艺被沿用过来,用以对付难变形的合金。而这时所需的压力很小,只相当于正常压力加工时的几分之一到几十分之一,从而节省了能源和设备。使用超塑性加工制造零件的另一优点是可以一次成型,省掉了机械加工、铆焊等工序,达到节约原材料和降低成本的目的。在模压超塑性合金薄板时,只需要具备一种阴模或阳模即可,节省一半模具费用。超塑性加工的缺点是加工时间较长,由普通热模锻的几秒增至几分钟。

据推测,最近超塑性成形工艺将在航天、汽车、车厢制造等部门中广泛采用,所用的超塑性合金包括锌、铝、镍、钛、碳钢、不锈钢和高温合金等。

8.3.2　快速凝固合金

1. 快速凝固技术

快速凝固一般指以大于 $10^5\sim10^6$ K/s 的冷却速率进行液相凝固成固相,是一种非平衡的凝固过程,通常生成亚稳相(非晶、准晶、微晶和纳米晶),使粉末和材料具有特殊的性能和用途。由于凝固过程的快冷、起始形核过冷度大,生长速率高,使固液界面偏离平衡,因而呈现出一系列与常规合金不同的组织和结构特征。随着冷却速度的加快,材料的组织及结构发生着显著的变化,可以肯定地说,它也将带来性能上的显著变化。

利用快速凝固技术得到的合金具有超细的晶粒度,无偏析或少偏析的微晶组织,形成新的亚稳相和高的点缺陷密度等与常规合金不同的组织和结构特征。实现快速凝固的三种途径包括:动力学急冷法;热力学深过冷法;快速定向凝固法。由于凝固过程的快冷,起始形核过冷度大,生长速率高,使固液界面偏离平衡,因而呈现出一系列与常规合金不同的组织和结构特征。

2. 快速凝固合金

(1) 快速凝固镁合金

镁合金是所有结构金属中最轻的一种,具有比重小,比强度、比刚度高,耐冲击等一系列优点,在汽车、电子电器、航空航天等领域具有广阔的应用前景,但镁合金的加工成形性能及耐蚀性能较差,大大限制了其发展。目前,国内在高性能镁合金的管、棒、板、型材及一些结构件方面基本上还是空白,而传统的铸造冶金方法又难以满足材料的性能要求。因此,研究新的制备工艺和加工技术是发展高性能型材和结构件的必然之路。快速凝固镁合金将成为未来变形镁合金的主要制备工艺。20 世纪 70 年代初,快速凝固实验表明,镁基合金具有明显的非晶形成能力,非晶态镁合金主要是通过快速凝固合金熔体制备,非晶态镁合金的力学性能优异,是潜在的结构材料。除力学性能外,非晶态镁合金的抗腐蚀性和储氢性能优良,是一种很有发展前途的新型材料。

(2) 快速凝固耐热铝合金

研究表明,以快速凝固耐热铝合金替代 Ti 合金在飞机和导弹上应用,可以明显地减轻飞行器质量,降低成本。以飞机发动机为例,实现以铝代钛,可以减轻质量 15%～25%,降低成本 30%～50%,提高运载量 15%～20%,经济效益十分可观。为了能在 150～350 ℃温度范围内用低密度、低价格的铝合金代替钛合金,过去的 20 年内,快速凝固耐热铝合金受到广泛重视。近十几年来,科研工作者们对耐热铝合金进行了大量的研究,相继开发了一系列快速凝固耐热铝合金。Al - Fe - V - Si 系耐热铝合金具有良好的室温和高温强度、塑性、热稳定性和断裂韧性以及耐腐蚀性能,在近 20 年来广泛应用于航空航天领域。

（3）快速凝固非晶态合金

非晶态合金也称为金属玻璃,它是一种亚稳态的结构,具有短程有序,长程无序的特征。它兼有金属和玻璃的特性,具有非常优异的材料性能。非晶态合金是通过急冷手段使合金液快速凝固的方法制备的,与晶体材料相比,非晶态合金的硬度、强度、韧性和耐磨性都具有明显的优势。非晶态合金的无序结构使它不仅具有高强度,还具有高塑性和冲击韧性。由于没有晶粒和晶界,非晶态耐蚀合金不仅在一般情况下不发生局部腐蚀,而且还能抑制在特殊条件下诱发的点蚀与缝隙腐蚀的发展。非晶态合金的表面能高,可连续改变成分,具有明显的催化性能。非晶态合金还具有好的磁学和光学性能,而且可节能,少污染,是一种绿色的环保材料,随着研究的不断深入,非晶态合金的应用领域将会不断扩大。

（4）快速凝固准晶态合金

它在结构上完全不同于传统固体中非晶的长程无序、短程有序结构和晶体的长程周期平移性,准周期性和非晶体对称性是准晶的两个最重要的特征。准晶材料具有一系列独特的性能:高的硬度、高弹性模量、低热膨胀系数、低热导率、低电导率、快速凝固准晶态合金秉征脆性、热障性能、抗磁性、储氢性能、不粘性以及吸收太阳能等。由于准晶材料具有较高的脆性,限制了其作为结构材料的应用,目前准晶材料的应用主要是作为表面改性材料或是作为增强相弥散分布于结构材料中。应用快速凝固技术是形成准晶的主要途径,此外采用不同的净化手段获得热力学深过冷熔体控制凝固是制备大块准晶材料的一种潜在技术。准晶材料的研究发现为金属材料研究特别是快速凝固合金的研究开辟了一个有很大潜力的领域。

（5）快速凝固微晶合金材料

微晶材料是利用快速凝固技术在传统合金的基础上产生的一种重要的新型材料,一般是指晶粒为 $1 \sim 100 \ \mu m$ 的材料。近年来,采用快速凝固工艺制备的微晶材料的发展十分迅速。快速凝固微晶合金材料之所以引人注目,除了因为该种材料具有优异的性能外,还可以做成大块的微晶合金构件,具有很大的应用潜力。例如新近开发的 Al-Li 合金在低温下有良好的力学性能,而且当温度降低到零度时,其强度、塑性和断裂韧性还会有所提高,这就扩大了 Al-Li 合金的应用领域,如用于制造航天飞机液态储氢燃料、低温杜瓦瓶、框架材料、低温储能环等。目前,微晶合金材料已经完成了实验室研究开始进入小批量生产阶段,而且有些快速凝固微晶材料已经可以直接应用于工业生产中。

（6）快速凝固金属纳米结构材料

纳米材料是指显微结构中的物相具有纳米尺度的材料,它包括 3 个层次,即纳米微粒、纳米固体和纳米组装体系。由于纳米材料超细晶粒组织结构的特殊性,使大量的原子处于晶粒之间的界面上,因此与常规的晶体材料以及非晶态材料相比,它在性能方面表现出一系列本质性的优势。纳米材料的晶粒细小而均匀,晶粒表面清洁,有利于力学性能的提高,所以它具有高强度、硬度和良好的塑韧性。由于纳米材料的尺寸效应,它还具有优异的磁性能。目前,对一维尺寸纳米材料的研究已经比较成熟,而三维尺寸的纳米材料还处于探索阶段。纳米材料的推广应用关键在于块体纳米材料的制备,而热力学深过冷凝固技术可以实现合金在缓慢冷却条件下发生的快速凝固。目前它已发展成为制备不同类型块体纳米材料的一条有效途径。金属纳米结构材料不仅能够作为优良的功能材料,而且有可能成为一些特定用途的结构材料或者是结构功能两用材料。

8.3.3　非晶态合金

非晶态是指原子呈长程无序排列的状态。具有非晶态结构的合金称为非晶态合金,又称为金属玻璃。通常认为,非晶态仅存在于玻璃、聚合物等非金属领域,而传统的金属材料都是以晶态形式出现的。20 世纪的 60～70 年代非晶态合金的问世引起人们的极大兴趣,称为金属材料的一个新领域。

非晶态合金具有高强度、硬度,例如非晶态铝合金的抗拉强度(1 140 MPa)是超硬铝抗拉强度(520 MPa)的 2 倍;此外非晶态合金还具有优良的耐腐蚀性和一系列特殊的电性能和磁性能等。

利用非晶态合金的高强度、高韧性,以及工艺上可以制成条带或者薄片,目前已用它来制造轮胎、传送带、水泥制品及高压管道的增强纤维,还可以用来制造各种切削刀具和保安刀片等。用非晶态合金纤维代替硼纤维和碳纤维制造复合材料,可以进一步提高复合材料的适应性。

非晶态的铁合金是极好的软磁材料。它容易磁化和退磁,比普通的晶体磁性材料磁导率高、损耗小、电阻率大,主要作为变压器和电动机的铁心材料、磁头材料。由于磁损耗很低,用非晶态磁性材料代替硅钢片制成变压器,可节省大量电能。

非晶态合金耐蚀性,特别是在氯化物和硫酸盐中的耐蚀性大大超过不锈钢,获得了"超不锈钢"的名称,可以用于海洋和医学方面,如制造军用飞机电缆、鱼雷、化学滤器、反应容器等。

常见的非晶态合金有以下几种:

(1) 非晶磁性材料

在非晶软磁合金及非晶化的基础上形成的纳米非晶软磁合金不仅具有上述优异的软磁特性,而且还具有良好的强硬度、耐磨性及耐腐蚀性,良好的温度及环境稳定性。其综合磁性能远远优于硅钢、铁氧体、坡莫合金等,作为高性能软磁材料替代传统的磁性材料广泛应用于电力电子工业,用作电子变压器、精密互感器、电感器及传感器等磁芯器件,大大提高这些磁性产品的技术性能,促进了现代电子工业向高频、高效、小型、节能方向的发展。

非晶磁性材料不仅广泛用作电力、电子行业的磁性器件铁心,而且还被开发用来替代传统的硅钢材料制作电机的定子铁心,制造出高效、节能、无污染的非晶合金电机。非晶合金材料电机与传统材料电机相比,具有如下的性能优势:① 高效节能。一般小功率电动机的效率不超过 70%,而非晶合金电机由于其铁心损耗低,其效率很容易达到 80% 以上。② 转速高,且无噪音。一般非晶合金电机可调速范围为 3 000～24 000 r/min,并且工作时没有无线电频率辐射,几乎没有噪音和过热。③ 可同时调节转矩和转速。如非晶合金条播机可在宽调速范围内具有可调的转矩。④ 安全性能高。非晶合金电机工作时不产生火花,工作在易爆炸场合没有爆炸的危险。⑤ 重量轻,成本也不高。

由于非晶合金电机的上述性能特点,使其在航空航天、电子设备和计算机、汽车和其他交通工具、风力和水力发电机、感应和永磁电动机、发电机以及特殊电动工具用电机等领域有着良好的应用前景。

(2) 非晶钎焊材料

非晶钎焊材料是以均匀的液态合金采用超急冷的方法制备而成的,所以非晶钎焊合金具有比晶态合金组织均匀、杂质少、厚度小、加工方便等优点,大大提高钎焊材料的钎焊性能,也提高钎焊结合部的强度。非晶钎焊材料是与非晶磁性材料同步研究开发的,并获得良好的应用。尤其在美国,不仅研究开发了 Ni 基、Co 基、Cu 基、Ti/Zr 基、Al 基、Sn/Pb 基等系列非晶钎焊材料,而且在航空航天产品部件、燃汽轮机、催化剂金属骨架、电路板、热交换器、排气管的焊接中得以广泛应用。我国非晶钎焊材料主要是 Ni 基和 Cu 基合金受生产工艺水平和带材质量的影响,产品的应用推广困难大,如 Cu 基钎焊材料是电器工业中大量应用银焊料的最佳替代品,但由于非晶带材的厚度不够,难以获得广泛应用。随着我国航空航天、燃汽轮机、汽车等工业的发展,特种合金的广泛应用,许多零部件的焊接将会采用 Ni 基、Ti/Zr 基非晶钎焊材料;Cu 基钎焊材料厚度已达到 0.1 mm 以上,应用市场正在扩大。

(3)非晶弹性材料

非晶合金由于金属内部没有晶态结构的各种组织缺陷,因此在机械强度、耐蚀等方面具有优异的性能,可以开发用作弹性材料。但由于非晶带材薄、难以加工成弹性元器件,所以非晶带材应用较难,而非晶丝材由于工业化生产技术的突破,将有助于非晶弹性材料的开发应用。尽管从热力学角度看,非晶合金为亚稳定态,其弹性模量存在老化现象,但是,只要在晶化温度以下进行必要的处理,就可防止非晶弹性材料的老化现象。

非晶弹性材料已经开发出恒弹性合金和高弹性合金。一些铁基非晶弹性合金在高温附近的弹性模量 E、剪切模量 G 都不随温度变化,即具有艾林瓦特性,这种特性可以通过改变成分或热处理工艺来获得。非晶恒弹性合金,与晶态弹性合金相比具有宽的恒弹性温度范围,可以同时兼有因瓦特性、高的机械强度及硬度、较小的超声衰减特性等优点。

(4)非晶粉末材料

非晶粉末材料实际上是利用非晶、纳米晶软磁合金材料的优异磁性能特点,借助于粉末冶金技术制成的各种各样的粉末复合材料,如粉末磁芯、磁屏蔽材料、吸波材料、磁性流体及粉末涂覆材料等。目前这方面的研究开发工作除磁粉芯和磁屏蔽产品的少量应用外,其他合金粉末和粉末制品的工作还处于试验研究阶段。随着纳米科学和电子技术的发展,这方面的产品有着良好的应用前景。非晶合金粉末的制备方法主要有雾化法、高能球磨法及非晶带材破碎法等,由于目前设备工艺条件的限制,雾化制粉法要获得 105 ℃/s 的冷却速度是很难的,高能球磨法又难以规模化生产,而非晶带材破碎法适合大规模工业化生产,该方法制备粉末用于制作磁粉芯产品,与其他用作电感器件的磁粉芯产品相比,该粉芯有以下应用特点:① 高频特性远优于铁粉芯和铁硅铝粉芯;② 避免非晶、纳米晶开口铁芯处的散磁场和发热问题;③ 与 Fe-Ni-Mo 粉芯相比,同规格性能粉芯价格可降低 30% 以上。非晶磁性粉末与导电材料、高分子材料等,通过多元成分复合和涂料层多层复合双重复合技术成功研制了 MT 型镍基新型宽频电磁屏蔽复合涂料,避免了导电性屏蔽涂料在低频区的电磁屏蔽效果不理想,可以满足低、中、高频率范围内电磁屏蔽要求。其所研制的屏蔽材料在 10 kHz~1 GHz 频率范围内经国家安全部检测,屏蔽效能达到 40~60 db,并获得了一定的市场应用。非晶合金粉末还可用粉末冶金方法制成高磁导率($\mu \geqslant 6\ 000$)软磁铁芯材料、电机铁芯及电子变压器铁芯材料等;与橡胶等混合制成微波吸收材料;磁流体粉末等。

(5)非晶结构材料

由于非晶合金的原子排列呈现长程无序,不存在晶界、位错等晶体缺陷,所以非晶合金具有大大高于晶态合金的抗拉强度,有望开发成抗拉强度高、韧性大并且耐蚀性好的新型结构材料,以满足航天航空等国防军工用结构材料的发展要求。针对非晶合金薄带的特点,大都将非晶薄带粘接为厚板或与其他高强度材料复合后制成结构件,这种类似于碳纤维强化原理制成的复合材料,充分利用了非晶合金的高强韧性性能特点,大大开拓了非晶合金的应用领域研究。考虑到非晶薄带用作结构材料的局限性和结构材料的特殊性,利用特殊技术如表面激光处理、高能粒子轰击形成非晶及纳米晶表层结构材料,采用现代先进热喷涂技术,如等离子喷涂、超音速火焰喷涂等可以获得大面积的、有较大厚度的(数百微米)非晶合金涂层。

8.3.4　纳米材料

纳米级结构材料简称为纳米材料(nanometer material),广义上是指三维空间中至少有一维处于纳米(1 nm=10^{-9} m)尺度范围的超精细颗粒材料的总称。根据 2011 年 10 月 18 日欧盟委员会通过的定义,纳米材料是一种由基本颗粒组成的粉状、团块状的天然或人工材料,这一基本颗粒的一个或多个三维尺寸在 1～100 nm 之间,并且这一基本颗粒的总数量在整个材料的所有颗粒总数中占 50% 以上。

1. 纳米材料的分类

纳米材料大致可分为纳米粉末、纳米纤维、纳米膜、纳米块体等四类。其中纳米粉末开发时间最长、技术最为成熟,是生产其他三类产品的基础。

(1)纳米粉末

又称为超微粉或超细粉,一般指粒度在 100 nm 以下的粉末或颗粒,是一种介于原子、分子与宏观物体之间处于中间物态的固体颗粒材料。可用于:高密度磁记录材料、吸波隐身材料、磁流体材料、防辐射材料、单晶硅和精密光学器件抛光材料、微芯片导热基片与布线材料、微电子封装材料、光电子材料、先进的电池电极材料、太阳能电池材料、高效催化剂、高效助燃剂、敏感元件、高韧性陶瓷材料(摔不裂的陶瓷,用于陶瓷发动机等)、人体修复材料、抗癌制剂等。

(2)纳米纤维

指直径为纳米尺度而长度较大的线状材料。可用于:微导线、微光纤(未来量子计算机与光子计算机的重要元件)材料;新型激光或发光二极管材料等。静电纺丝法是制备无机物纳米纤维的一种简单易行的方法。

(3)纳米膜

纳米膜分为颗粒膜与致密膜。颗粒膜是将纳米颗粒粘在一起,中间有极为细小的间隙的薄膜。致密膜指膜层致密但晶粒尺寸为纳米级的薄膜。可用于:气体催化(如汽车尾气处理)材料、过滤器材料、高密度磁记录材料、光敏材料、平面显示器材料、超导材料等。

(4)纳米块体

纳米块体是将纳米粉末高压成型或控制金属液体结晶而得到的纳米晶粒材料。主要用途为:超高强度材料、智能金属材料等。

2. 应　用

(1)纳米磁性材料

在实际中应用的纳米材料大多数都是人工制造的。纳米磁性材料具有十分特别的磁学性质,纳米粒子尺寸小,具有单磁畴结构和矫顽力很高的特性,用它制成的磁记录材料不仅音质、图像和信噪比好,而且记录密度比 γ-Fe_2O_3 高几十倍。超顺磁的强磁性纳米颗粒还可制成磁性液体,用于电声器件、阻尼器件、旋转密封及润滑和选矿等领域。

（2）纳米陶瓷材料

传统的陶瓷材料中晶粒不易滑动，材料质脆，烧结温度高。纳米陶瓷的晶粒尺寸小，晶粒容易在其他晶粒上运动，因此，纳米陶瓷材料具有极高的强度和高韧性以及良好的延展性，这些特性使纳米陶瓷材料可在常温或次高温下进行冷加工。如果在次高温下将纳米陶瓷颗粒加工成形，然后做表面退火处理，可使纳米材料成为一种表面保持常规陶瓷材料的硬度和化学稳定性，而内部仍具有纳米材料的延展性的高性能陶瓷。

（3）纳米传感器

纳米二氧化锆、氧化镍、二氧化钛等陶瓷对温度变化、红外线以及汽车尾气都十分敏感。因此，可以用它们制作温度传感器、红外线检测仪和汽车尾气检测仪，检测灵敏度比普通的同类陶瓷传感器高得多。

（4）纳米倾斜功能材料

在航天用的氢氧发动机中，燃烧室的内表面需要耐高温，其外表面要与冷却剂接触。因此，内表面要用陶瓷制作，外表面则要用导热性良好的金属制作。但块状陶瓷和金属很难结合在一起。如果制作时在金属和陶瓷之间使其成分逐渐地连续变化，让金属和陶瓷"你中有我、我中有你"，最终便能结合在一起形成倾斜功能材料，它的意思是其中的成分变化像一个倾斜的梯子。当用金属和陶瓷纳米颗粒按其含量逐渐变化的要求混合后烧结成形时，就能达到燃烧室内侧耐高温，外侧有良好导热性的要求。

（5）纳米半导体材料

将硅、砷化镓等半导体材料制成纳米材料，具有许多优异性能。例如，纳米半导体中的量子隧道效应可使某些半导体材料的电子输运反常、导电率降低，电导热系数也随颗粒尺寸的减小而下降，甚至出现负值。这些特性在大规模集成电路器件、光电器件等领域发挥着重要的作用。利用半导体纳米粒子可以制备出光电转化效率高的、即使在阴雨天也能正常工作的新型太阳能电池。由于纳米半导体粒子受光照射时产生的电子和空穴具有较强的还原和氧化能力，因而它能氧化有毒的无机物，降解大多数有机物，最终生成无毒、无味的二氧化碳、水等，所以，可以借助半导体纳米粒子利用太阳能催化分解无机物和有机物。

本章小结

本章介绍了粉末冶金材料、功能材料和航空新材料的有关知识，重点介绍了粉末冶金材料、电功能材料、磁功能材料、热功能材料、光功能材料、超塑性合金、快速凝固合金、非晶合金和纳米材料等。具体介绍了以上各种材料的分类、特点以及应用。要求掌握粉末冶金工艺的特点；硬质合金分类、牌号、性能及应用；了解各种功能材料的类别、特点及应用；了解各种航空新材料的性能与应用。

习题与思考题

一、解释下列名词

功能材料；粉末冶金材料；硬质合金；电功能材料；形状记忆材料；非晶态合金。

二、填空题

1. 硬质合金的性能特点主要有_____、_____、_____、_____四个方面。

2. 形状记忆材料通常包括_____、_____、_____三个方面。

3. 常用的航空新材料有_____、_____、_____、_____四类。

三、选择题

1. 形状记忆材料的性能是(　　)。

A. 抗拉强度高、疲劳强度高、耐蚀性好、密度小

B. 抗拉强度低、疲劳强度高、耐蚀性好、密度小

C. 抗拉强度高、疲劳强度高、耐蚀性好、密度大

D. 抗拉强度高、疲劳强度低、耐蚀性好、密度大

2. 硬质合金的性能是(　　)。

A. 硬度高、红硬性高、耐磨性好、抗压强度低、线膨胀系数小,但导热性差

B. 硬度低、红硬性低、耐磨性低、抗压强度高、线膨胀系数小,但导热性差

C. 硬度高、红硬性高、耐磨性好、抗压强度高、线膨胀系数小,但导热性差

D. 硬度高、红硬性高、耐磨性好、抗压强度高、线膨胀系数大

3. 快速凝固镁合金的性能(　　)。

A. 比重大,比强度、比刚度高,耐冲击

B. 比重小,比强度、比刚度高,耐冲击

C. 比重小,比强度、比刚度低,耐冲击

四、判断题

1. 硬质合金主要用于制造高速切削或加工高硬度材料的切削刀具,如车刀、铣刀等。
(　　)

2. 形状记忆合金优点是:抗拉强度高,疲劳强度高,耐蚀性好,密度小,与人体有生物相容性。(　　)

3. 纳米材料通常产生物理化学性质显著变化的细小微粒的尺寸在 10 nm 以下。(　　)

五、简答题

1. 常用的硬质合金有哪几类？举例说明其牌号及用途。

2. 常用的超导材料有哪些？

3. 航空新材料包含哪些？

4. 简述纳米材料的应用前景。

第9章　零件的失效与材料的选择

合理地选择工程材料是航空装备及其他机械制造的重要内容,它不仅影响单个零件及整台机器的制造质量和使用性能,而且对生产周期和成本也有很大影响。一个零件(或构件)的设计质量即使再高,也不能永久使用,总有一天会达到其使用寿命而失效。为了避免过早失效,在选择材料时必须熟悉材料的性能,全面分析零件的工作条件、受力情况及可能的失效形式,才能制造出质优价廉的零件。

9.1　零件的失效

失效是指零件由于某种原因,导致其尺寸、形状或材料的组织与性能的变化而不能圆满地完成指定的功能。一般认为,当机械零件出现以下三种情况时就已经失效:① 零件完全破坏,不能继续工作;② 虽仍能安全工作,但不能满意地起到预期的作用;③ 零件严重损伤,继续工作不安全。失效大多是特指零件的早期失效,即未达到预期的效果或寿命,提前出现失效的过程。

9.1.1　失效形式

零件常见的失效有三种形式,即变形失效、断裂失效和表面损伤失效。

1. 变形失效

（1）弹性变形失效

零件由于发生过大的弹性变形而造成的零件失效,称为弹性变形失效。弹性变形的大小取决于零件的几何尺寸及材料的弹性模量。金刚石与陶瓷的弹性模量最高,其次是难熔金属、钢铁,有色金属的弹性模量较低,有机高分子材料的弹性模量最低。如受拉、压的杆类零件,过大的弹性畸变量导致支承件(如轴承)过载;受弯、扭的轴类零件,过大的弹性畸变量会造成轴上啮合零件的严重偏载,啮合失常,甚至咬死,导致传动失效;某些控制元件,如温控元件,过大的弹性畸变量使精度无法保证。

（2）塑性变形失效

零件由于发生过大的塑性变形而不能继续工作的失效,称为塑性变形失效。塑性变形失效是零件中的工作应力超过材料的屈服强度的结果。一般陶瓷材料的屈服强度很高,但脆性非常大,因此,不能用来制造高强度结构件。有机高分子材料的强度很低,最高强度的塑料也不超过铝合金。如钢结构房梁承载过重发生塑性变形弯曲,导致倒塌;螺栓严重过载被拉长,失去紧固作用。

（3）蠕变失效

零件在应力和高温的长期作用下,缓慢产生永久变形而失效,称为蠕变失效。如锅炉、汽轮机、航空发动机及其他热机的零件,常由于蠕变产生的塑性变形和应力松弛而失效。

2. 断裂失效

（1）塑（韧）性断裂

零件承受的载荷大于材料的屈服强度，产生很大的塑性变形后发生的断裂。韧窝是金属韧性断裂的微观主要特征。

（2）脆性断裂

脆性断裂发生时，事先不产生明显的塑性变形，承受的工作应力通常远低于材料的屈服强度，所以又称为低应力脆断。脆性断裂的微观判据是解理花样和沿晶断口形态。

（3）疲劳断裂

在交变应力作用下，虽然零件所承受的应力低于材料的屈服点，但经过较长时间的工作而产生裂纹导致发生断裂，称金属的疲劳断裂。

（4）蠕变断裂

在高温下钢的强度较低，当受一定应力作用时，变形量随时间而逐渐增大的过程，这种过程叫蠕变，产生的断裂叫做蠕变断裂。

3. 表面损伤

（1）磨损失效

相互接触的一对金属表面，相对运动时金属表面不断发生损耗或产生塑性变形，使金属表面状态和尺寸改变的现象。

（2）表面疲劳失效

两个接触面作滚动或滚动滑动复合摩擦时，在交变接触压应力作用下，使材料表面疲劳而产生材料损失的现象称为表面疲劳磨损。接触疲劳按其损伤程度分为麻点（浅层剥落）与剥落（深层剥落）。

（3）腐蚀磨损

腐蚀磨损是金属在摩擦过程中，同时与周围介质发生化学或电化学反应，产生表层金属的损失或迁移现象。

（4）腐蚀失效

由于化学或电化学腐蚀作用造成的零件失效。腐蚀的种类有多种，如点腐蚀、裂隙腐蚀、晶间腐蚀、冲刷腐蚀。

9.1.2　失效原因

（1）设计因素

为了保证产品质量，必须精心设计，精心施工。施工的技术文件的根据是设备图纸和设计计算说明书。其设计计算的核心是该零件在特定工况、结构和环境等条件下可能发生的基本失效模式而建立的相应设计计算准则，即在给定条件下正常工作的准则，从而定出合适的材质、尺寸、结构，提出必要的技术文件：图纸、说明书等。如设计有误，则机械设备或零件将不能使用或过早失效。

（2）制造（工艺）因素

工艺制造条件往往是达不到设计要求而导致零件失效的一个重要因素。如零件在锻造过程中产生的夹层、冷热裂纹；焊接过程的未焊透、偏析、冷热裂纹；铸造过程的疏松、夹渣；机加工过程的尺寸公差和表面粗糙度不合适；热处理工艺产生的缺陷，如淬裂、硬度不足、回火脆性、硬软层硬度梯度过大;精加工磨削中的磨削裂纹等。

（3）装配调试因素

在安装过程中,达不到所要求的质量指标。如啮合传动件(齿轮、杆、螺旋等)的间隙不合适(过松或过紧,接触状态未调整好),联接零件必要的"防松"不可靠,铆焊结构的必要探伤检验不良,润滑与密封装置不良等,在初步安装调试后,未按规定的进行逐级加载跑合。

（4）材质因素

材质除选材不当外,材质内部缺陷、毛坯加工(铸锻焊)工艺或冷热加工(特别是热处理)工艺过程产生的缺陷是导致失效的重要因素。

（5）运转维修因素

首先是对运转工况参数(载荷、速度等)的监控是否准确,定期大、中、小检修的制度是否合理、执行;再者,润滑条件是否保证,包括润滑剂和润滑方法是否选得合适,润滑装置以及冷却、加热和过滤系统功能是否正常。

（6）人的因素

在影响失效的基本因素中,特别要强调人的因素,即注意人的素质条件的影响。工作马虎、责任心不强,违反操作规程,缺乏安全意识,使用和操作的基本知识不够,只顾眼前的经济效益,机械产品有安全隐患,都有可能造成零件过早失效。

9.2　材料的选择

9.2.1　材料选择的一般原则

对于不同使用条件下工作的零件不可能有千篇一律的规律,但合理的选材应考虑以下三个基本原则:材料的使用性能、工艺性能和经济性,其中使用性能最重要。三者之间有联系,也有矛盾,选材的任务就是上述原则的合理统一。

1. 使用性能原则

材料的使用性能是满足零件工作要求的根本条件,其中力学性能、物理性能和化学性能,是选材应首先考虑的因素。大多数零件的性能要求是多方面的,在选材时必须经过分析,分清楚材料性能要求的主次,首先满足主要性能,兼顾其他性能,并通过特定的工艺使零件具有良好的使用性能。对于一般机械零件的使用性能主要考虑力学性能,同时要兼顾抵抗周围介质侵蚀的能力;对于非金属材料制成的零件更应注意工作环境,非金属材料对温度、光、水、油等的敏感度比金属材料大得多。

一般机械零件按力学性能选材时,需要正确分析零件的工作条件和主要失效形式,找出零件应具备的主要性能指标,并对零件的危险部位进行力学分析计算,得出所选材料的许用应力。

2. 工艺性能原则

工艺性是指材料适应某种加工工艺的能力。制造任何一个合格的机械零件,都要经过一系列的加工过程,因此材料的工艺性能将直接影响零件的质量、生产效率和成本。通常金属的工艺性能包括铸造性能、锻造性能、焊接性能、热处理工艺性能和材料的切削加工性能等;工程塑料的工艺性能包括热成型性、脱模性等;陶瓷材料的烧结性等。

3. 经济性原则

在设计和生产中,可能不止一种材料可以满足零件的使用性能和工艺性能要求,这时经济性就成为选材的重要依据。经济性涉及到材料成本的高、低,材料的供应是否充足,零件加工工艺过程的复杂程度,加工成品率和加工效率的高低,零件的使用寿命长短等。选材时应尽可能选用价廉、量足、加工方便、总成本低的材料,通常能用碳素钢的,不用合金钢;能用硅锰钢的,不用铬镍钢。

考虑零件材料经济性时,切不可以单价来评价材料的优劣。例如,模具材料选材时,加工零件的批量很小时,选择便宜的材料可使总成本降低;但加工零件的批量很大时,应选择价格高的高性能材料,保证模具的寿命反而使总成本下降。一些机器零件失效不会造成设备事故且拆装更换维修方便时,应选价格便宜的材料;而有些机器零件(如柴油机上的曲轴)一旦失效将造成整台机器的损坏事故时,则一定要选价格较高的材料并进行高质量的加工,这样产品的总成本才能降低。

9.2.2　材料选择的一般步骤

① 分析零件的工作条件、形状、尺寸与应力状态等,确定零件的技术条件。

② 通过分析和试验,结合同类零件失效分析的结果,找出零件在实际使用中的主要和次要的失效抗力指标,以此作为选材依据。

③ 根据力学计算或试验,确定零件应具有的主要力学性能指标数值和物理、化学性能指标,通过比较选择合适的材料。

④ 对若干备选材料的性能指标进行综合分析和筛选,预选出合理的材料,同时考虑材料的工艺性能要求,以保证生产。

⑤ 审核所选材料的经济性。

⑥ 进行实验室试验以检验选用材料是否达到各项性能要求,并进行小批试生产以检验材料制造过程中工艺性是否满足要求。小批试验产品质量合格后,选材方案即可确定下来。

9.2.3　典型飞机零件选材

金属材料具有优良的综合力学性能和某些物理、化学性能,因此被广泛地应用于制造各种重要的机械零件和工程结构,目前仍以钢铁材料为主。

1. 蒙　皮

蒙皮的作用是维持飞机外形,使之具有很好的空气动力特性。蒙皮承受空气动力作用后将作用力传递到与其相连的机身、机翼骨架上,受力复杂,加之蒙皮直接与外界接触,所以不仅要求蒙皮材料强度高、塑性好,还要求表面光滑,有较高的抗蚀能力。常用的材料有 LY12、LY11 等。

2. 主　梁

飞机主梁是机翼与机身连接的主要承力零件。机翼上的载荷通过主梁而传至机身。其主要负荷有:飞行时空气的动力(升力、阻力),机动飞行时产生的惯性力,着陆时起落架的冲击力等。这些巨大的负荷使主梁承受弯曲和剪切应力,同时由于机翼振动产生交变应力还能引起主梁的疲劳。常用的材料有 30CrMnSiNi2A 等。

3. 对接螺栓

对接螺栓是飞机上广泛使用的连接构件,特别是连接机翼和机身的对接螺栓更是十分重要。对接螺栓承受拉应力、剪应力和一定的冲击载荷,因此对材质的综合性能,特别是塑性、韧性有很高的要求。常用的材料有 40CrNiMoA 等。

4. 压气机叶片

飞机发动机叶片分为导向叶片、涡轮叶片和压气机叶片等,根据它们所处的位置和最大工作温度的不同,选材和热处理工艺不同。涡轮叶片着重强度指标和承受动载荷的能力,而导向叶片着重热疲劳性能。压气机叶片前几级温度低,一般用铝合金制成,后几级温度高,用强度较高的耐热合金制成,但第一级叶片由于容易受到被吸入的沙子碰撞,需用合金钢制造。

压气机部件中以转子叶片受力最大、最复杂,脉动疲劳应力是压气机叶片破坏的主要原因。压气机叶片承受本身高速转动产生的离心力,因此要求具有高的比强度,还承受空气动力所产生的扭力、弯曲应力和脉动疲劳应力,此外,还要有高的抗应力疲劳和热疲劳能力,良好的抗氧化性、抗大气腐蚀和应力腐蚀的能力。用于制造压气机叶片的常用材料有 1Cr11Ni2W2MoV、TC4 等。

5. 航空发动机齿轮

一般齿部受压小、转速低的齿轮可用 20 钢(或 45 钢)制造。工作条件较繁重的齿轮可采用 20Cr、12CrNi3A、20CrMnTi(或 40Cr)等制造。尺寸大而工作条件又十分繁重的齿轮,则可采用 12Cr2Ni4A、18Cr2Ni4WA 等高级渗碳钢来制造。

6. 涡轮盘

涡轮盘是航空发动机重要的热端部件之一。每次飞行中,它承受高速旋转的离心力与气动力引起的应力和涡轮盘中心与轮缘温差引起的热应力的叠加作用。涡轮盘常见的故障是榫齿裂纹、槽底裂纹、封严齿裂纹等。涡轮盘要求有足够的屈服强度、极限强度和高韧性、适当的蠕变强度、持久强度和伸长率,以及较高的热疲劳性能。常用的涡轮盘材料为铁基、镍基高温合金 GH2132、GH2135、GH2901、GH4033A、GH4698 等。近年来采用粉末冶金工艺生产涡轮盘,粉末冶金涡轮盘合金具有组织均匀、晶粒细小、强度高、塑性好等优点,是现代先进航空发动机上使用的理想涡轮盘合金。

7. 起落架支柱外筒

起落架是飞机的一个主要承力部件,供飞机起飞、着陆、在陆上滑跑、滑行和停放等。不仅承受静载荷,而且还承受很大的冲击力和疲劳载荷,直接影响飞机的使用和安全。因此对材料不仅要求较高的抗拉强度,而且要求具有足够的冲击韧性和抗疲劳性能。为了减轻结构的质量,就要采用比强度高、抗裂纹扩张能力强的材料。一般多采用超高强度钢或高强度铝合金制成。起落架主要有支柱式和摇臂式两类构造形式。支柱式的支柱就是由外筒和活塞杆套接起来的减震支柱,而摇臂式的特点是机轮不与减震支柱直接连接,而是通过摇臂与减震器相连。支柱式起落架的支柱外筒主要承受压应力、弯矩、滑行过程中的阻力以及一部分扭力。由于支柱与减震器合一,起落架外筒就是减震器的一个组件,因此着陆时,由于充气使外筒承受较大的内压力。常用的材料有 LC4、LC9 等。

8. 油泵活门

分油活门与套筒组成液压式放大元件用于直接接受各类传感器发出的信号并将其放大,用以操纵液压执行元件。分油活门常起分流作用。常用的材料有 9Cr18 等。

本章小结

本章学习了零件的失效、失效形式和失效原因分析；零件选材的原则、选材步骤；介绍了蒙皮、主梁、对接螺栓、压气机叶片、航空发动机齿轮、涡轮盘、起落架支柱外筒、油泵活门等典型飞机零件的选材过程。

习题与思考题

一、名词解释

失效；磨损失效；腐蚀失效；表面疲劳失效。

二、填空题

1. 零部件失效的形式有＿＿＿＿＿、＿＿＿＿＿和＿＿＿＿＿。

2. 造成零部件失效的原因主要有＿＿＿＿＿因素、＿＿＿＿＿因素、＿＿＿＿＿因素、＿＿＿＿＿因素、＿＿＿＿＿因素及人的因素等。

3. 零部件选材的基本原则是＿＿＿＿＿、＿＿＿＿＿和＿＿＿＿＿。

4. 表面损伤失效主要包括＿＿＿＿＿、＿＿＿＿＿、＿＿＿＿＿、＿＿＿＿＿。

5. 断裂失效包括＿＿＿＿＿、＿＿＿＿＿、＿＿＿＿＿、＿＿＿＿＿。

6. 变形失效包括＿＿＿＿＿、＿＿＿＿＿、＿＿＿＿＿。

三、选择题

1. 现有下列材料：

A. Q235 - A·F　　　B. 42CrMo　　　C. 65　　　D. H68

E. T8　　　　　　　F. W18Cr4V　　G. ZG45　　H. HT200

I. LD2　　　　　　 J. 60Si2Mn　　　K. 20CrMnTi

请按用途选材：

① 机床床身（　　）；

② 汽车板弹簧（　　）；

③ 承受重载、大冲击载荷的机车动力传动齿轮（　　）；

④ 高速切削刀具（　　）；

⑤ 大功率柴油机曲轴（大截面、传动大扭矩、大冲击、轴颈处要耐磨）（　　）。

2. 高精度磨床主轴用 38CrMoAl 制造，请在其加工工艺路线中填入相应的热处理工艺名称：

锻造→（　　）→粗机加工→（　　）→精机加工→（　　）→粗磨加工→（　　）→精磨加工

A. 调质　　　B. 氮化　　　C. 消除应力　　　D. 退火

3. 机械零部件约 80% 以上的断裂失效是（　　）。

A. 疲劳引起的　　B. 磨损引起的　　C. 超载引起的　　　D. 蠕变引起的

4. 一耐酸泵轴发生疲劳断裂，金相检验发现夹杂物严重超标，则该泵轴的断裂原因是（　　）。

A. 选材不合理　　B. 材料不合格　　C. 设计不合理　　　D. 使用不当

四、简答题

1. 失效的形式有哪些？防止零件失效的主要措施有哪些？

2. 选用材料一般应注意哪些基本原则？并简述它们之间的关系。

3. 下列发动机零件在选材时应考虑哪些问题？选择哪些材料较适宜？

① 活塞；② 曲轴；③ 排气阀；④ 气门弹簧；⑤ 滑动轴承。

4. 用 20CrMnTi 钢制造汽车齿轮，加工工艺路线如下：

下料→锻造→正火→切削加工→渗碳、淬火及低温回火→喷丸→磨削加工

试分析渗碳、淬火及低温回火及喷丸处理的目的。

附录 A 常用材料力学性能指标名称和符号对照

常用材料力学性能指标名称和符号对照见表 A.1。

表 A.1 常用材料力学性能指标名称和符号对照

新标准		旧标准	
性能名称	符 号	性能名称	符 号
断面收缩率	Z	断面收缩率	ψ
断后伸长率	A $A_{11.3}$ A_{xmm}	断后伸长率	δ_5（试棒的标距等于 5 倍直径） δ_{10}（试棒的标距等于 5 倍直径） δ_{xmm}（试棒的标距为定标距 x）
断后总伸长率	A_t		
最大力总伸长率	A_{gt}	最大力下的总伸长率	δ_{gt}
最大力非比例伸长率	A_g	最大力非比例伸长率	δ_g
屈服点延伸率	A_e	屈服点伸长率	δ_s
屈服强度		屈服点	σ_s
上屈服强度	R_{eH}	上屈服点	σ_{sH}
下屈服强度	R_{eL}	下屈服点	σ_{sL}
规定塑性延伸强度	R_p $R_{p0.2}$	规定非比例伸长应力	σ_p $\sigma_{p0.2}$
规定总延伸强度	R_t $R_{t0.5}$	规定总伸长应力	σ_t $\sigma_{t0.5}$
规定残余延伸强度	R_r $R_{r0.2}$	规定残余伸长强度	σ_r $\sigma_{r0.2}$
抗拉强度	R_m	抗拉强度	σ_b
疲劳强度	S		
疲劳极限 N 次循环后的疲劳强度	σ_N	疲劳极限	σ_{-1}
冲击吸收能	K	冲击吸收功	A_k
冲击韧度	a_k	GB/T 229—2007 术语中已取消"冲击韧度"一词,但目前仍在使用	

附录 B　金属热处理工艺分类及代号 (GB/T 12603—2005)

1. 分类原则

金属热处理工艺分类按基础分类和附加分类两个主层次进行进行划分,每个主层次中还可以进一步细分。

① 基础分类　根据工艺总称、工艺类型和工艺名称(按获得的组织状态或深入元素进行分类),将热处理工艺按 3 个层次进行分类,见表 B.1。

表 B.1　热处理工艺分类及代号

工艺总称	代号	工艺类型	代号	工艺名称	代号
热处理	5	整体热处理	1	退火	1
				正火	2
				淬火	3
				正火和淬火	4
				调质	5
				稳定化处理	6
				固溶处理,水韧处理	7
				固溶处理+时效	8
		表面热处理	2	表面淬火和回火	1
				物理气相沉淀	2
				化学气相沉淀	3
				等离子体化学气相沉淀	4
				离子注入	5
		化学热处理	3	渗碳	1
				碳氮共渗	2
				渗氮	3
				氮碳共渗	4
				渗其他非金属	5
				渗金属	6
				多元共渗	7

② 附加分类　对基础分类中某些工艺的具体条件更细化的分类。包括实现工艺的加热方式及代号(表 B.2);退火工艺及代号(表 B.3);淬火冷却介质和冷却方法及代号(表 B.4)和化学热处理中渗非金属、渗金属、多元共渗工艺按渗入元素的分类。

表 B.2　加热方式及代号

加热方式	可控气氛（气体）	真空	盐浴（液体）	感应	火焰	激光	电子束	等离子体	固体装箱	流态床	电接触
代号	01	02	03	04	05	06	07	08	09	10	11

表 B.3　退火工艺及代号

退火工艺	去应力退火	均匀化退火	再结晶退火	石墨化退火	脱氢处理	球化退火	等温退火	完全退火	不完全退火
代号	St	H	R	G	D	Sp	I	F	P

表 B.4　淬火冷却介质和冷却方法及代号

冷却介质和方法	空气	油	水	盐水	有机聚合物水溶液	盐浴	加压淬火	双介质淬火	分级淬火	等温淬火	形变淬火	气冷淬火	冷处理
代号	A	O	W	B	Po	H	Pr	I	M	At	Af	G	C

2. 热处理工艺代号

基础分类代号采用了 3 位数字系统。附加分类代号与基础分类代号之间用半字线连接，采用两位数字和英文字头做后缀的方法。热处理工艺代号标记规定如下：

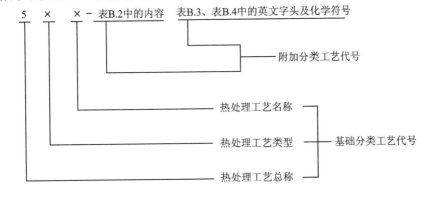

参考文献

[1] 王周让. 航空工程材料[M]. 北京:北京航空航天大学出版社,2010.

[2] 李成功,傅恒志,于翘. 航空航天材料[M]. 北京:国防工业出版社,2002.

[3] 张耀良. 航空材料学[M]. 哈尔滨:哈尔滨工程大学出版社,2002.

[4] 侯旭明. 工程材料及成型工艺[M]. 北京:化学工业出版社,2003.

[5] 程晓宇. 工程材料及热加工技术[M]. 西安:西安电子科技大学出版社,2006.

[6] 许德珠. 机械工程材料[M]. 北京:高等教育出版社,2001.

[7] 朱张校. 工程材料[M]. 北京:清华大学出版社,2000.

[8] 王运炎,朱莉. 机械工程材料[M]. 3 版. 北京:机械工业出版社,2009.

[9] 程秀全,刘晓婷. 航空工程材料[M]. 2 版. 北京:国防工业出版社,2015.

[10] 张正贵,牛建平. 实用机械工程材料及选用[M]. 北京:机械工业出版社,2016.

[11] 王英杰. 模具材料及热处理[M]. 北京:机械工业出版社,2013.

[12] 张彦华. 工程材料学[M]. 北京:科学出版社,2013.

[13] 吕烨,许德珠. 机械工程材料[M]. 北京:高等教育出版社,2014.

[14] 王笑天. 金属材料学[M]. 北京:机械工业出版社,2001.

[15] 武建军. 机械工程材料[M]. 北京:国防工业出版社,2014.

[16] 张邦维,廖树帜. 实用金属材料手册[M]. 长沙:湖南科学技术出版社,2010.

[17] 崔忠圻,覃耀春. 金属学与热处理[M]. 北京:机械工业出版社,2007.

[18] 胡光立,谢希文. 钢的热处理[M]. 5 版. 北京:国防工业出版社,2016.

[19] 中国机械工程学会热处理学会. 热处理手册 第 1 卷:工艺基础[M]. 4 版. 北京:机械工业出版社,2013.

[20] 胡保全,牛晋川. 先进复合材料[M]. 2 版. 北京:国防工业出版社,2012.

[21] 徐竹. 复合材料成型工艺及应用[M]. 北京:国防工业出版社,2017.

[22] 张玉军,张伟儒. 结构陶瓷材料及其应用[M]. 北京:化学工业出版社,2005.

[23] 崔铮. 微纳米加工技术及其应用[M]. 北京:高等教育出版社,2005.

[24] 杜洪增. 飞机结构疲劳强度与断裂分析[M]. 天津:中国民航出版社,1996.

[25] 王维翰. MD-82 飞机设计分析[M]. 北京:航空工业出版社,1990.

[26] 廖景娱. 金属构件失效分析[M]. 北京:化学工业出版社,2003.

[27] 《中国航空材料手册》编辑委员会. 中国航空材料手册 第 2 卷:变形高温合金 铸造高温合金[M]. 2 版. 北京:中国标准出版社,2002.

[28] 《中国航空材料手册》编辑委员会. 中国航空材料手册 第 3 卷:铝合金镁合金[M]. 2 版. 北京:中国标准出版社,2002.

[29] 《中国航空材料手册》编辑委员会. 中国航空材料手册 第 4 卷:钛合金铜合金[M]. 2 版. 北京:中国标准出版社,2002.

[30] 《中国航空材料手册》编辑委员会. 中国航空材料手册 第 6 卷:复合材料胶黏剂[M]. 2 版. 北京:中国标准出版社,2002.

[31] 蔡文海,金延中. 复合材料结构的损伤与修理[J]. 机械工程师,2007,7:49-50.

[32] 颜鸣皋. 航空材料技术的发展现状与展望[J]. 航空国际合作与交流,2004,14(1):21-24.

[33] 刘文胜,马运柱. 粉末冶金新技术及新装备[J]. 矿冶工程,2007,5.

[34] 曹运红. 形状记忆合金的发展及其在导弹与航天领域的应用[J]. 飞航导弹,2000,10

[35] 中华人民共和国国家质量监督检验检疫总局,中国国家标准化管理委员会. 金属材料 拉伸试验 第1部分:室温试验方法:GB/T 228.1—2010[S].北京:中国标准出版社,2010.

[36] 中华人民共和国国家质量监督检验检疫总局,中国国家标准化管理委员会. 金属材料 疲劳试验 旋转弯曲方法:GB/T 4337—2015[S].北京:中国标准出版社,2015.

[37] 中华人民共和国国家质量监督检验检疫总局,中国国家标准化管理委员会. 金属材料 力学性能试验术语:GB/T 10623—2008[S].北京:中国标准出版社,2008.

[38] 中华人民共和国国家质量监督检验检疫总局,中国国家标准化管理委员会. 金属材料 夏比摆锤冲击试验方法:GB/T 229—2007[S].北京:中国标准出版社,2007.

[39] 中华人民共和国国家质量监督检验检疫总局,中国国家标准化管理委员会. 金属材料 硬度值的换算:GB/T 33362—2016[S].北京:中国标准出版社,2016.

[40] 中华人民共和国国家质量监督检验检疫总局,中国国家标准化管理委员会. 金属洛氏硬度试验 第1部分:试验方法:GB/T 230.1—2009[S].北京:中国标准出版社,2009.

[41] 中华人民共和国国家质量监督检验检疫总局,中国国家标准化管理委员会. 金属布氏硬度试验 第1部分:试验方法:GB/T 231.1—2009[S].北京:中国标准出版社,2009.

[42] 中华人民共和国国家质量监督检验检疫总局,中国国家标准化管理委员会. 金属维氏硬度试验 第1部分:试验方法:GB/T 4340.1—2009[S].北京:中国标准出版社,2009.

[43] 中华人民共和国国家质量监督检验检疫总局,中国国家标准化管理委员会. 金属平均晶粒度测定方法:GB/T 6394—2017[S].北京:中国标准出版社,2017.

[44] 中华人民共和国国家质量监督检验检疫总局,中国国家标准化管理委员会. 金属热处理工艺分类及代号:GB/T 12603—2005[S].北京:中国标准出版社,2005.

[45] 中华人民共和国国家质量监督检验检疫总局,中国国家标准化管理委员会. 钢淬透性的末端淬火试验方法:GB/T 225—2006[S].北京:中国标准出版社,2006.

[46] 中华人民共和国国家质量监督检验检疫总局,中国国家标准化管理委员会. 钢分类第一部分:GB/T 13304.1—2008[S].北京:中国标准出版社,2008.

[47] 中华人民共和国国家质量监督检验检疫总局,中国国家标准化管理委员会. 钢分类第二部分:GB/T 13304.2—2008[S].北京:中国标准出版社,2008.

[48] 中华人民共和国国家质量监督检验检疫总局,中国国家标准化管理委员会. 钢铁产品牌号表示方法:GB/T 221—2008[S].北京:中国标准出版社,2008 .

[49] 中华人民共和国国家质量监督检验检疫总局,中国国家标准化管理委员会. 钢铁及合金牌号统一数字代号体系:GB/T 17616—2013[S].北京:中国标准出版社,2013.

[50] 中华人民共和国国家质量监督检验检疫总局,中国国家标准化管理委员会. 碳素结构钢:GB/T 700—2006[S].北京:中国标准出版社,2006.

[51] 中华人民共和国国家质量监督检验检疫总局,中国国家标准化管理委员会. 低合金高强度结构钢:GB/T 1591—2008[S].北京:中国标准出版社,2008.

[52] 中华人民共和国国家质量监督检验检疫总局,中国国家标准化管理委员会. 优质碳素结构钢:GB/T 699—2015[S].北京:中国标准出版社,2015.

[53] 中华人民共和国国家质量监督检验检疫总局,中国国家标准化管理委员会. 合金结构钢:GB/T 3077—2015[S].北京:中国标准出版社,2015.

[54] 中华人民共和国国家质量监督检验检疫总局,中国国家标准化管理委员会. 弹簧钢:GB/

T 1222—2016[S].北京:中国标准出版社,2016.

[55] 中华人民共和国国家质量监督检验检疫总局,中国国家标准化管理委员会.高碳铬轴承钢:GB/T 18254—2016[S].北京:中国标准出版社,2016.

[56] 中华人民共和国国家质量监督检验检疫总局,中国国家标准化管理委员会.工模具钢:GB/T 1299—2014[S].北京:中国标准出版社,2014.

[57] 中华人民共和国国家质量监督检验检疫总局,中国国家标准化管理委员会.高速工具钢:GB/T 9943—2008[S].北京:中国标准出版社,2008.

[58] 中华人民共和国国家质量监督检验检疫总局,中国国家标准化管理委员会.不锈钢和耐热钢:GB/T 20878—2007[S].北京:中国标准出版社,2007.

[59] 中华人民共和国国家质量监督检验检疫总局,中国国家标准化管理委员会.耐热钢棒:GB/T 1221—2007[S].北京:中国标准出版社,2007.

[60] 中华人民共和国国家质量监督检验检疫总局,中国国家标准化管理委员会.奥氏体锰钢铸件:GB/T 5680—2010[S].北京:中国标准出版社,2010.

[61] 中华人民共和国国家质量监督检验检疫总局,中国国家标准化管理委员会.灰铸铁件:GB/T 9439—2010[S].北京:中国标准出版社,2010.

[62] 中华人民共和国国家质量监督检验检疫总局,中国国家标准化管理委员会.球墨铸铁件:GB/T 1348—2009[S].北京:中国标准出版社,2009.

[63] 中华人民共和国国家质量监督检验检疫总局,中国国家标准化管理委员会.可锻铸铁件:GB/T 9440—2010[S].北京:中国标准出版社,2010.

[64] 中华人民共和国国家质量监督检验检疫总局,中国国家标准化管理委员会.蠕墨铸铁件:GB/T 26655—2011[S].北京:中国标准出版社,2011.

[65] 中华人民共和国国家质量监督检验检疫总局,中国国家标准化管理委员会.变形铝及铝合金牌号表示方法:GB/T 16474— 2011[S].北京:中国标准出版社,2011.

[66] 中华人民共和国国家质量监督检验检疫总局,中国国家标准化管理委员会.铸造铝合金:GB/T 1173—2013[S].北京:中国标准出版社,2013.

[67] 中华人民共和国国家质量监督检验检疫总局,中国国家标准化管理委员会.加工铜及铜合金牌号和化学成分:GB/T 5231—2012[S].北京:中国标准出版社,2012.

[68] 中华人民共和国国家质量监督检验检疫总局,中国国家标准化管理委员会.铸造铜及铜合金:GB/T 1176—2013[S].北京:中国标准出版社,2013.

[69] 中华人民共和国国家质量监督检验检疫总局,中国国家标准化管理委员会.钛及钛合金牌号和化学成分:GB/T 3620.1—2016[S].北京:中国标准出版社,2016.

[70] 中华人民共和国国家质量监督检验检疫总局,中国国家标准化管理委员会.镁及镁合金:GB/T 5153—2003[S].北京:中国标准出版社,2003.

[71] 中华人民共和国国家质量监督检验检疫总局,中国国家标准化管理委员会.铸造镁合金锭:GB/T 19078—2016[S].北京:中国标准出版社,2016.

[72] 中华人民共和国国家质量监督检验检疫总局,中国国家标准化管理委员会.金属基复合材料术语:GB/T 34558—2017[S].北京:中国标准出版社,2017.

[73] 中华人民共和国国家质量监督检验检疫总局,中国国家标准化管理委员会.纤维增强塑料术语:GB/T 3961—2009[S].北京:中国标准出版社,2009.